光明城
LUMINOCITY

看见我们的未来

平台 Platform

编辑

Jennifer Bonner,
Michelle Benoit,
Patrick Herron

哈佛大学
Harvard University
设计研究生院
Graduate School
of Design

图书在版编目 CIP 数据

平台 . 静物 / (美) 珍妮弗 · 邦纳 (Jennifer Bonner) 编 ; 翁佳译 . -- 上海 : 同济大学出版社 , 2018.4
(建筑教育前沿丛书 / 秦蕾主编)
书名原文 : Platform : Still Life
ISBN 978-7-5608-7567-5

Ⅰ . ①平… Ⅱ . ①珍… ②翁… Ⅲ . ①建筑设计—研究 Ⅳ . ① TU2

中国版本图书馆 CIP 数据核字 (2017) 第 295953 号

出版人：华春荣
策划：秦蕾 / 群岛工作室
翻译：翁佳
校译：安太然
责任编辑：杨碧琼
责任校对：徐春莲
英文版设计：Neil Donnelly
Sean Yendrys
汉化设计：typo_d
版 次：2018 年 4 月第 1 版
印 次：2018 年 4 月第 1 次印刷
印 刷：天津图文方嘉印刷有限公司
开 本：787mm × 1092mm 1/16
印 张：23.5
字 数：470 000
书 号：ISBN 978-7-5608-7567-5
定 价：198.00 元
出版发行：同济大学出版社
地 址：上海市四平路 1239 号
邮政编码：200092
网 址：http://www.tongjipress.com.cn

原版由哈佛大学设计研究生院和 Actar D 出版。

哈佛大学设计研究生院是在与建成环境相关的教育、信息和技术等领域的领跑者。
它旗下的建筑、景观建筑、城市规划和设计、设计研究与设计工程等系所发授硕士和博士学位，并为该学院的高等研究和教学项目提供基础。

原版编辑团队
Jennifer Bonner 教师编辑 /
Michelle Benoit 学生编辑 /
Patrick Herron 学生编辑

GSD 出版团队
Jennifer Sigler 主任编辑 /
Claire Barliant 管理编辑 /
Meghan Sandberg 出版协调 /
Travis Dagenais 编辑支持

原版书籍设计
Neil Donnelly 设计师 /
Sean Yendrys 制作助理

静物摄影
Adam DeTour 摄影师

其他摄影
Anita Kan 摄影师 /
Raymond Vincent Coffey 助理摄影师 /
Maggie Janik 摄影师 /
Yusuke Suzuki 摄影师 /
Zara Tzanev 摄影师

原版编辑致谢

感谢 Jennifer Sigler，她与编辑团队进行了诸多深入讨论，为本书的框架提供了很好的建议。如果没有她的专业知识和热情，编辑过程不会如此缜密。同时感谢 GSD 出版团队向我们提供的专业支持，特别是 Claire Barliant 和 Travis Dagenais。与 Neil Donnelly 的合作非常愉快，他提出的三种图形语言和他对于厘清概念的坚持使得 “ 静物 ” 这个小想法成为了现实。还要感谢 Adam DeTour，他为本书的摄影带来了极具感染力的奇趣与机器般的精确度。最后，我们要感谢不遗余力为我们提供支持的 GSD 同仁，其中包括 Mohsen Mostafavi, K. Michael Hays, Iñaki Ábalos, Diane E. Davis, Mariana Ibañez, Silvia Benedito, Ed Eigen, Andrew Holder, Ann Baird Whiteside, Alastair Gordon, Hal Gould, Anita Kan, Raymond Vincent Coffey, David Zimmerman-Stuart, Dan Borelli, Meghan Sandberg, Shantel Blakely, Kevin Lau, Janina Mueller, Ryan Jacob, Erica George, Tom Childs 以及 Ben Halpern。本期的教师编辑也要向拨冗为本书提供建议与经验的往期编辑表示感谢：Mariana Ibañez, Rosetta Elkin, Leire Asensio Villoria 和 Zaneta Hong.

院长寄语

与往期一样,《平台》第九期——《静物》是对哈佛大学设计研究生院在过去一学年中的工作和活动的记录,也同样展现了由一位教师和两名学生组成的编辑团队的独特视角。上一期《平台》选择了“索引”的概念,通过列举在描述和讨论学院工作时使用的词语,以索引的形式描绘了学院的学术环境。
在本期中,编辑们选择的概念是“静物”,他们以此概念作为一种视觉机制,重新组织了学院的工作。通过编辑团队的重新归组,依靠相关的技巧和进一步的整合,学生作品在某种程度上在本期《平台》中得到了重生。

作为一种机制,静物总能施加一种干预,因为它将设计作品从原有语境中剥离,并将其与同样独特的作品并置。与传统绘画不同的是,建筑、景观和城市设计作品的尺度差异决定了它们之间的关系,也决定了它们在一组静物中的角色。每个作品都需要我们从三种不同的角度观看——我们需要看到这个作品原始的状态,看到它作为一组静物中的一部分的状态,以及这组静物整体的一致性。尽管它要求观者进行快速的视觉解析,编辑对于作品的记录却相当缓慢,因为要理解整体效果就需要对每个元素进行系统的解读。静物为重读这些作品提供了一种丰富而复杂的视角;否则,着手解读这些作品绝非易事。本期编者所希冀的,是读者可以看到学院项目的多样性;通过静物,既能看到整体,又能看到局部。

利用静物机制将各个作品巧妙地联系在一起，这种做法不仅很有价值，而且能刺激讨论。抛开这个概念不谈，我认为，其实我们一直都在用这种方式审视我们的作品。也就是说，我们的建筑、景观和城市项目，其实都在启发着多重的表现手法。GSD 设计的每一个项目，都有责任考虑并应对多方的影响。从场地到功能，从施工到使用，每个项目都在尝试着发现和学习，试图将自己的设计作为对某个领域的贡献，或是赠予特定使用者的礼物。像静物这种陈列和分析学生作业的方法也表明，我们学院的作品在创造力与社会影响、审美体验与使用体验之间，始终保持着交涉的状态。

Mohsen Mostafavi
哈佛大学设计研究生院院长，
Alexander and Victoria Wiley 设计教授

编辑寄语

《平台：静物》始于一个清单：填充、大盒子、反转、拉斯维加斯、生活工作、边缘计划、粉色泡沫、废墟、弹出。

这不是我们日常的采购清单，而是我们作为编辑为选入本书的学生作业制定的清单。这个清单中的词语，是根据设计类型、课程综述、第一印象和文本细读制定的，它们代表着这些作品的灵感来源和孕育过程。此外，贯穿本书的还有其他组织系统和清单，例如浮动词（floating words）、数字填充图解（paint-by-number diagrams）和静物摄影。这些系统一改罗列式的学生作业展示方式，对学生作品进行了重新诠释、重新编辑和重新组合。这些清单很明显地并没有受到学科划分的影响，它们为哈佛大学设计研究生院 2015—2016 学年的作品提供了多重的阅读方法。

Inverted

Big Box

Live Work

建筑、景观建筑、城市规划和设计、设计研究和博士项目，如何呈现这些项目的作品，才能展示它们跨越学科壁垒的内在联系？那些数以百计的白色或棕色的硬纸板模型，它们的设计起点各有不同：有混合用途的中层塔楼，有节俭适度的被动式节能住宅，还有天马行空的形式实验。如何将这些模型放在一起，并让每个作品都显得独特而优秀？

Las Vegas

Infill

Bahrain

作为策划者，我们用静物这个模型来挑战传统的观看方式。我们邀请了摄影师亚当·德图尔（Adam DeTour）进入 Piper 报告厅（GSD 举办各类集会、讲座和设计评图的地方，是广受师生喜爱的智慧

“黑箱”），并用强烈的彩色灯光和其他特效，将它变成了一个临时的摄影工作室。为了陈列我们的静物，我们大量借鉴了 16 世纪的油画和当代食物摄影（食物摄影是我们这个时代的偏执），也参考了高端时尚杂志、卡拉瓦乔的《水果篮子》（Basket of Fruit, 1595）、乔治 · 莫兰迪近乎痴迷的静物描摹以及翁贝托 · 艾科的《无限的清单》（*The Infinity of Lists*, 2009）。整个展示中，最激进的手法莫过于彩色滤光膜了。这种手法一方面受到了艺术家芭芭拉 · 卡斯滕（Barbara Kasten）的影响，我们非常感谢她的启发；另一方面也要感谢同事们：他们在模型制作的最初阶段就已经开始对滤光膜的颜色进行各种自由的尝试。在冈德楼的设计工作室、评图空间和大厅里，各专业的学生和教师们密切地交流、辩论、吸收并实验着新的理念和新的学科关系。我们的目标是反映出这些学科的交叠，展现最终成果的洋溢活力以及建筑实验的满腔热情。

最后，我们希望读者能够注意穿插在这本书中间的附录。这个附录以类似电话簿的形式记录了 GSD 举办的讲座、展览、课程和到访人物。这些事实信息穿插在繁杂热烈的图像之间，为阅读过程提供了喘息机会。

厘清粉色泡沫、废墟、大盒子、拉斯维加斯之间的缠绕交织关系，是一个智识层面的练习。我们先练习了一次——然后又重复了 15 次。

Jennifer Bonner

建筑学助理教授；《平台：静物》编辑

坐标点、经度和纬度——无尽的正交线让我们理解自己的位置与相互的关系，理解其他场所和其他客体。线条激发秩序、比例和规律。通过透视，线条将三维空间的深度投射到了二维的平面上。线条提供了可供参考的框架。这个章节中的作品在网格创造出的无限可能中挣扎，且对于突破网格的限制并无意见。

无限的网格在日本岐阜的警察局设计中，成为了热力学表皮。这个章节中其他的一些项目重新唤起了九宫格和毯式建筑类型（mat typology）。虽然坐落于波士顿、拉斯维加斯和巴林的项目都使用了网格的概念，但是它们的设计考量各有千秋，或出于公共空间的考虑，或是针对热量，或是针对集合住宅，这使得它们的设计成果各有不同。立面、建筑外皮和结构开间都热衷于利用网格，但是利用网格的技法恰恰是将网格颠倒过来，就像编辑们对这些作品所做的一样：超级工作室（Superstudio）的“超级表面”(Supersurface) 成为这组 GSD 作品的背景墙纸。仔细观察这组作品，不难发现鹿特丹境外设计课程的成果“智能乡村”，中间插入的是曼哈顿中央公园“超级表面”的图像，还促成了一场与亚马逊“大卖场”的仓储设施之间的“公平交易”。

无限的一切
All Things Infinite

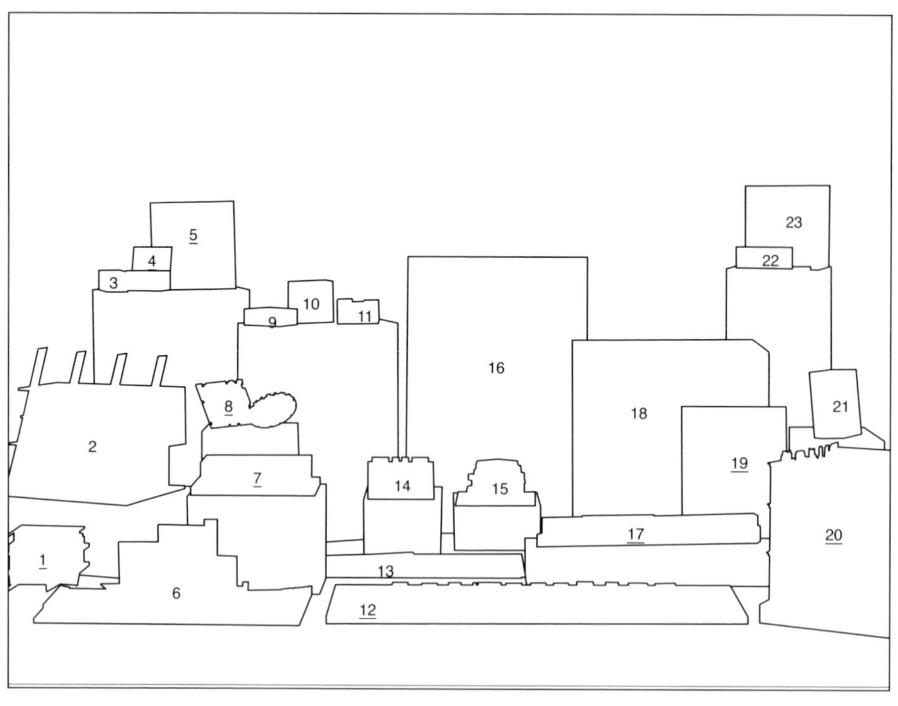

1 填充 Infill p. 16

Ruben Segovia
MArch II, 2017
墨西哥尤卡坦州梅里达的住宅：城市与领地
指导教师：Jose Castillo, Diane E. Davis

2 口袋

Xiaodi Yan
MLA II, 2016
重置首尔：为了“Kool”和日常而设计
指导教师：Niall Kirkwood

3 纪念性的台阶

Yu Kun Snoweria Zhang
MArch I, 2017
博物馆城市中的建筑复刻
指导教师：Sharon Johnston, Mark Lee

4 大盒子 Big Box p. 18

Stephanie Conlan, Davis Owen, Sophia Panova, Jiayu Qiu
MArch I, 2017
Matthew Gindlesperger
MLA I AP, 2016,
Bradley Kraushaar
MLA I, 2016
Christian Lavista
MArch II, 2016,
Shiyao Liu
MAUD, 2016
Yuyangguang Mou
MArch II, 2017
Qun Pan, Xiaohan Wu
MAUD, 2017
Jennifer Saura
MLA I / MUP, 2016
David Zielnicki
MLA II, 2017
智能乡村：鹿特丹境外设计课
指导教师：Rem Koolhaas

5 反转 Inverted p. 20

Iman Fayyad
MArch I, 2016
毕业设计：幽灵的投影
导师：Preston Scott Cohen, Cameron Wu

6 竖直

Yanchen Liu
MArch I, 2017
膳食设计：最后一道菜
指导教师：重松象平, Christine Cheng

7 拉斯维加斯 Las Vegas p. 22

Hanguang Wu
MArch I, 2018
建筑核心设计课程 III：整合
指导教师：John May

8 工作生活 Live Work

p. 24

Jyri Eskola
MArch I AP, 2016
毕业设计：阳光下的一日：
生产性新家居工具箱
导师：Carles Muro

9 151 000 平方英尺

Insu Kim
MArch I, 2017
博物馆城市中的建筑复刻
指导教师：Sharon Johnston, Mark Lee

10 下沉庭院

Poap Panusittikorn,
MArch II, 2017
博物馆城市中的建筑复刻
指导教师：Sharon Johnston, Mark Lee

11 九宫格

Justin Jiang
MArch I, 2017
博物馆城市中的建筑复刻
指导教师：Sharon Johnston, Mark Lee

12 巴林 Bahrain

p. 26

Ali Karimi
MArch I, 2016
毕业设计：好阿拉伯，坏城市
导师：Christopher C. M. Lee

13 无止无休

Gideon Finck
MLA I, 2018
景观核心设计课程 I
指导教师：Luis Callejas

14 长方形

Ya Gao
MArch I, 2018
建筑核心设计课程 III：整合
指导教师：Elizabeth Whittaker

15 结构间距

Benjamin Bromberg Gaber
MArch I, 2019
建筑核心设计课程 II：情境
指导教师：Max Kuo

16 波士顿

Esther Bang, Haram Kim, Shaina Kim, Bryant Nguyen
MArch I, 2018
建筑核心设计课程 IV：关联
指导教师：Luis Callejas

17 边缘计划 Perimeter Plan

p. 28

Suthata Jiranuntarat
MArch I, 2019
建筑核心设计课程 I：投射
指导教师：Cristina Parreno Alonso

18 围合的

Tamotsu Ito
MArch II, 2016
二元论：住宅和宫殿
指导教师：Iñaki Ábalos

19 粉色泡沫 Pink Foam

p. 30

Joanne Cheung, Douglas Harsevoort, Steven Meyer, Jennifer Shen, Yiliu Shen-Burke
MArch I, 2018
未建成：设计迈阿密
导师：Dan Borelli, Luis Callejas, K. Michael Hays, Hanif Kara, Benjamin Prosky

20 废墟 Ruin

p. 32

Juan Sala
MArch II, 2017
瓜拉尼地区 III
指导教师：Jorge Silvetti

21 弹出

Khorshid Naderi-Azad
MArch I, 2019
建筑核心设计课程 I：投射
指导教师：Mariana Ibañez

22 平铺

Jia Gu
MArch I, 2017
Ranjit Korah
MArch II, 2016
工作环境 2：玻璃工艺
指导教师：Florian Idenburg

23 表皮

Zahra Safaverdi
MArch II, 2017
第三自然：
有关伦敦类型学的想象
指导教师：
Cristina Díaz Moreno, Efrén García Grinda

Ruben Segovia
MArch II, 2017

墨西哥
尤卡坦州梅里达的
住宅：城市与领地

指导教师

Jose Castillo,
Diane E. Davis

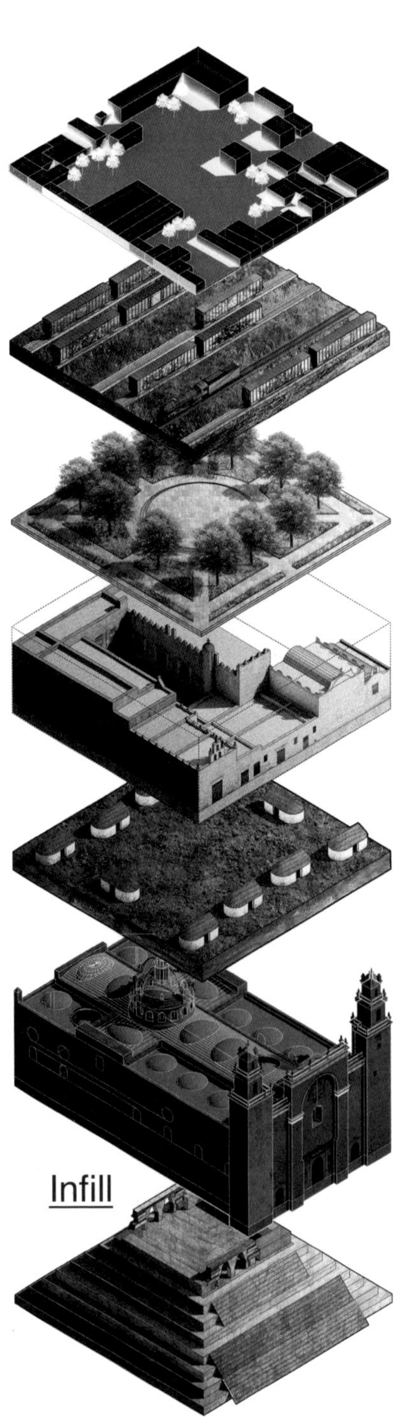

这是由墨西哥国家工人住房协会 Infonavit 赞助的第三个设计课程。与前几年一样，这门设计课希望凭借住宅来培育一种可持续的城市发展模式，并通过这门独具批判力的规划与城市设计综合课程，应对与城市扩张有关的空间与社会问题。

智能乡村：鹿特丹境外设计课

指导教师 Rem Koolhaas

乡村是我们的原始本能最初得以机械化的地方。如今，机器人和平板电脑的出现，成功地让田间劳作变得轻松。相对于这种“智能”乡村，另一替代品是“新乡土”(neo-rustic)：一个新的精神庇护所，满足我们对于黑暗、孤立和原生态的渴求。这个设计小组探究乡村的政治形态，以及乡村驱动实验技术与数字革新的可能性。建筑与城市研究正在忽视当代乡村未被记录的空间开发行为，这个设计小组也会探究这一趋势的后果。如今建成环境正在侵蚀开放空间，这个设计小组也通过对可供精神释放的空间和新型社群乡村协作空间的设想，来抵御这一趋势。

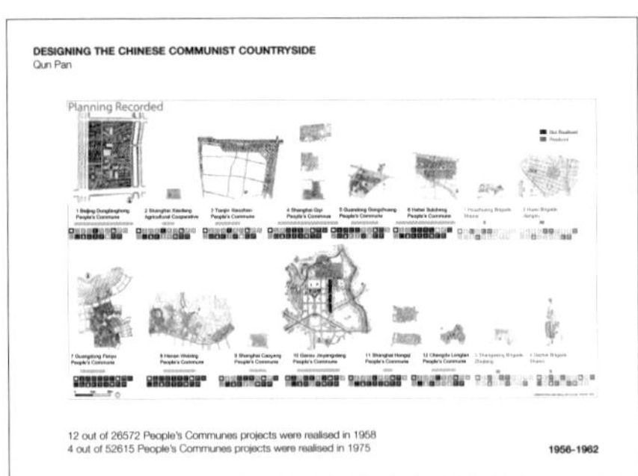

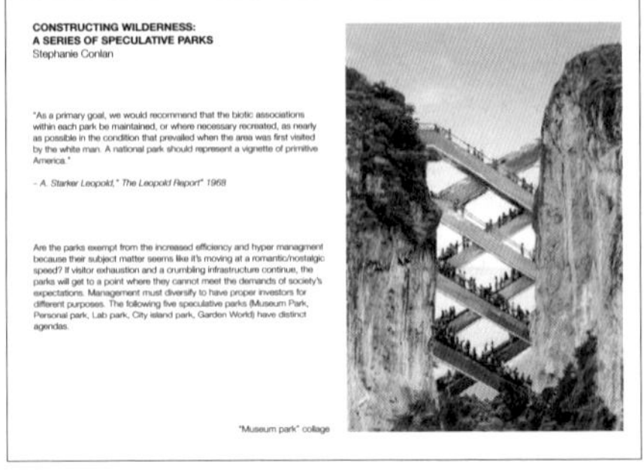

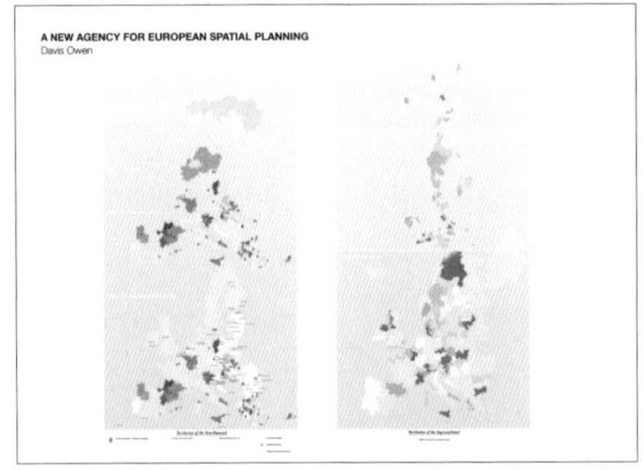

A ROUGH GUIDE TO SUB SAHARAN AGRICULTURE
Christian Lavista

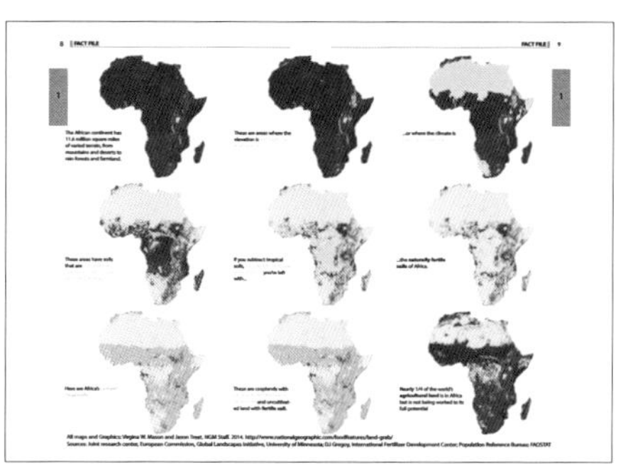

AMERICA'S FARM: ROUTE 281
Bradley Kraushaar
America's Farm: Route 281

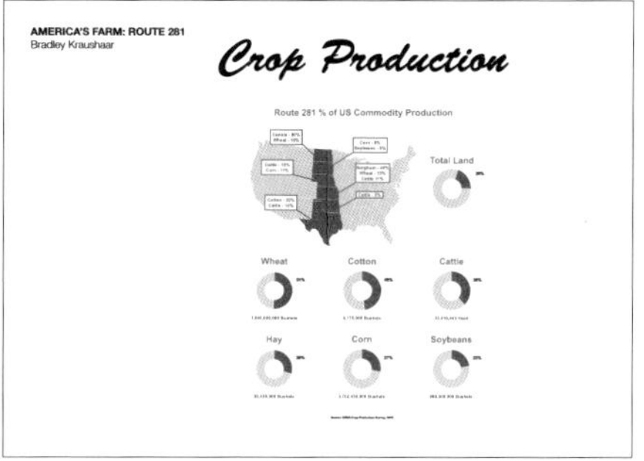
AMERICA'S FARM: ROUTE 281
Bradley Kraushaar
Crop Production
Route 281 % of US Commodity Production
Total Land
Wheat
Cotton
Cattle
Hay
Corn
Soybeans

COUNTRYSIDE STANDARD X: THE MASS MIGRATION OF EXCEPTION
Sophia Panova

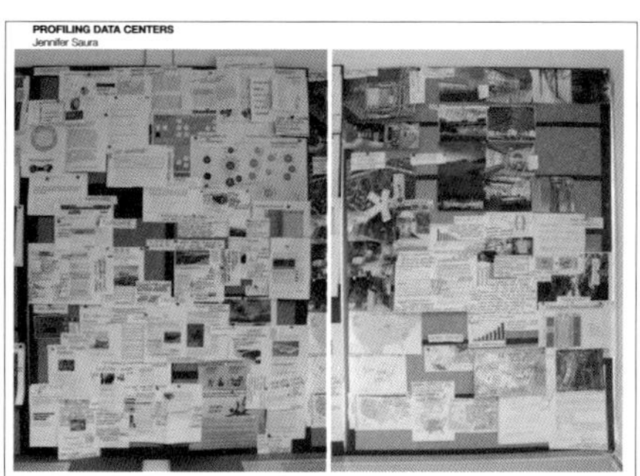
PROFILING DATA CENTERS
Jennifer Saura

GRADATIM FEROCITER: GRADUALLY FIERCELY, THE ARCHITECTURE OF AMAZON

amazon

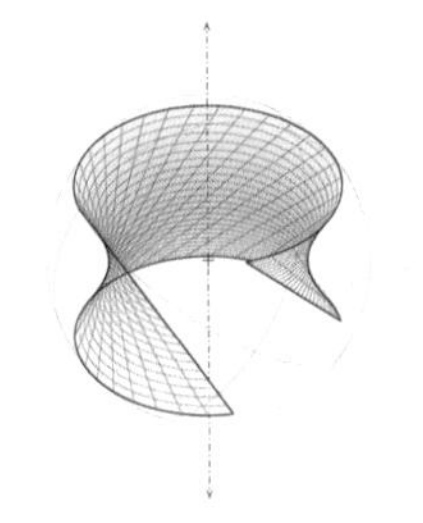

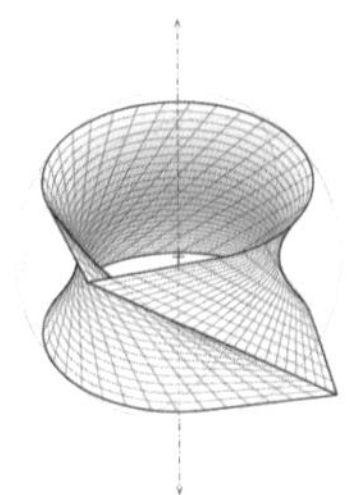

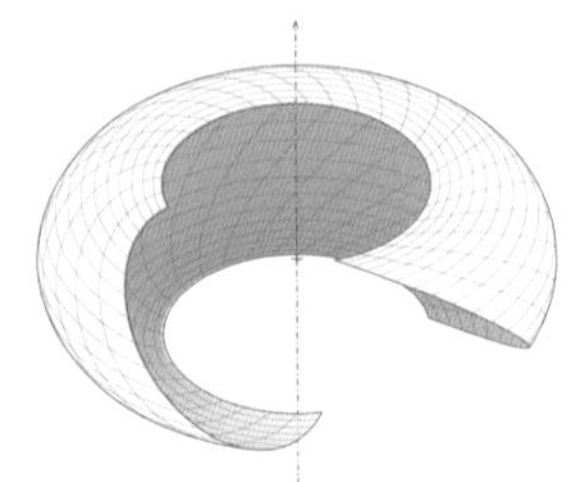

Inverted

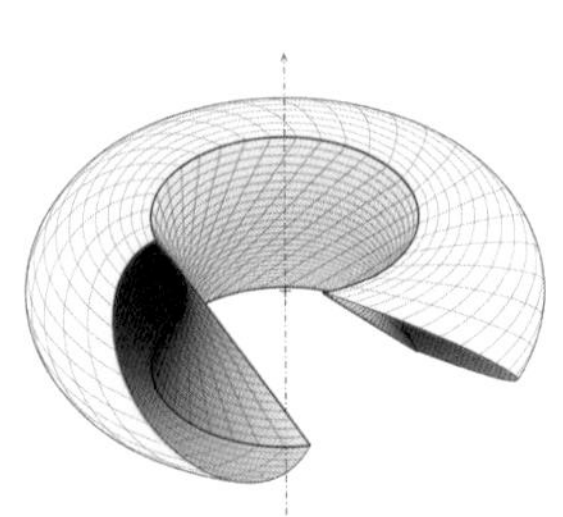

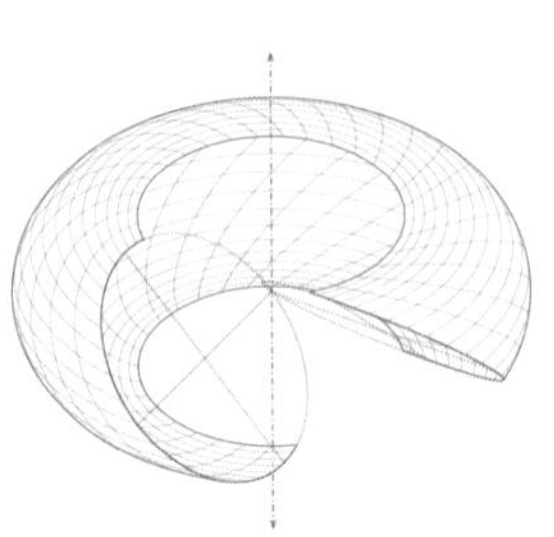

Iman Fayyad
MArch I, 2016

毕业设计

幽灵的投影

导师

Preston Scott Cohen, Cameron Wu

这个毕业设计从真实和虚幻这两个角度探索形式的生成。通过多种几何反转的数学模型，这个项目将一个幽灵一般的虚拟物体，转化为看上去真实存在的空间。

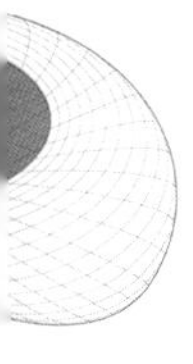

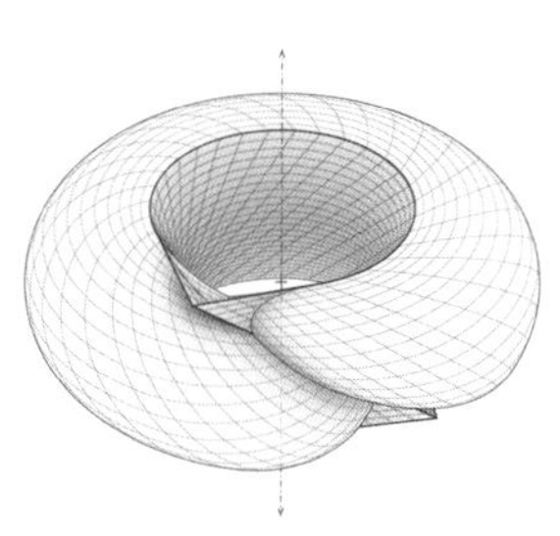

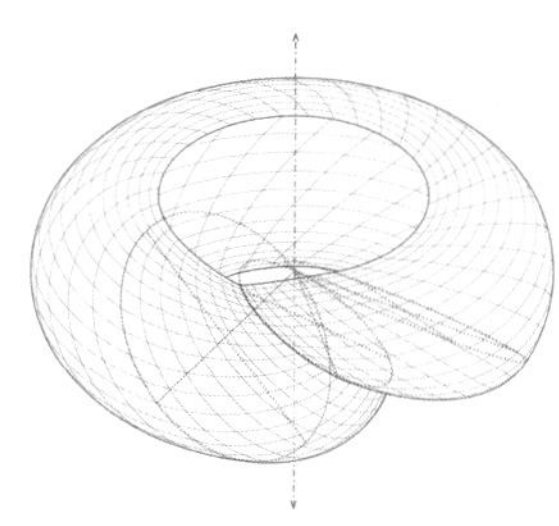

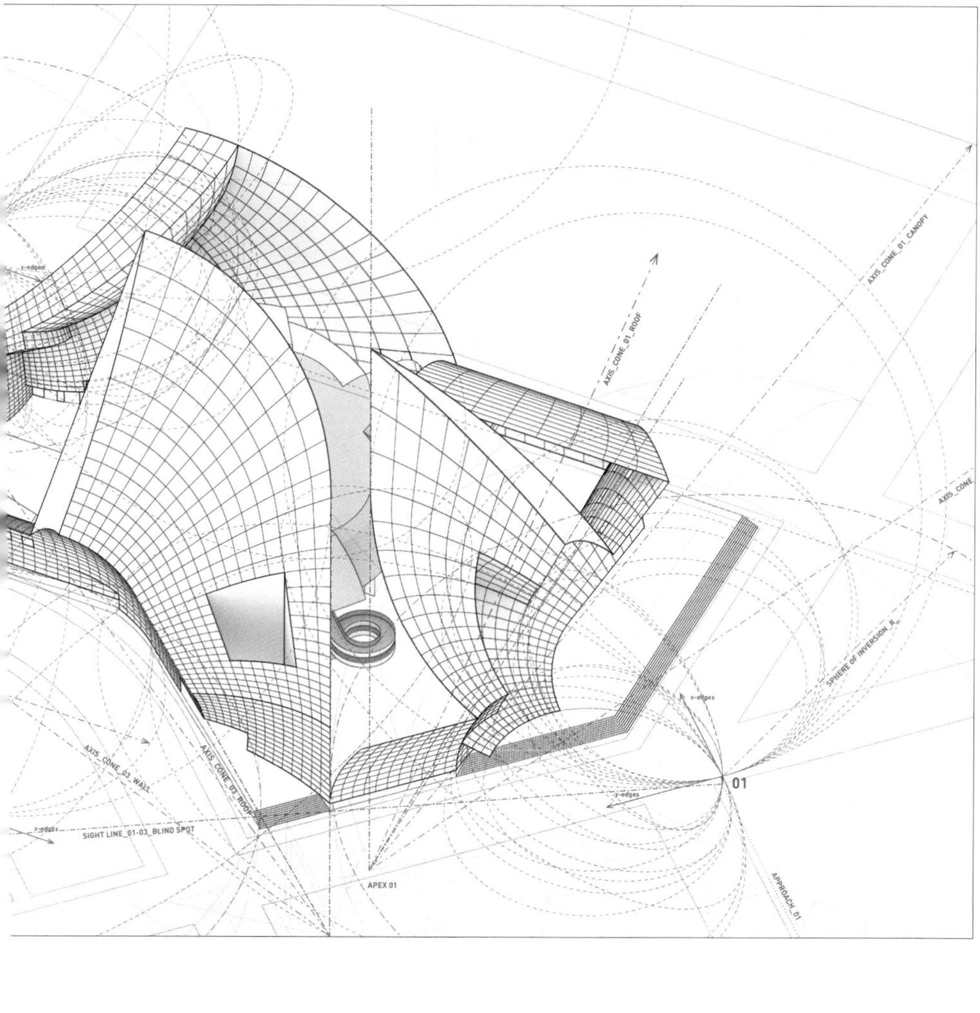

AXIS_CONE_01_CANOPY
AXIS_CONE_01_ROOF
AXIS_CONE
SPHERE OF INVERSION_R
x-edges
01
y-edges
AXIS_CONE_03_WALL
AXIS_CONE_03_ROOF
SIGHT LINE_01-03_BLIND SPOT
APEX 01
APPROACH_01

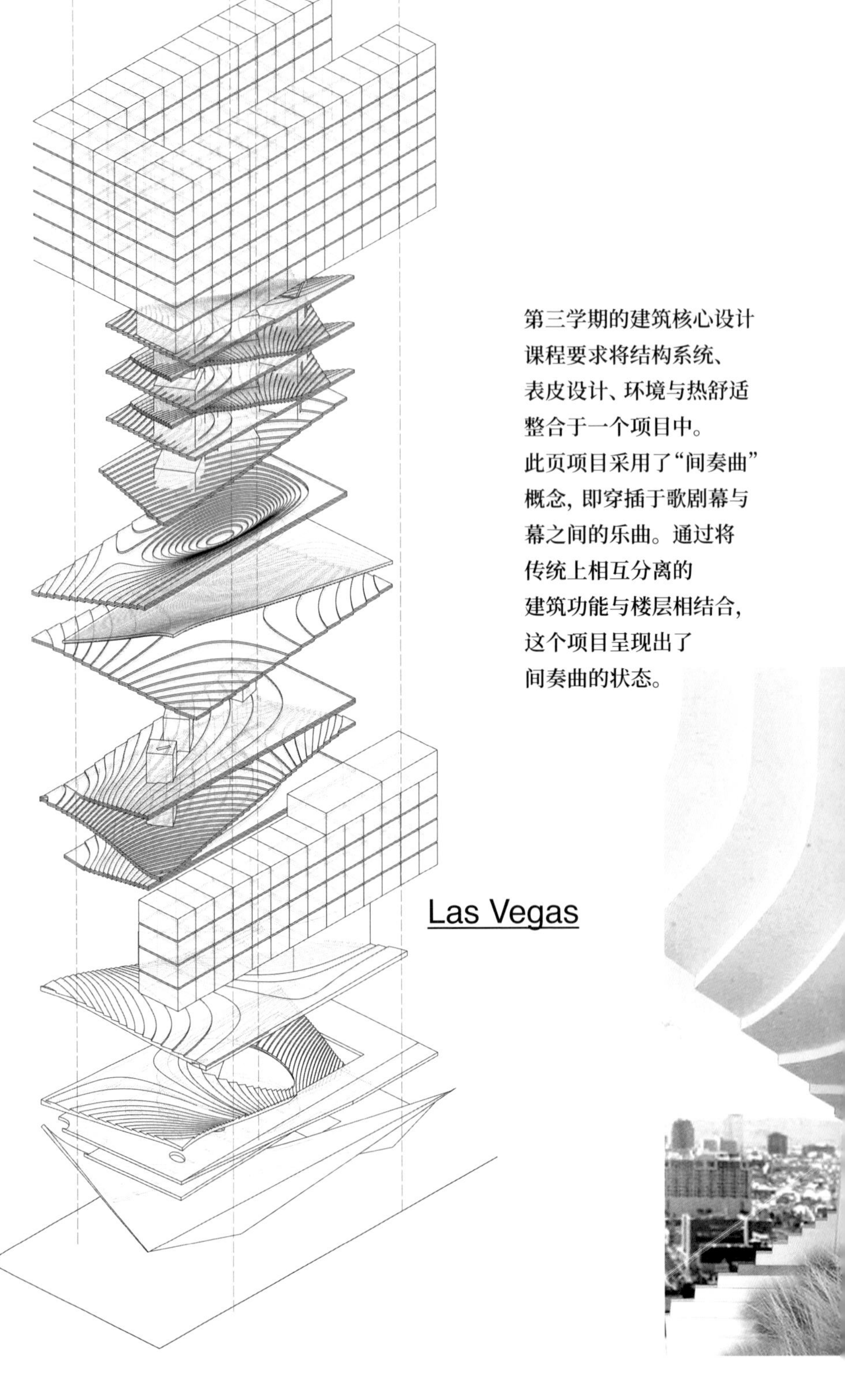

第三学期的建筑核心设计
课程要求将结构系统、
表皮设计、环境与热舒适
整合于一个项目中。
此页项目采用了“间奏曲”
概念，即穿插于歌剧幕与
幕之间的乐曲。通过将
传统上相互分离的
建筑功能与楼层相结合，
这个项目呈现出了
间奏曲的状态。

Las Vegas

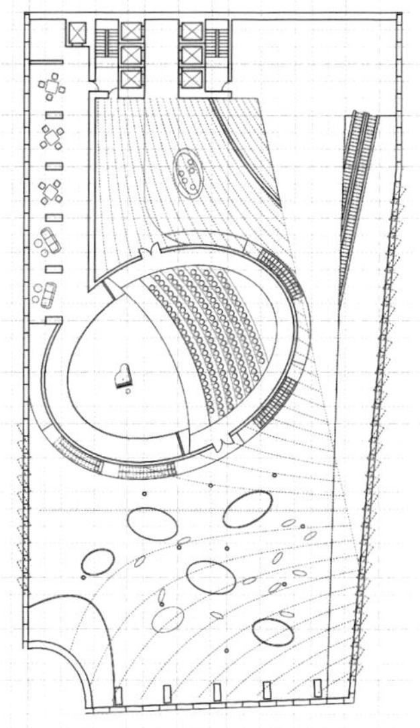

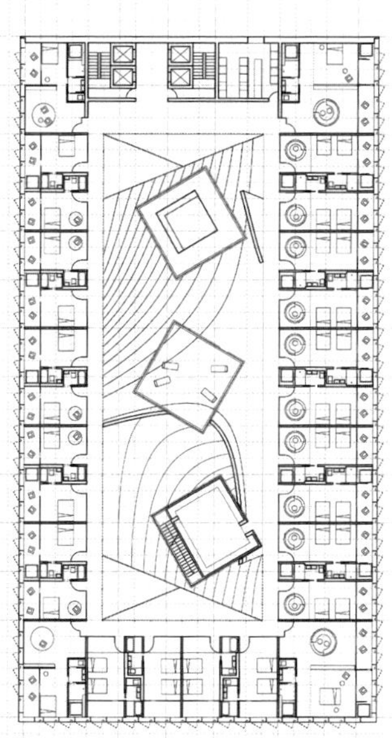

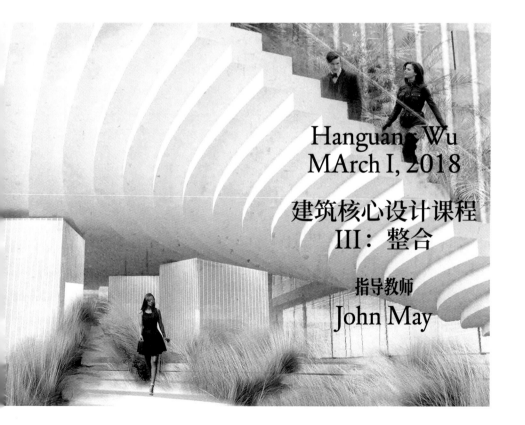

Hanguang Wu
MArch I, 2018

建筑核心设计课程 III：整合

指导教师
John May

Jyri Eskola
MArch I AP, 2016

毕业设计
阳光下的一日：生产性新家居工具箱

导师
Carles Muro

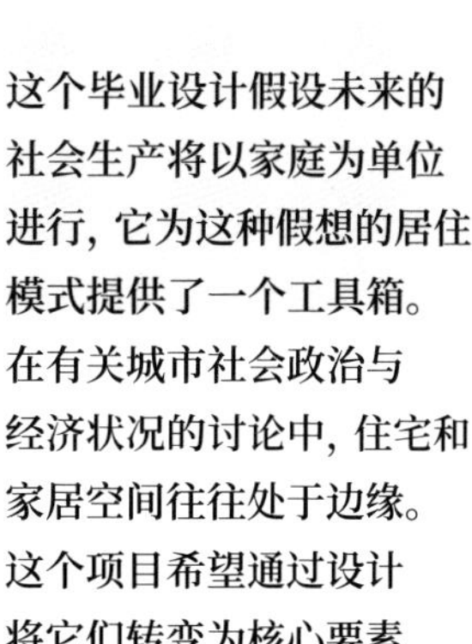

这个毕业设计假设未来的社会生产将以家庭为单位进行，它为这种假想的居住模式提供了一个工具箱。在有关城市社会政治与经济状况的讨论中，住宅和家居空间往往处于边缘。这个项目希望通过设计将它们转变为核心要素。

从部落保护地，到现代化进程中的国家，再到政治人质的避难所，政府筹建的住宅展示了近一个世纪以来阿拉伯城邦的发展。这一毕业设计将公建住房看作重塑市民和城市的国家工具，探究如何通过住宅来重整这个作为世纪项目的国家复兴计划。

Ali Karimi
MArch I, 2016

毕业设计
好阿拉伯，~~坏城市~~

导师
Christopher C. M. Lee

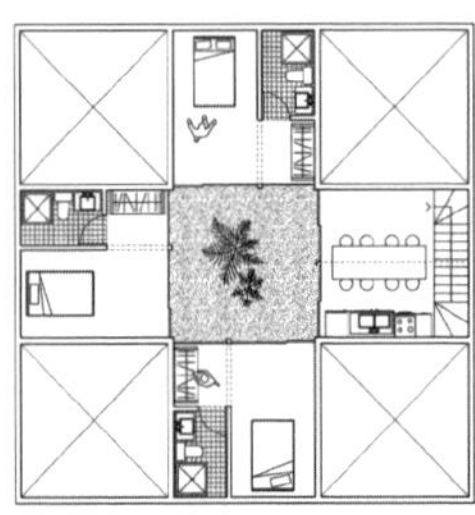

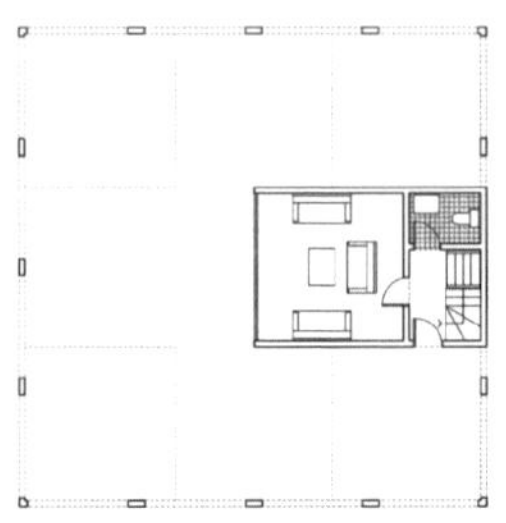

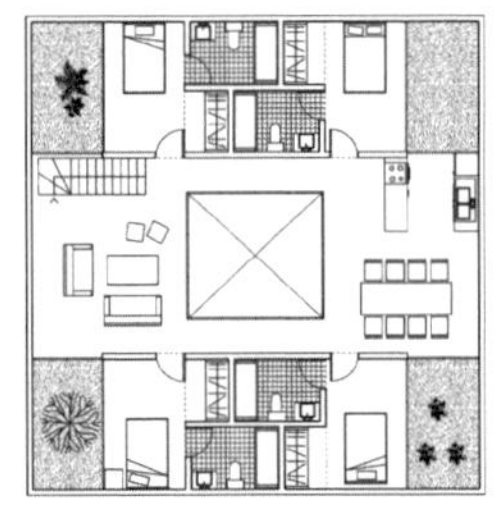

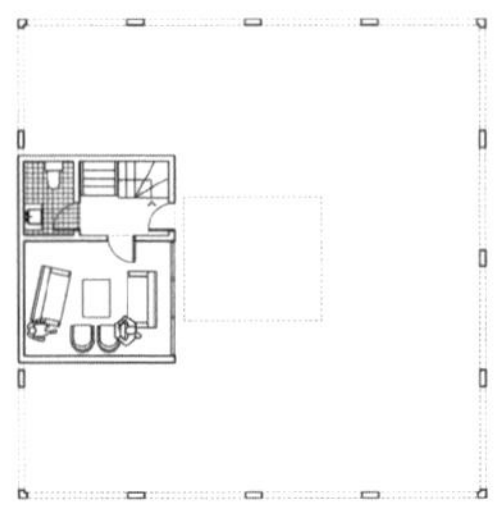

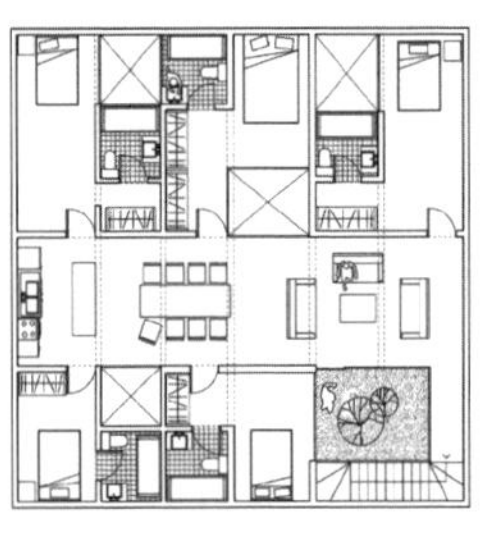

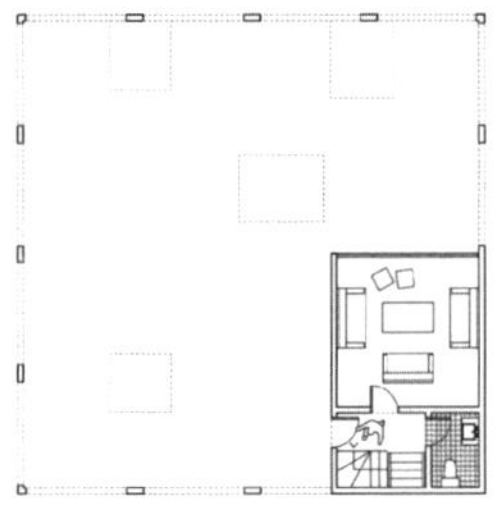

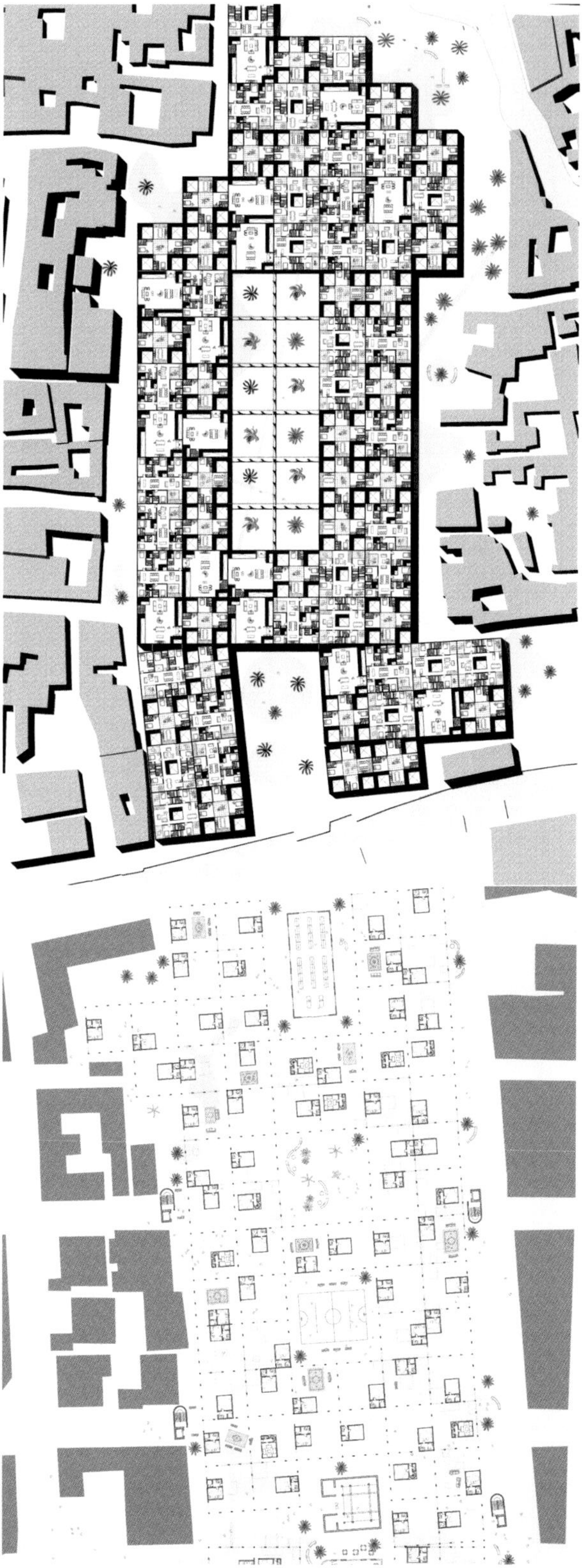

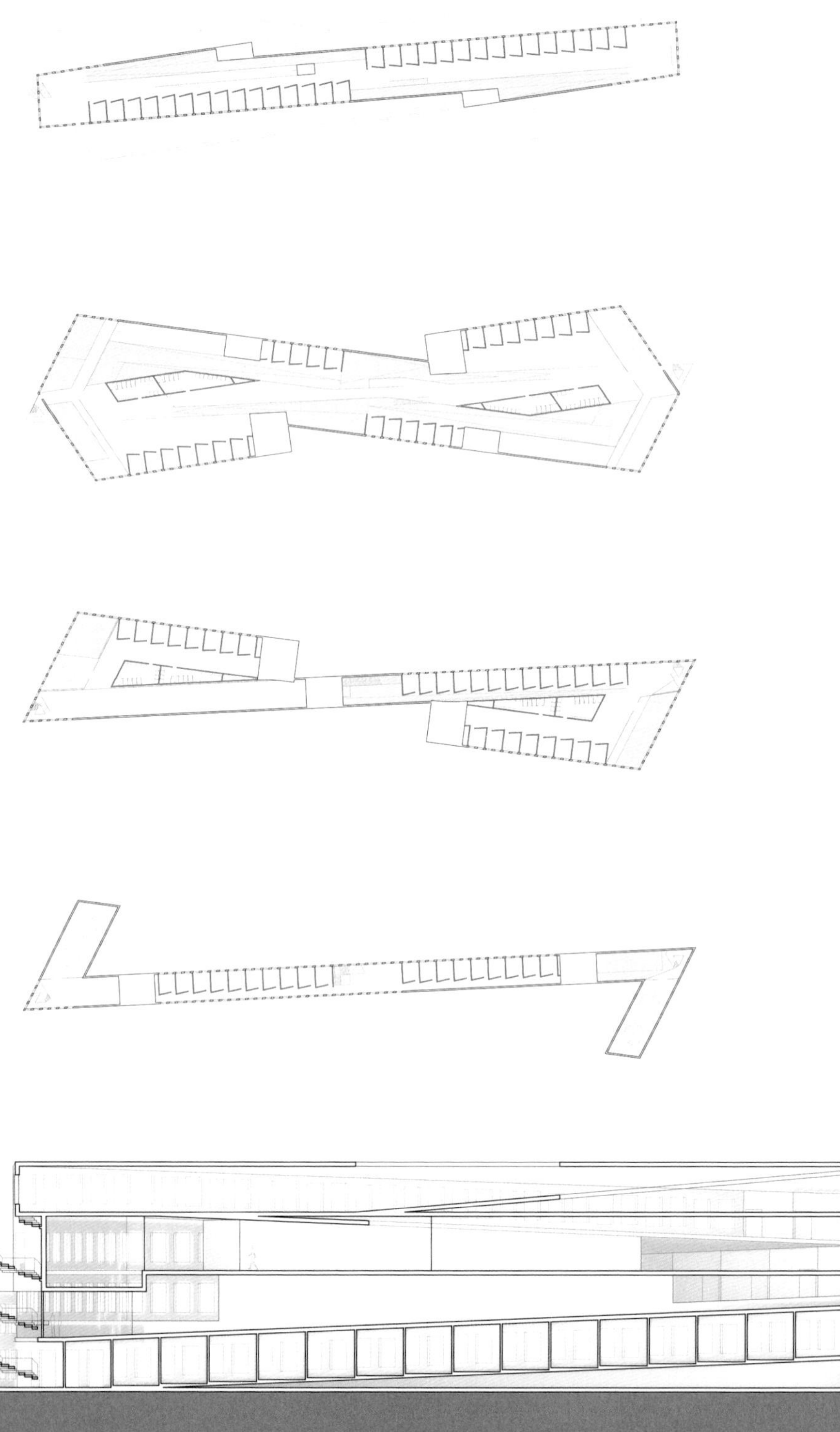

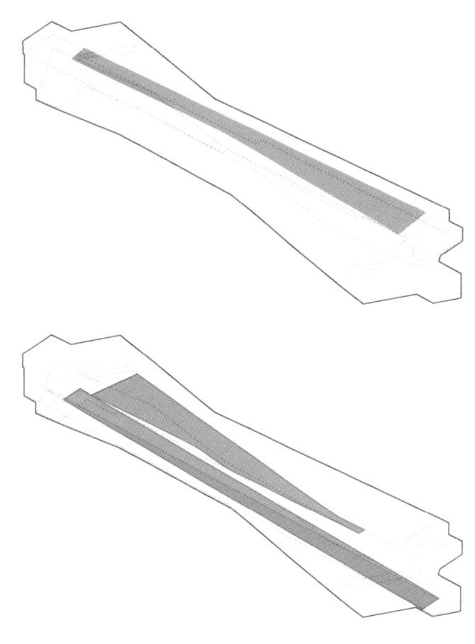

Suthata Jiranuntarat
MArch I, 2019

建筑核心设计课程 I：投射

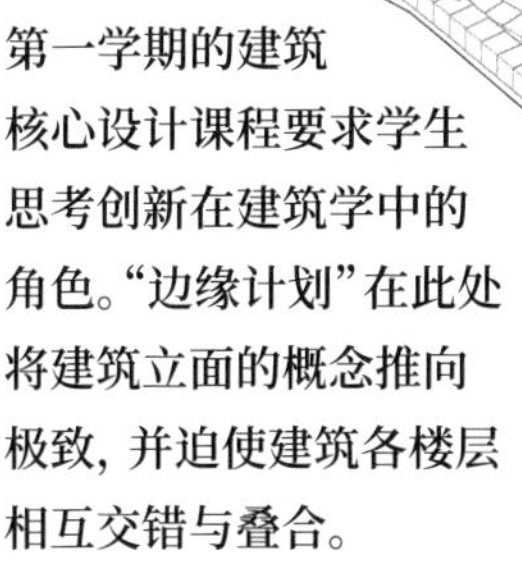

第一学期的建筑核心设计课程要求学生思考创新在建筑学中的角色。“边缘计划”在此处将建筑立面的概念推向极致，并迫使建筑各楼层相互交错与叠合。

指导教师
Cristina Parreno Alonso

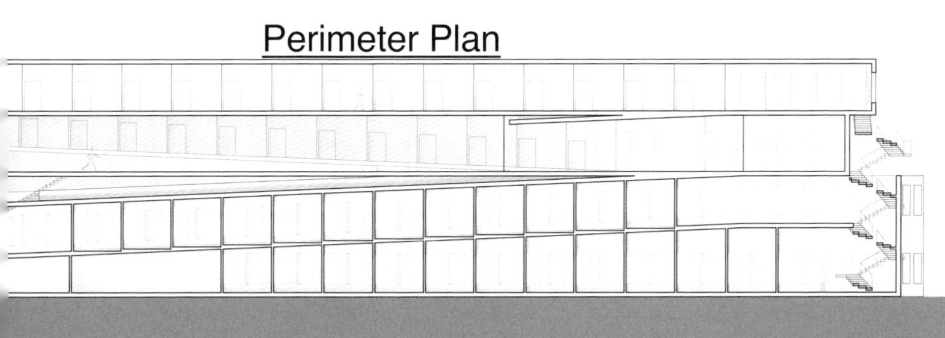

Joanne Cheung, Douglas Harsevoort, Steven Meyer, Jennifer Shen, Yiliu Shen-Burke MArch I, 2018

未建成，设计迈阿密

导师

Dan Borelli, Luis Callejas, K. Michael Hays, Hanif Kara, Benjamin Prosky

每个建成的建筑背后，都有一座看不见的理想城市尚未建成。这样看来，设计不仅仅产生有关某一种构造的知识，更是一个蕴藏着一整套可能性的场域。2015 年“设计迈阿密”(Design Miami 2015)的入口亭馆设计“未建成”，把这座看不见的城市呈现了出来。这个入口亭馆是一个由 198 个手工制作的建筑模型组成的雨棚，它展示了由 GSD 师生设计的一系列实验作品。这些项目或许永远不会被建成，但这个模型展示了设计师们的设计技巧、研究能力以及想象力。

Pink Foam

位于南美洲的瓜拉尼区，大致由巴拉那水系所围合。它联系着南美洲包括阿根廷、巴西、巴拉圭和乌拉圭在内的大片亚热带地区。这个设计小组已经连续三年将瓜拉尼地区作为场地，在它丰富的文化和自然环境中，尝试着多种多样的建筑策略和干预手段。

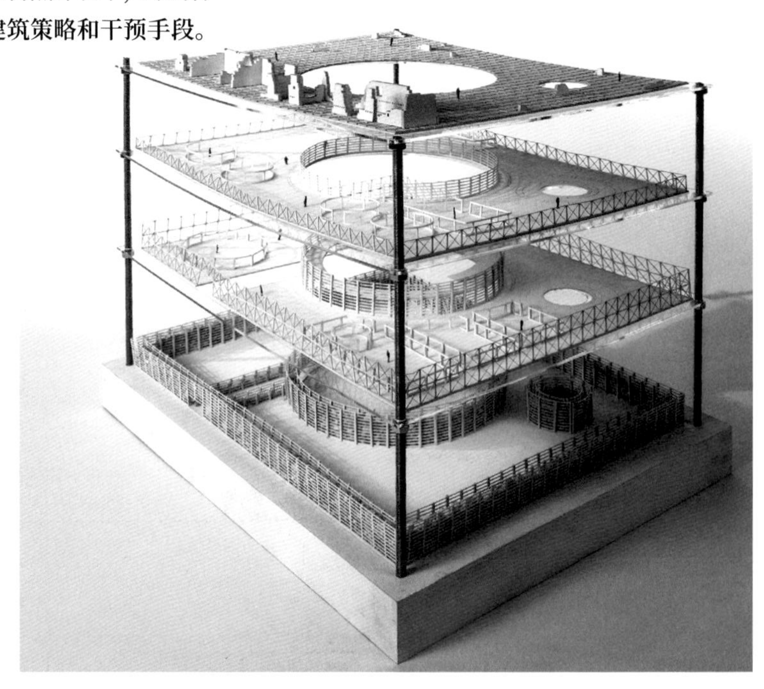

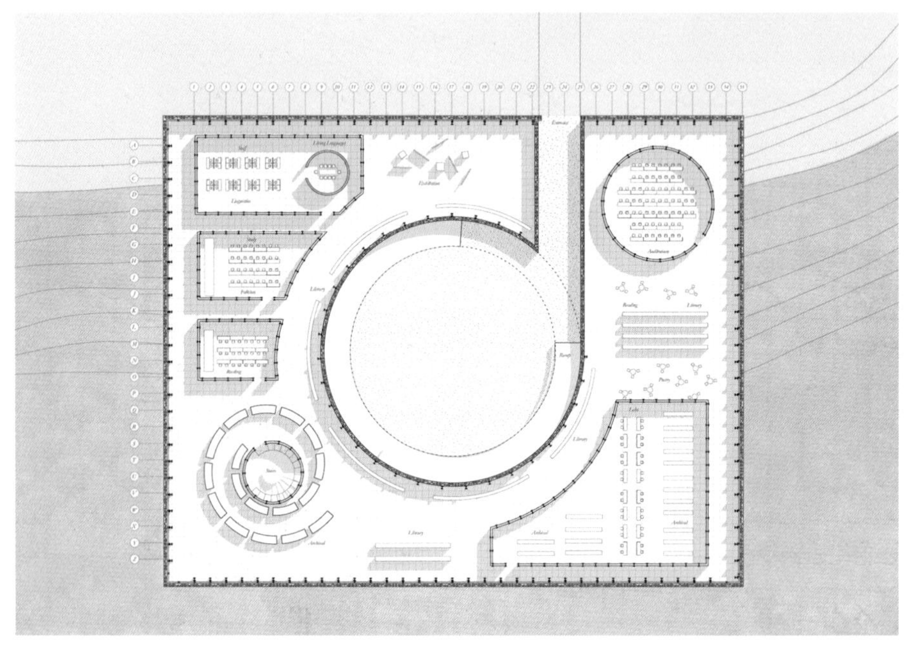

Juan Sala
MArch II, 2017

瓜拉尼地区
III

指导教师
Jorge Silvetti

静止画面，依旧在呼吸

静物？难道将静止和生动①联系在一起不矛盾吗？难道将没有生命的东西与有机的脉动的生命联系在一起不矛盾吗？我们呼吸的时候，我们并非静止不动。正如埃德沃德·迈布里奇的运动投影一样②，在漫长的时间轴上，我们眼前“静止”的画面（独一无二的画面），也是 GSD 流动的生命中的一部分；它是我们这个时代对于知识的渴望与态度的宣言。这是停顿的一拍，保持无声。这些画面并非了无生息，它们是活跃的见证者——这些画面提供了一个聚焦的瞬间，也捕捉了一个设计（中）的状态。通过拼贴，静物打破了过去和未来的秩序。这样的观看方式使我们对静止的瞬间有了不确定的感知，任由我们通过设计将这幅画面展开，重新发现，重新联想。所以，此处的“静止”是有呼吸的，而且它还是粉红色的！你不会心动吗？

Silvia Benedito
景观建筑学助理教授

① 译注：“静物”的英文为“still life”，still 作为形容词意为“静止的”，作为名词意为“静止摄影、定格画面”；life 意为生动。中文将 still life 翻译成“静物”，实际上不能反映出英文中两个词语之间丰富的矛盾性。

② 译注：埃德沃德·迈布里奇（Eadwear Muybridge，1830—1904）是英国摄影师，他的“动物实验镜”（Zoopraxiscope）是一种可以播放运动图像的投影机，将连续图像绘制在一块玻璃圆盘的边缘，随着玻璃圆盘的旋转，将影像投射出去，这样就使这些影像显得像在运动。

本辑《平台：静物》是对传统的巴黎沙龙里的陈列方式（亦或是美发沙龙里的随意交谈）的戏仿。我们的目的是通过对作品意图和内容的重新组合来激发讨论。那些 68 英寸（约 173 厘米）高的城市设计和景观设计课程图纸展现了体验的序列。它们通过增强连接性、功能性，以及可达性来应对复杂的城市场地。另一组景观设计课程作品则试图在莫斯科已有的基础设施系统中，利用一座大尺度、单中心的人造山体，来解决严重的城市交通拥堵问题。另有一个作品着眼于迈阿密海滩的海平面上升问题。

这组作品所面对的都是全球化背景下“实在的”设计问题，但它们并未满足于仅仅在表面上解决问题，而是通过深入的钻研，以乐观的态度审视未来，并以独特的表现手段来支撑它们的设计。

沙龙
Salon

1:1,000

PRESSURE

2
3
12
13
4
1
10
5
11
9
7
8
6

1 美国白桦
Mengfan Sha
MLA I, 2018
景观核心设计课程 II
指导教师：Jill Desimini

2 蓝图 Blueprint p. 42
Shao Lun Lin, Marcus Mello
MArch I, 2018
Long Chuan Zhang,
MArch I AP, 2018,
建筑核心设计课程 IV：关联
指导教师：Belinda Tato

3 重庆
Marios Botis
MAUD, 2017
重庆的“常规城市”：
寻找驯化的超级结构
指导教师：Joan Busquets

4 雅加达 Jakarta p. 44
Andrew Boyd
MLA I, 2016
Michael Keller
MAUD / MLA I AP, 2016
雅加达：延伸的大都会中的
集合空间模式
指导教师：Felipe Correa

5 图表 Chart p. 46
Timothy Logan
MArch II, 2016
气象建筑
指导教师：Philippe Rahm

6 度假地 Retreat p. 48
Bin Zhu
MAUD, 2016
把大三岛变成日本最宜居岛屿：
东京境外设计课程
指导教师：伊东丰雄

7 容积率 FAR p. 50
William Adams,
Huopu Zhang
MArch I AP, 2018
Alice Armstrong,
MArch I, 2018
建筑核心设计课程 IV：关联
指导教师：Andrew Holder

8 好奇
Noel Fah
苏黎世联邦理工学院交换项目，
2016
裸眼：美杜莎及其他故事
指导教师：Eelco Hooftman,
Bridget Baines

9 街区
Kyriaki Kasabalis
MAUD, 2016
极端城市主义 IV：
超高密度——孟买 Dongri
指导教师：Rahul Mehrotra

10 潟湖 Lagoon p. 52
Alexander Cassini
MLA I, 2016
弗纳斯湖：应对景观项目的
动态途径
指导教师：João Nunes,
João Gomes da Silva

11 交通阻塞 Traffic Jam p. 54
Mengchen Xia
MAUD, 2016
莫斯科的未来：堵在路上
指导教师：Martha Schwartz

12 河流
Thomas Nideroest
MLA II, 2016
Ruben Segovia
MArch II, 2017
城市黑洞：利马大都会圈的
建设与遗产
指导教师：Jean Pierre
Crousse

13 椰子树 Cocos nucifera p. 56
Daniel Widis
MLA I, 2016
迈阿密的上升和沉没：为城市
适应而设计
指导教师：Rosetta Elkin

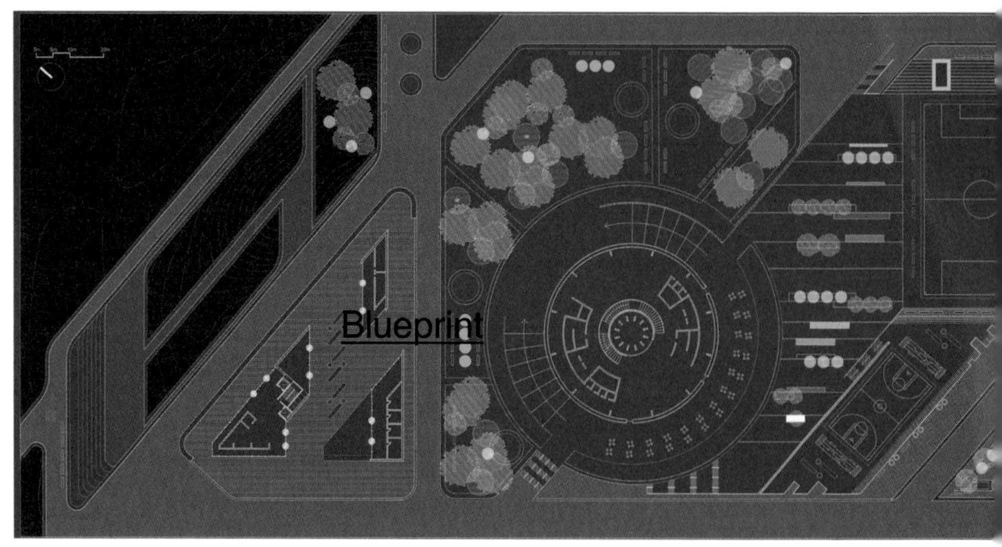

Shao Lun Lin,
Marcus Mello,
MArch I, 2018

Long Chuan Zhang
MArch I AP, 2018,

建筑核心设计课程 IV：关联

指导教师

Belinda Tato

此处所示图纸是建筑核心设计课程 IV“关联”上的作业。本课程将住宅作为构成城市肌理的核心要素进行探究，利用本土建筑形式，转换对城市居住结构的解读方式。

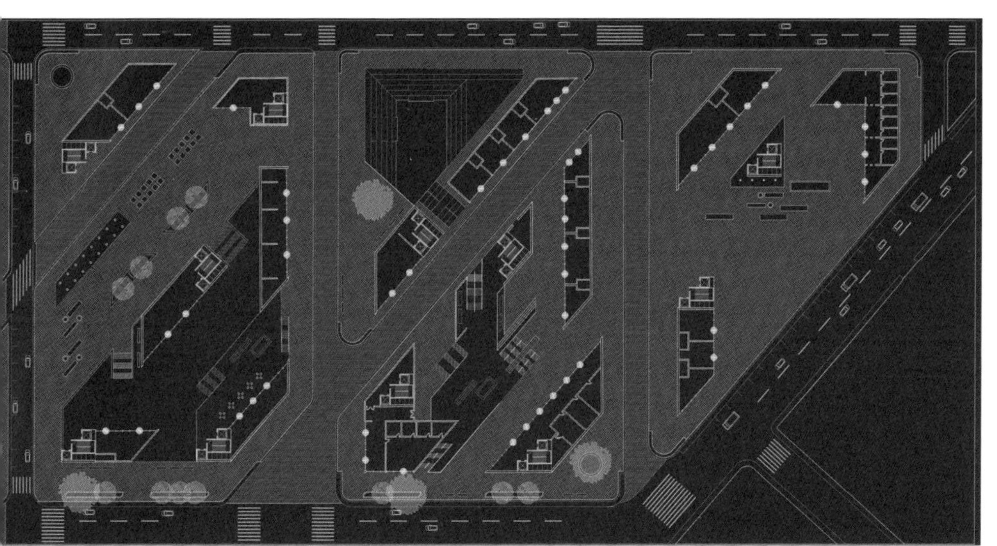

Andrew Boyd
MLA I, 2016

Michael Keller
MAUD / MLA I
AP, 2016

雅加达：延伸的大都会中的集合空间模式

指导教师

Felipe Correa

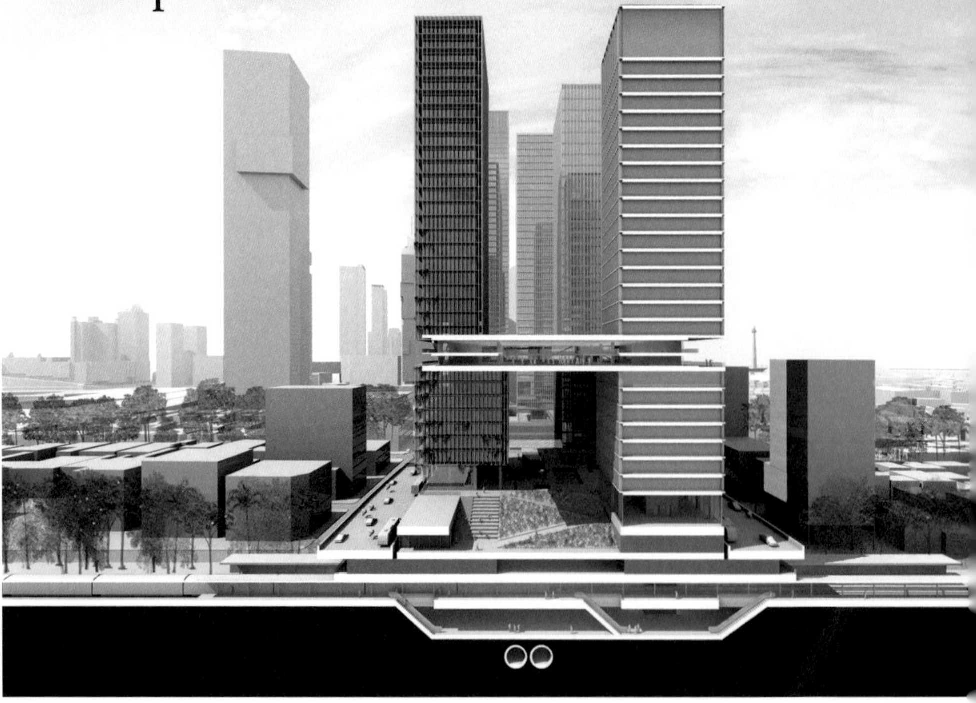

Jakarta

本设计课程探索了快速城市化背景下大众交通设施作为集合空间的可能性。这个设计用一组塔楼创造出了许多城市平台和悬浮的休闲空间，并试图把这种类型作为新的城市化模式，以取代塔楼—裙楼这种传统类型。

Timothy Logan
MArch II, 2016

指导教师
Philippe Rahm

气象建筑

PRESSURE
(research)

$$P = \frac{F}{A}$$

Force

Area

SCALE I:
PLANETARY

Bernoulli's principle

$P_1 > P_2 \quad V_1 < V_2$

Fig. I.B.2: Idealized Ocean Currents Affecting Atmosphere

I.A.
ALTITUDE + ATMOSPHERIC PRESSURE

Fig. I.C.1: Actual

Fig. I.B.3: Idealized

I.B.
IDEALIZED GLOBAL WIND PATTERNS

I.D.
LAND + SEA BREEZES

Fig. I.D.1: Sea-to-Land Breeze (Day)

I.C.
ACTUAL GLOBAL WIND PATTERNS

Fig. I.D.2: Land-to-Sea Breeze (Night)

Fig. I.C.2: Pressure and Winds/Ridges and Troughs (January)

II.A.
BUILDING WIND PRESSURE: SECTION

Fig. I.C.3: Pressure and Winds/Ridges and Troughs (July)

III.A.
EAR PRESSURE

Fig. III.A.1: Equal Air Pressure

Fig. III.A.2: Unequal Air Pressure

III.D.
BLOOD PRESSURE

Fig III.D.3: Blood vessel affected by decompression sickness

III.B.
SINUS CAVITIES

Fig. III.D.2: Change in blood pressure due to latitude change

II.B.
BUILDING WIND PRESSURE: PLAN

III.C
PULMONARY FUNCTION

Fig. III.D.1: Blood vessel, typical

II.F.
AIR RENEWAL RATES BY ROOM USE

Air Change Renewal Per Hour: ACR = 60 x CFM / V

III.E.
HUMAN BREATHING RATES

II.C.
DUCT OPTIMIZATION

Fig. II.C.3: Material/Finish

Fig. III.C.1: Interim State

Fig. II.C.1: Duct Branch Optimization

II.D.
DUCT TO ROOM RELATIONSHIPS

Fig. III.C.2: Inhalation

Fig. II.C.2: Duct Turn Optimization

Fig. III.C.3: Exhalation

SCALE III:
PHYSIOLOGICAL

SCALE II:
ARCHITECTURAL

II.E.
ROOM TO ROOM RELATIONSHIPS

气候变化不仅迫使我们重新思考建筑，
还改变了我们的设计手法。它让我们不能
只重视建筑的视觉效果和功能，还需要
对与气候相关的不可见因素更加敏感。
这个设计小组的任务不是创造形象和功能，
而是开拓建筑学中解析气候的疆域。

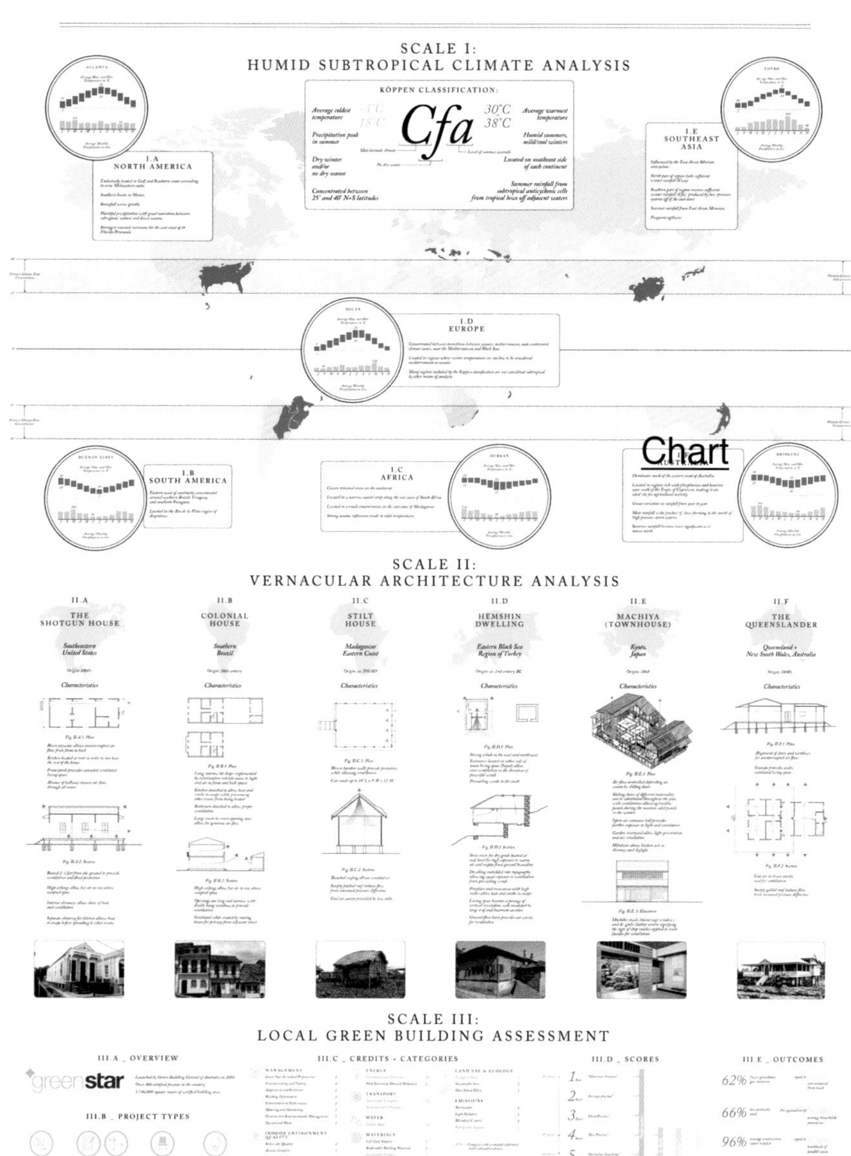

Bin Zhu
MAUD, 2016

把大三岛变成日本最宜居岛屿：东京境外设计课程

指导教师
伊东丰雄

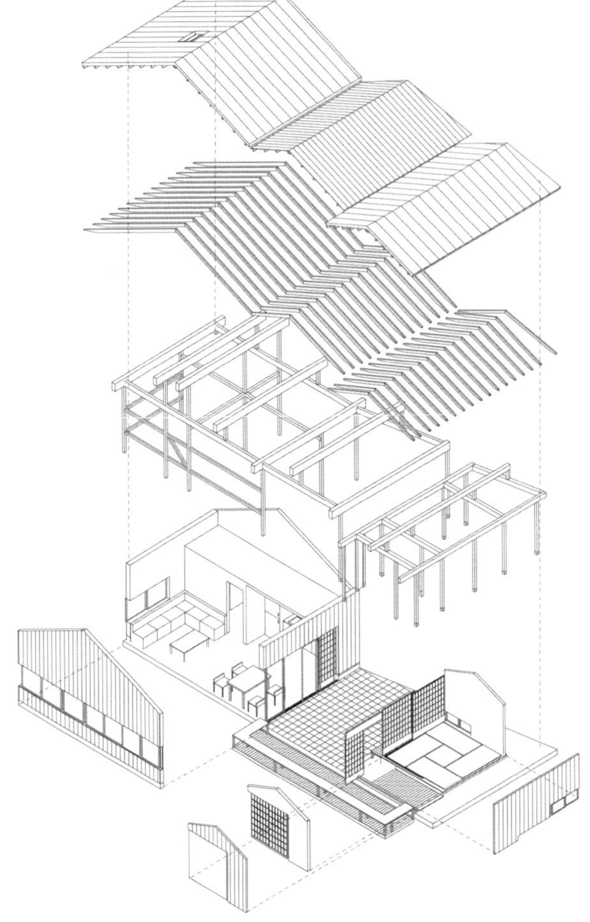

大三岛属日本今治市，位于濑户内海中部，岛上住有6400人。岛上拥有静谧的山地景观，山上布满柑橘果园；还有日本最古老的神社之一——大山祇神社。但大三岛的景观和文化资源尚未被大规模开发。本设计课程将当地居民和学生的力量集合在一起，提出了许多小尺度的方案。这些方案是大三岛十年开发计划的一部分，这个十年计划的目标是“将大三岛建设为日本最适宜生活的岛屿”。

Retreat

William Adams, Huopu Zhang MArch I AP, 2018

Alice Armstrong MArch I, 2018

建筑核心设计课程 IV：关联

这个项目是建筑核心设计课程 IV“关联”的一个课程作业。课程的设计主题是住宅：将住宅作为构成城市肌理的核心要素进行探究，利用本土建筑形式，转换对城市居住结构的解读方式。

指导教师

Andrew Holder

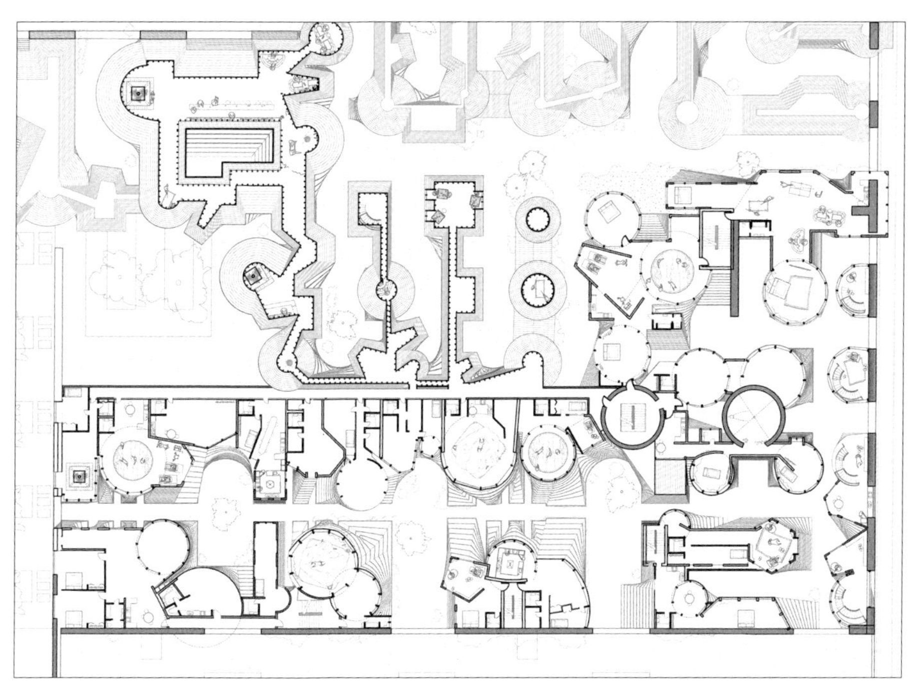

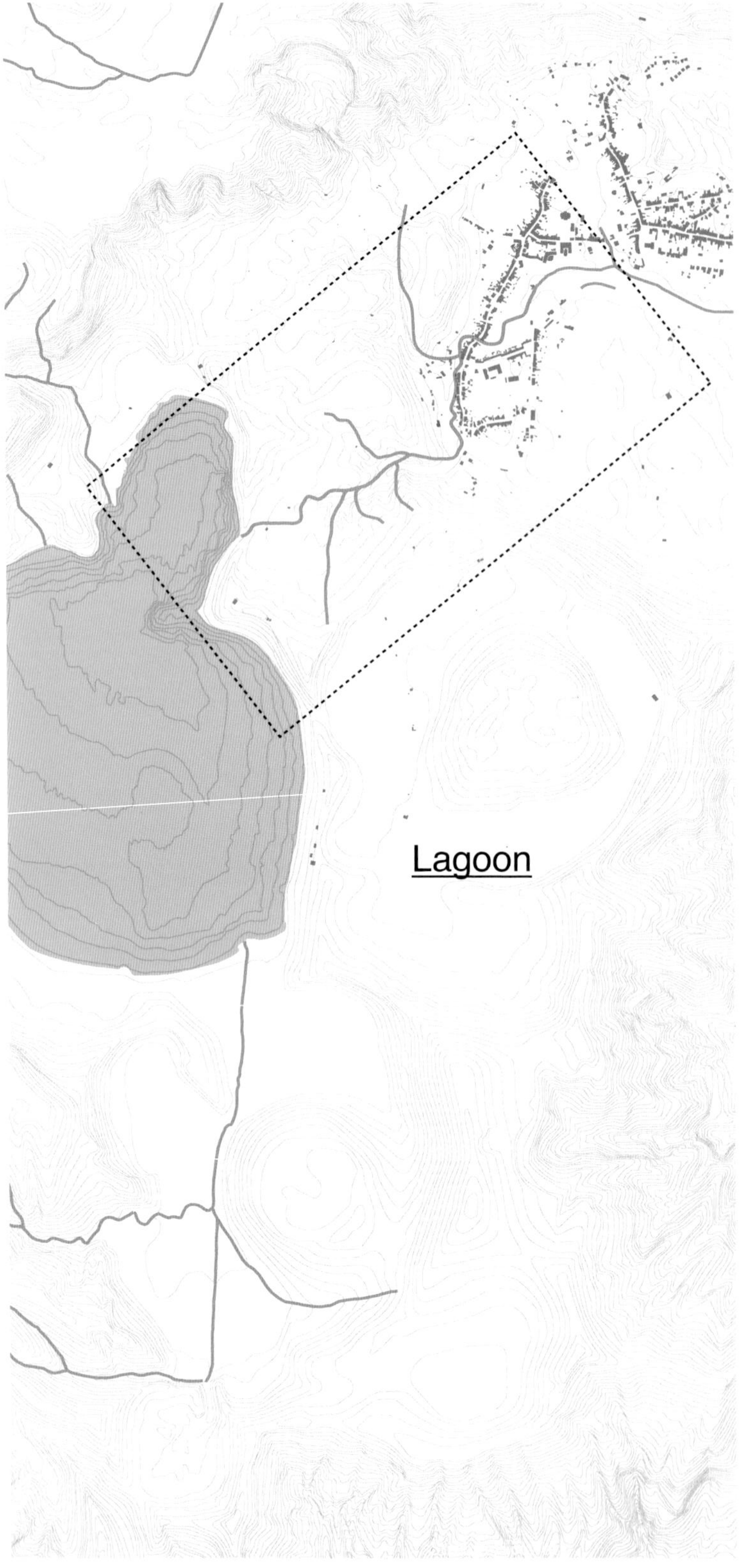
Lagoon

Alexander Cassini
MLA I, 2016

弗纳斯湖：应对景观项目的动态途径

这个小组与亚速尔群岛大学（University of the Azores）合作收集了弗纳斯湖周边景观空间的定量和定性数据，通过这些数据和地图测量分析湖区景观要素，探讨景观在建筑空间的产生中的作用。

指导教师

João Nunes, João Gomes da Silva

Mengchen Xia
MAUD, 2016

莫斯科的未来：堵在路上

指导教师
Martha Schwartz

莫斯科目前有近 700 万人口，这个数字在未来 50 年间会增长到 1700 万。莫斯科现有的交通结构基于中世纪时期的轮辐形态，完全不能承受人口增长带来的交通压力。而八车道的巨型高速公路将带来巨大的城市问题，并最终影响整个莫斯科城应对人口增长的能力及其宜居性。

本设计课程就莫斯科的城市拥堵问题提出了不同的解决方案，此处图纸所示为其中一项。

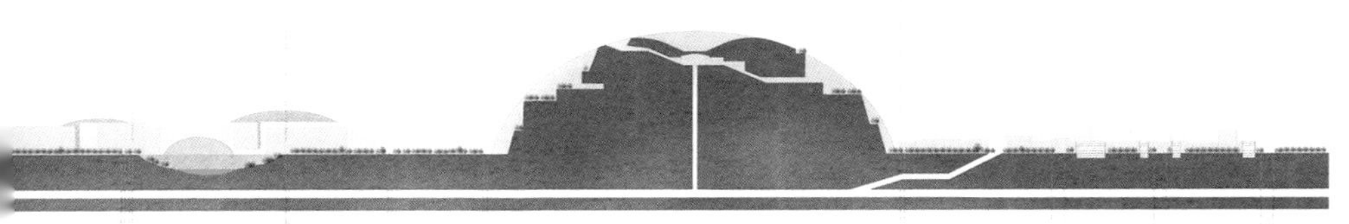

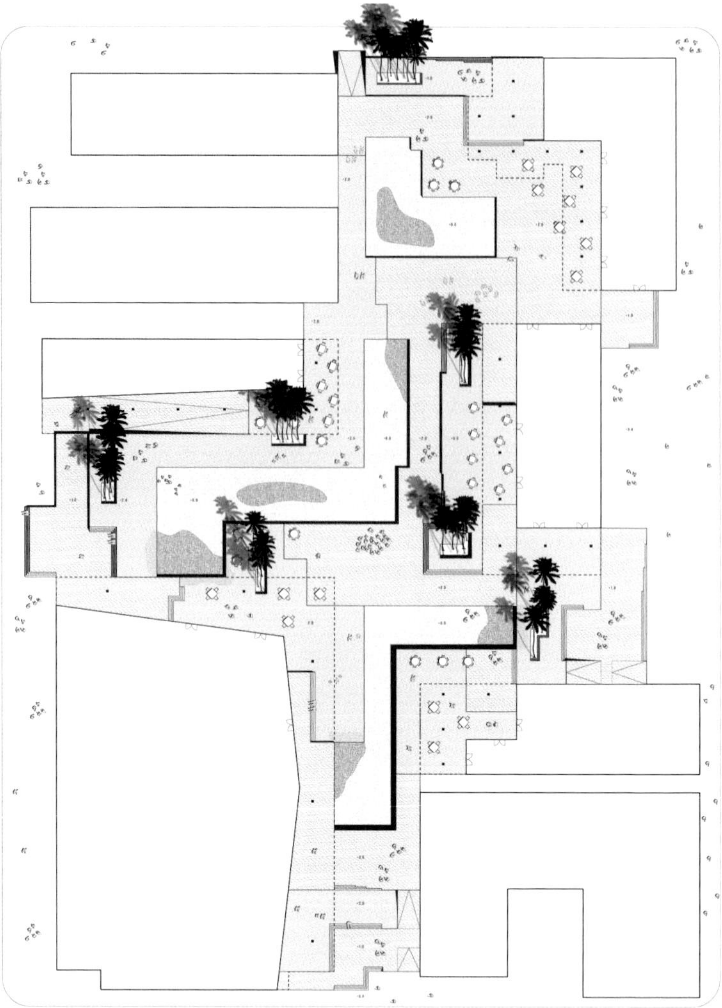

PHOTOTROPHIC GROWTH

Daniel Widis
MLA I, 2016

迈阿密的上升和沉没：为城市适应而设计

指导教师
Rosetta Elkin

迈阿密的堰洲岛是世界范围内最受关注也最有价值的文化景观之一。迈阿密海滩的情况揭示了用生态系统设计和基础设施设计策略代替大尺度、单目标的工程项目的可能性。这个作品探索了在海平面上升的当代背景下，实践“城市适应”的条件。

<u>Cocos nucifera</u>

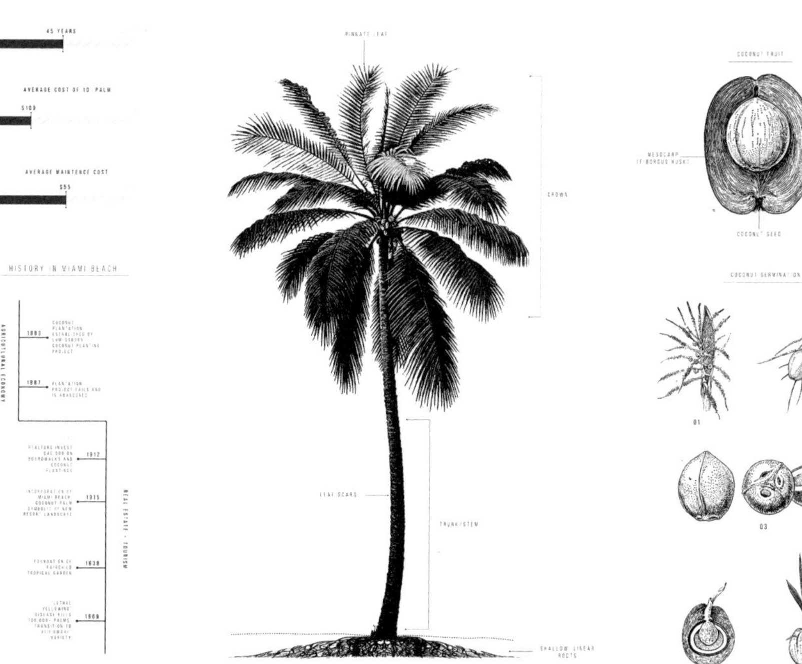

那个模型是什么？它是用什么材料做的？用了什么软件？为了辨别技术或材质，新作品的产生往往伴随着这类问题。入选这个章节的部分模型强调了模型制作的技巧——3D 打印、纸板、塑料玻璃——但不全如此。题为“投影仪：图像建构的实验”的设计研究硕士（Master in Design Studies）毕业作品，虽然表面看来使用了工业砂印机，但事实上设计者并没有就此止步，而是用一层层的白色半光滑油漆涂抹，用透明彩虹漆作为完成面，对作品进行了进一步的强化（或者说进一步的模糊？）。另一个作品经过金色材料的装点更显华丽，使得场地环境提升至一个新的档次。

需要指出，入选这一章节的作品都利用形式的凹凸创造了内腔或洞口。这种手法被用来封顶建筑、在体量的底部开洞或控制室内空间。其中，建筑核心设计课程 I 的作业将“隐藏房间”的内腔置于深深的阴影之中。另一个作品对于结构开间和房间不作区分。最后一个中层塔楼作品，通过扭转平面替代了垂直延展的空间。编者发现了一个矛盾：普通的材料确实可以做出极富挑战性的形式开缝和孔洞。

华丽的工艺
Glam Craft

2
3
1
4
6
4
5

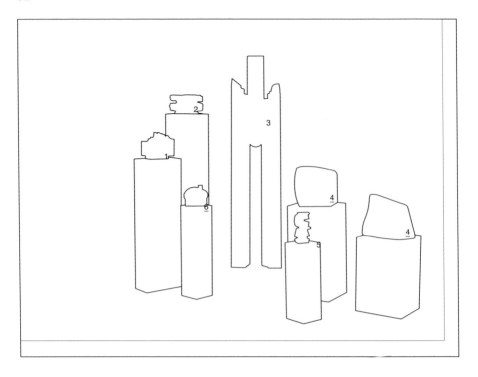

1 扇形的

Danielle Kasner
MArch I, 2018
建筑核心设计课程 III：整合
指导教师：Renata Sentkiewicz

2 单一表面

Morgan Starkey
March I, 2019
建筑核心设计课程 II：情境
指导教师：Tomás dePaor

3 楔子

Evan Farley
MArch I, 2017
现成建筑
指导教师：Preston Scott Cohen

4 分解 Disruptions p. 64

Zeina Koreitem
MDes AP, 2016
毕业设计："投影仪：图像建构的实验"
导师：Andrew Witt

5 扭曲

Naureen Mazumdar
MArch I, 2018
建筑核心设计课程 III：整合
指导教师：Elizabeth Whittaker

6 隐藏 Hidden p. 66

Radu-Remus Macovei
MArch I, 2019
建筑核心设计课程 I：投射
指导教师：Mariana Ibañez

7 矿物 Mineral p. 68

Marrikka Trotter
博士学位候选人
静物：拉斯金的无机伦理学
导师：Antoine Picon

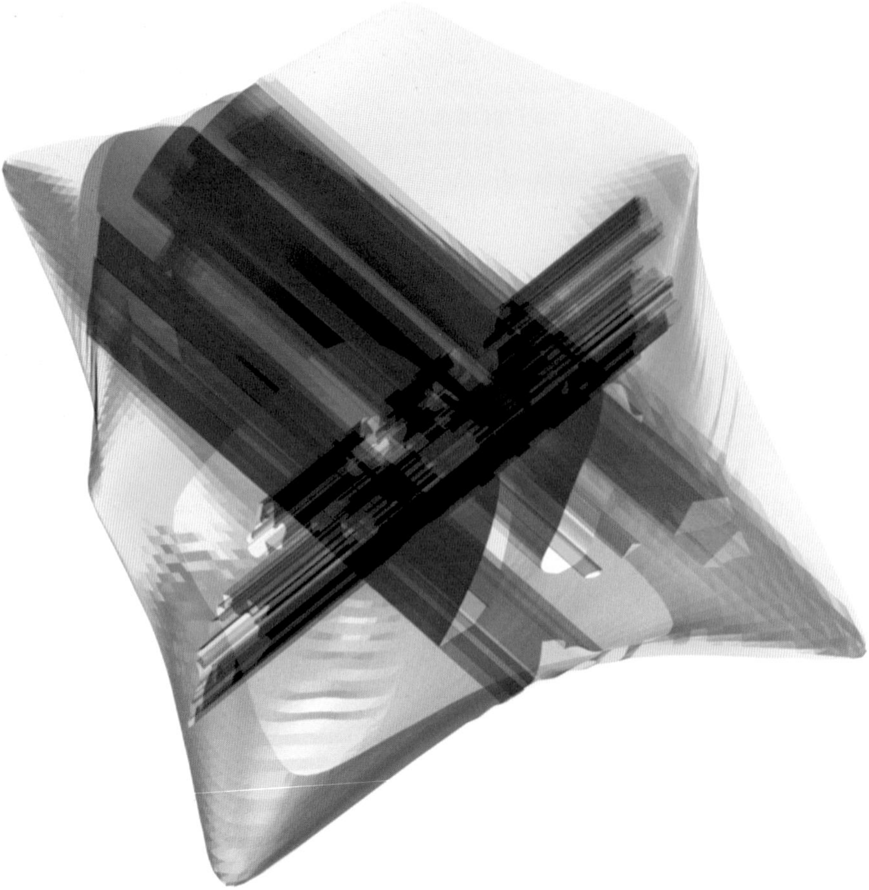

为了探究"图像建构"的问题，我们需要将设计中图像造成的扰动看作建筑设计过程中的必要元素，而非需要删除的误差。这个毕业作品测试了多种图像投影的策略，例如射线跟踪、解析、排序、扫描等各种操纵像素的算法。该作品荣获 Daniel L. Schodek 技术与可持续发展奖。

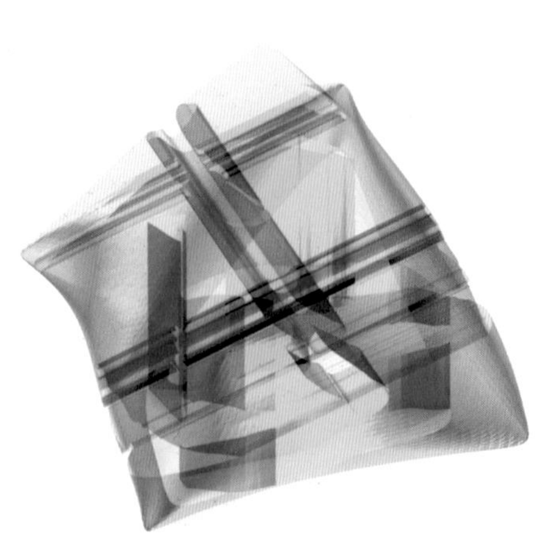

Zeina Koreitem
MDes AP, 2016

毕业设计
投影仪：
图像建构的实验

导师

Andrew Witt

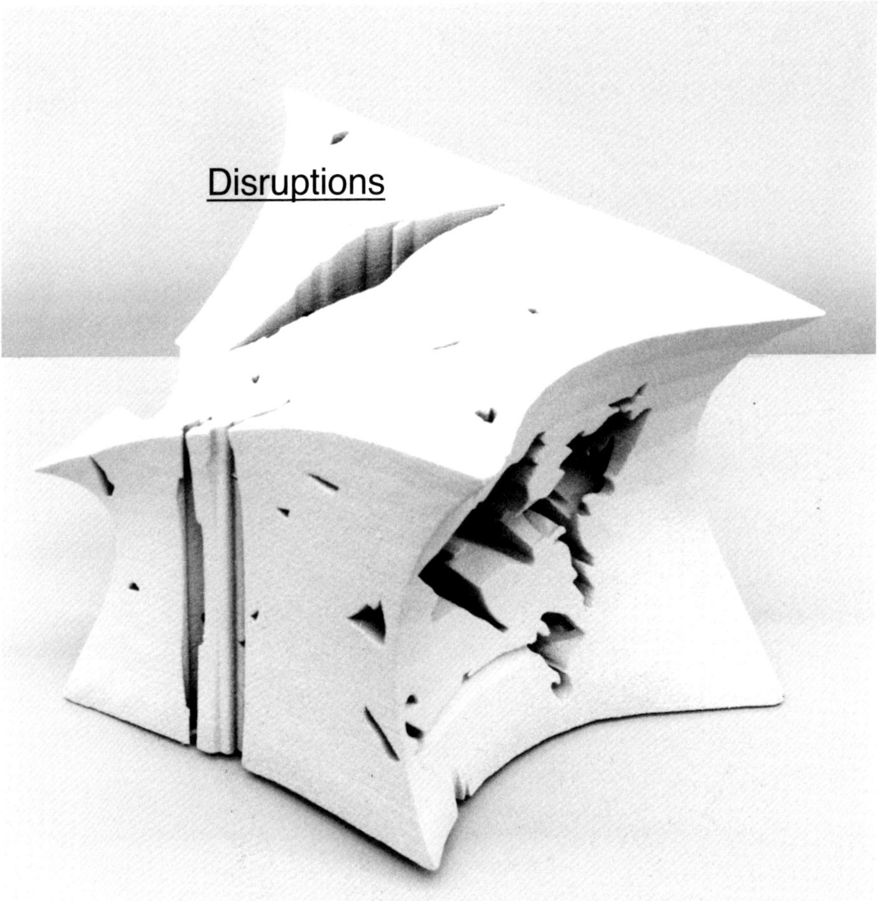

Disruptions

Radu-Remus Macovei MArch I, 2019

建筑核心设计课程 I：投射

指导教师 Mariana Ibañez

第一学期的建筑核心设计课程“投射”包含一系列有针对性的设计练习，要求学生探究并实践与表现有关的基本问题。入选的图纸是学生根据“隐藏房间”这一题目完成的作业，这一作业要求学生创造出一个看不见的房间。这个作品参考了圣保罗大教堂和圣彼得大教堂的多重穹顶，并通过这种同心壳型结构在总体量中创造出一个隐藏的房间。

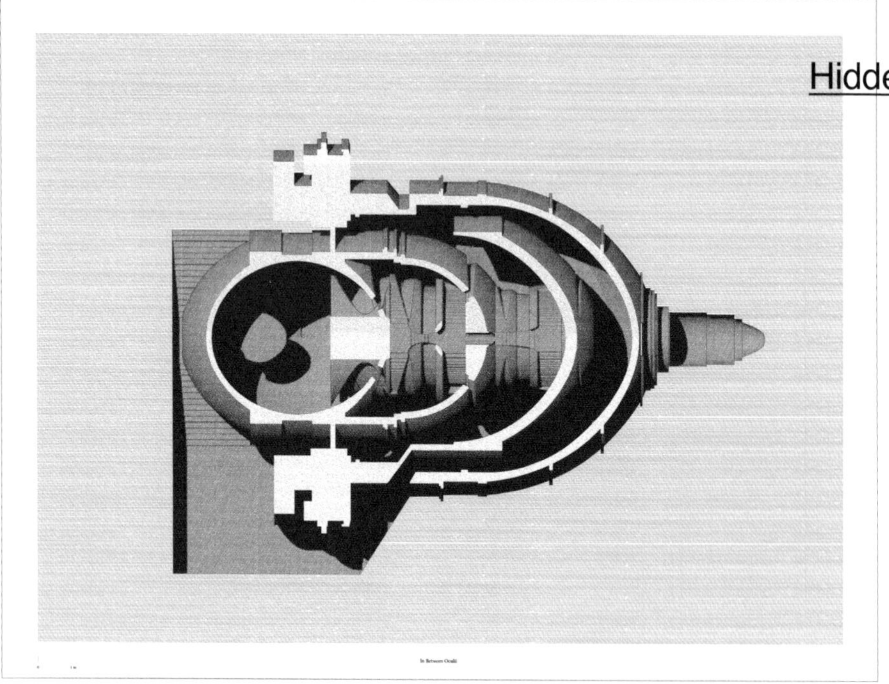

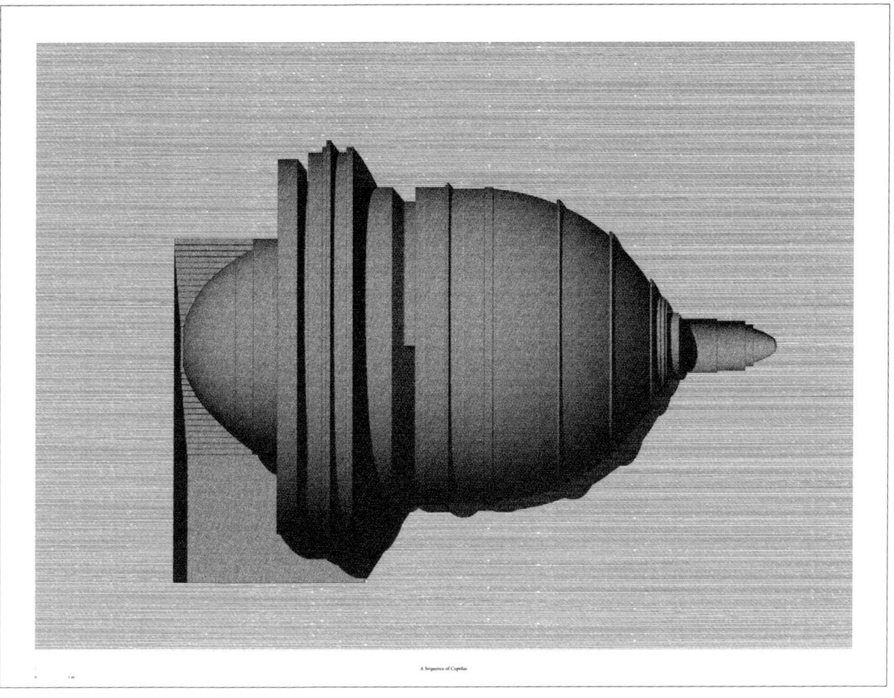

A Sequence of Cupolas

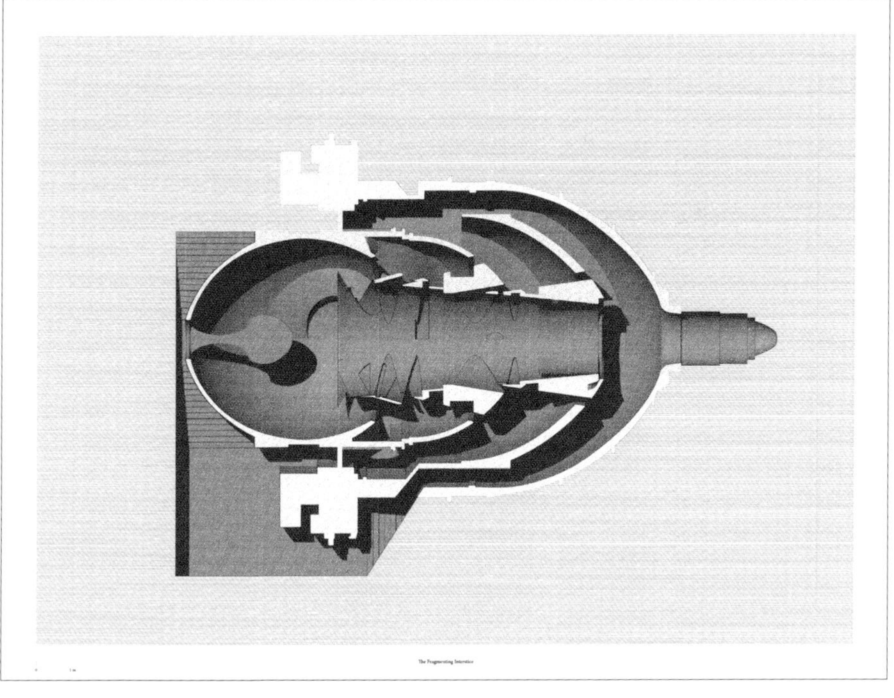

The Fragmenting Interstice

Marrikka Trotter,
博士学位候选人

静物：拉斯金的无机伦理学①

导师
Antoine Picon

约翰 · 拉斯金(John Ruskin，1819—1900)不仅是英国维多利亚时代的一位评论家，也是一位熟练的业余地质学家。当拉斯金把他的地质和矿物学论文结集发表的时候，他把这本书命名为《杜卡里昂：消逝的浪潮和石头的生命研究合集》(*Deucalion: Collected Studies of the Lapse of Waves, and Life of Stones*,1879)。② 用诗意的语言描述实在的研究对象是拉斯金的惯用手法，这里也不例外："消逝的浪潮"和"石头的生命"听起来像是诗意的隐喻，但事实上拉斯金确实是在讨论浪潮的消逝（虽然这些浪潮由坚硬的岩石组成）和真正有生命的石头。

生命对于拉斯金来说是自我组织的系统。拉斯金认为矿物世界和动物王国之间仅仅存在程度上的不同，而不存在本质上的差别。他相信任何自然系统之间，无论其尺度如何，都存在着基本的相似性。此外，拉斯金追随了新教解释学的类型学传统。在新教类型学中，自然形态和它们形成的过程被认为是"类型"，乃是永恒真理的体现与人类行为的范本③。由于文字属性和道德说教之间的类型学联系，拉斯金关注的对象通常表面上看起来各不相同；但是深入探究，它们之间的联系不仅确凿而且极为紧密。拉斯金曾经讨论过地质风化模式和鸟类翅膀曲线的相似性。对他来说，自然过程中尺寸和持续时间上的巨大差别，往往源于观察者对于单一系统的观看距离和角度的不同。确实，为了理解硅酸盐与教堂尖顶之间、山体的结晶模式与人类的本土道德意识之间，以及自然塑造的景观与艺术塑造的景观之间的类比，观察距离和角度的不断切换是有必要的。对拉斯金来说，矿物世界格外适合这样的观察方式。石头和山体的形成原则相同。地质变化发生得如此缓慢，以至于相关案例能够长久延续。

在这个特殊的领域里，拉斯金确立了一个根本的原则。这个原则是拉斯金从带状硅酸盐中发现的，这是他对无机科学的重要贡献。带状硅酸盐是岩石中的一类，其中包括玛瑙和翡翠。通过对这类石头上的花纹的仔细观察，拉斯金发现这些具有特殊颜色和化学组成的条带是被岩石内部的运动分离开来的。他将这个过程称为"宁静的分离"④，这与矿物学中的标准解释相反。矿物学中，这类石头是由多重单一的沉积层在外力作用下，相互连接、挤压形成的。对于拉斯金来说，"宁静的分离"是一个在所有尺度上都适用的过程。在他眼里，即便是山崖上大尺度的地层沉积纹理也不一定要被解释成沉积层之间的彼此叠加。相反，他推测地层也形成于类似"宁静的分离"的过程之中。在他看来，原始的岩石可以被看成由多种矿物质混合而成的凝胶。不同的矿物质在凝胶中相互排斥和吸引，而后逐渐结晶成形。这些矿物质自我归类完成后，逐渐变硬，就形成了山崖上的条纹。⑤ 因此，对于拉斯金来说，在矿物世界里最重要的自我组织原则就是区分。事物会将它们自己分化成为无比精细而又截然不同的类别。

拉斯金将矿物世界中自我区分的原则放大成为人类社会中必要的伦理原则。他理想的社会政治结构是严格的社会阶级和对权力绝对的服从。19 世纪中叶的英国，在大规模的城市化和工业化面前，传统的社会阶级系统受到了严重的威胁，拉斯金的理想社会是面对这一情况自然的反应。但是，拉斯金对当时的社会现实也同样进行了无情的批判。他认为攫取暴利的富有地主，和追求自由结果却适得其反的广大民众已经严重地腐化了社会。对于追求自由的问题，拉斯金认为自然没有给予这种追求任何的指引。在《建筑的七盏明灯》(1849) 的开篇，拉斯金就否认了自由的存在——"那个被人称之为'自由'的狡猾幽灵"：

宇宙中没有自由这回事。
永远不可能有。星星没有；
地球没有；海洋没有；
我们人类假装自由，模仿自由，
只是作为对我们最严厉的惩罚。⑥

此处与矿物世界的教义相反的案例就格外有价值了。《尘埃的伦理，关于结晶的元素：给小主妇们的十堂课》(1866) 是拉斯金对他的 11 名女学生 (年龄从 9 岁到 20 岁不等) 的教导。他希望这些女学生能用她们"不可战胜的纯洁的生命力和晶体精神的力量"坚持按照计划发展。⑦在那个年代，拉斯金对于女性教育的看法已经可谓自由了。⑧或许在拉斯金式的伦理中，最让现代人咋舌的还不是他的男性沙文主义，而是他所倡导的对于一种永不改变、毋庸置疑的模式的绝对服从。

此处，普遍地存在于类型学思想中并特定地存在于拉斯金的思想中的褶皱得以显示出来。自然不仅仅是一个类比，同时也是一个实例；矿物和道德彼此相似，因为它们二者都服从于相同的自然规律。事实上，拉斯金曾经写道，化学物质和良知之间仅仅存在程度上的区别。⑨对于拉斯金来说，矿物景观是包括人类的思想和行动在内的所有有机生命活动的源头。矿物在生物学上乃是"无生命的生命之芽"⑩，因此，他试图根据矿物世界的原则识别和实施人类社会中的生存方式。这种生存方式需要对一个群体的"地质组成"加以分化，并以此为基础生发出符合这一组成的不变的化学属性。这种综合了自然与人造的景观秩序与古典建筑的柱式相类似：

……不仅与几种石头有关，
而且与石头的沉积情况或
建筑处理有关，也与不可计算的
多样的气候环境和人类影响有关。⑪

理想情况下，引文中提到的"人类影响"会是一种为了最有用、最美观的无机景观而实施的大尺度的环境改造。对于拉斯金来说，一个国家的职责包括改造矿物和社会生活之间的联系，例如避免洪水、排除沼泽、检视海水侵蚀、建造防波堤——"挖掘沼泽，排除湿地，"拉斯金敦促道，"战胜沼泽，而不被其淹没，从岩石缝里挤出蜜糖和油。"⑫

在一个伦理社会中，人类创造力和地质特性之间的正确联系会产生无比壮观的城市景观。这正是拉斯金看待威尼斯的方式。威尼斯群岛突出的地理形态，包括它周边的浅海、狭窄的潮汐带以及潮汐的规律性 (使得污水能够通过河道自然排出)、波河与其他河流缓慢而大量的沉积——所有这些无机要素共同造就了威尼斯独一无二的文化成就。用拉斯金的话说，这些无机要素正是造就了威尼斯的“唯一可能的必要条件”。⑬

从更小的尺度来说，在完全实现“化学蓝图”状态下的矿石，要比任何其他状态下的矿石对人类更好。例如，在拉斯金题为“铁的工作”的讲座（1858）中，他将生铁易于氧化的性质看作铁想要呼吸、想要生存的愿望。在生锈的过程中，铁展示出的物理和精神的关系，与金属原子和氧气分子之间的关系类似，而锈铁也比纯铁更有价值。氧化铁给土壤提供养分，借助红砖、石材和木头，氧化铁也为景观染上颜色。氧化过的铁也广泛地溶解于人类的生命之中，成为血的颜色。铁锈——拉斯金辩驳道——让我们能够脸红。另一方面，精炼的铁，包括成为建筑元素的可锻造和铸造的铁，则悬停在一个非自然而且不稳定的状态，拉斯金将这种状态称为“无政府主义”。⑭ 他在 1880 年曾写过“世界上没有一个建造者能够真正改变铁的晶体构成，或它腐坏的方式”，并继续引述道，“德尔菲先知给铁的定义是‘灾难上的灾难’”。⑮ “不，”他在 1858 年作出结论，“从某种程度上说，生锈的铁是活的，而纯净光滑的铁则意味着死亡。” ⑯

在拉斯金对工业革命最基本的原材料的批判当中，埋藏着一个关于生死的古怪模型。呼吸将氧气固定在铁中，将这个金属元素的能量驯化并使其变成一个稳定的化合物。而纯铁的所谓“死亡”，事实上体现在它的不稳定性上。与锈铁不同，纯铁或许会发生意想不到的化学反应。拉斯金眼中最优状态的矿物生命，有着静态、可复制并且永恒的特质。如果将这些特质放入人类社会的道德活动中，则会产生令人束手无策的问题。生物层面的挣扎，在拉斯金的“石头的生命”中并没有被讨论。根据矿物的性质来推测人类伦理活动，实际上就是将非常重要的动物性从人性中剔除。这种动物性，使得人能够进行不可预测的破坏性行为，这正是拉斯金所拒斥的纯铁的特性。

历史地来看，拉斯金的研究与达尔文处于同一时期。如果说达尔文 1859 年出版的《物种起源》阐释了没有一种有机生命的形成过程不存在冲突和适应，那么拉斯金对于无机物稳定性的痴迷，则显示了他的保守主义倾向——他拒绝将人类排除在他们的自然环境之外。广义上讲，这也适用于建筑：人们建造知识、文化和实体建筑的目的，其实就是为了保护我们的躯体，使它们在一段时间内处于抗拒甚至违背生物物理学原理的环境之中。拉斯金的研究的核心悖论在于：世上并不存在所谓静止的生命（即静物）。

<u>Mineral</u>

① 本文是我即将完成的博士论文其中一章的总结。限于篇幅，本文显然只是一个局部概述。感谢博士项目的同事 Ateya Khorakiwala 和 Peter Sealy 对这段文字提出的有效且极富洞见的评论。

② 杜卡里昂(Deucallion)是希腊神话中的人物，在诺亚方舟的镶嵌画中有提及。在古典神话中，先知让杜卡里昂将地球母亲的骨头撒满地球表面。对拉斯金来说，这与《圣经》中的两个段落有关："上帝能从这些石头中……兴起子孙来"(《马太福音》第 3 章第 9 节)和"若是他们［门徒们］闭口不说，这些石头必要呼叫起来"(《路加福音》第 19 章第 40 节)。见 E.T. Cook 和 Alexander Wedderburn 对拉斯金《合集》(London: George Allen, 1906)翔实而权威的导言，26：xlvi-xlvii。后文中拉斯金的文字以及 Cook 和 Wedderburn 的评论都出自这个版本。

③ 关于拉斯金类型学思想的讨论来自 Patricia M. Ball：*The Science of Aspects: The Changing Role of Fact in the Work of Coleridge, Ruskin and Hopkins* (London: The Athlone Press, 1971)；另见 Robert Hewison, *John Ruskin: The Argument of the Eye* (London: Thames and Hudson, 1976)：第 26-27 页。

④《关于二氧化硅形式的区别》("On the Distinctions of Form in Silica", 1884)后记，《合集》XXVI：第 386 页。

⑤《关于条带和屈曲凝聚》("On Banded and Brecciated Concretions", 1861–1870)，《合集》XXVI：第 44 页。

⑥《建筑的七盏明灯》(*The Seven Lamps of Architecture*, 1849)，《合集》VIII：第 287 页。

⑦《尘埃的伦理，关于结晶的元素：给小主妇们的十堂课》(*The Ethic of the Dust, or Ten Lessons to Little Housewives on the Elements of Crystallization*, 1866)，《合集》XVIII：第 263 页。

⑧ Jeffrey L. Spear：《英国伊甸园之梦：罗斯金和他的社会批评传统》(*Dreams of an English Eden: Ruskin and his Tradition in Social Criticism*). 纽约：哥伦比亚大学出版社，1984：第 167-177 页。

⑨《关于建造羊圈的笔记》("Notes on the Construction of Sheepfolds", 1851)，《合集》XXII：第 526 页。

⑩ 约翰 · 拉斯金：《英国 vs 高山地质学》("English versus Alpine Geology", 致编辑的信)，《读者》杂志，1864 年 12 月 3 日。见《合集》XXVI：第 555 页。此处拉斯金与极具影响力的普鲁士探险家和科学家亚历山大 · 冯 · 洪堡(Alexander von Humboldt)观点一致。见洪堡：《宇宙：一个宇宙的物理描述的草稿》(*Cosmos: a Sketch of a Physical Description of the Universe*)，E.C.Otte 译，纽约：Harper & Brothers, 1856 年，I：第 340–341 页。拉斯金最早阅读洪堡关于游历美国的叙述是在 1836 年，他自称从未读过《宇宙》一书，对于书中用统一的方法描述宇宙的尝试极为轻视。见 Cook 和 Wedderburn 针对拉斯金以下文章的生平记录：*Essay on Literature* (1836)，《合集》I：369 n；*Modern Painters* III, 附录 III: "Plagarism"，《合集》V：第 428 页；以及 *Proserpina*，《合集》XXV：第 369 页。

⑪《现代画家 I: 关于真理的基本原则》(*Modern Painters I: Of General Principles and of Truth*, 1843)，《合集》III：第 39 页。

⑫《"永远的愉悦"：作为实体，两个关于艺术的政治经济》[*"A Joy Forever:" being the Substance (with additions) of Two Lectures on the Political Economy of Art*] (1857, 1880)，《合集》XVI：第 23 页。

⑬ 出自拉斯金的《威尼斯之石 II：海洋的故事》(*The Stones of Venice II: The Sea Stories*, 1853)，《合集》X：第 15 页。原文采用斜体予以强调。我遵循了大卫 · 韦恩 · 托马斯(David Wayne Thomas)在《培育胜利：自由文化和审美》(*Cultivating Victorians: Liberal Culture and the Aesthetic*)一书(费城：宾夕法尼亚大学出版社，2004 年：第 52-53 页)中的分析。

⑭《铁的工作：在自然，艺术和政治中》("The Work of Iron, in Nature, Art and Politcy", 1858)，《合集》XVI：第 375-411 页。

⑮《建筑的七盏明灯》，《合集》VIII：第 68–70 页。正如 Cook 和 Wedderburn 所注，拉斯金引述了希罗多德 I 的第 68 页，从希腊文直译为"当铁被人类的邪恶发现的时候，灾难就接连着灾难"。拉斯金在后文中，又讨论了铁作为基础设施的突然崩坏，以及铁对船舶造成的损害，以此证明纯化铁的不稳定性。

⑯《铁的工作》，《合集》XVI：第 376–377 页。

物品的（静止）生命

在我眼前的是一幅静物。我下意识的反应，就是我的解读来自于它确定的语境。抑或是不确定的语境。

在静物画中，物品被特意排列成入画的形式。有些人会说静物画赋予普通的物品以超常的存在感。最终画面中的每一个组成部分，都和整体效果一样重要。一组静物的构成，不会改变其中个体的性质。它们保持静止。没有生命。抑或有生命。

对静物组合方式的解读不可避免。寻找构成中的意义也不可避免。检视个体仍然是可能的。但是我们没有必要去选择。选择不去选择，和罗兰·巴特在《符号帝国》中对于能指和意识的讨论中提出的提示功能这一概念直接相关。同时存在。相互关联。从大到小，从弧到方，从单一到多样。序列，结构，中心，边缘和网格。我看到一组静物创造的新世界之后，就再也无法抹去它留下的印象。这组静物或许会构成无数种新的世界。仍然鲜活，我发誓我看到了一只翱翔的飞鸟。

Mariana Ibañez
建筑学副教授

这组静物一定会“形成骚动”。自选设计课程“极端城市主义”的场地选在孟买的 Dongri，在城市边缘住宅街区的设计项目中处理形式问题。紧接着这个项目的是建筑设计课程的四个形式研究模型。该项目从城市的角度应对波士顿街区的形式单调问题。基于单一的材料逻辑，四个项目获得了截然不同的形式特征：螺旋、扭曲的砖块、截断的八面体、结构堆叠。闪亮的豆子、通灵神塔（ziggurat）和景观样本可以被归类为一系列原初形式，亦或是一些我们熟识的物件。另一个自选设计课程研究艺术作品中的现成物品，一把手枪或者一只恐龙都可能成为建筑的一部分。入选的一个毕业设计则关注了低价建筑形式，并提出了一系列廉价的建筑系统。一系列地图绘制和非线性建模的设计训练探索了“有逻辑的形式创造”——如果真的存在形式逻辑这回事的话。从 GSD 杂乱的工作空间（它们被亲切地称为“分隔匣”<the trays>）收集的所有图像和形式，通过平铺（knolling）的方式放在一起。这一过程强调了形式之间的关系，并通过并置，为相互之间无关的物品赋予了新的意义。

形式骚动 Form Ruckus

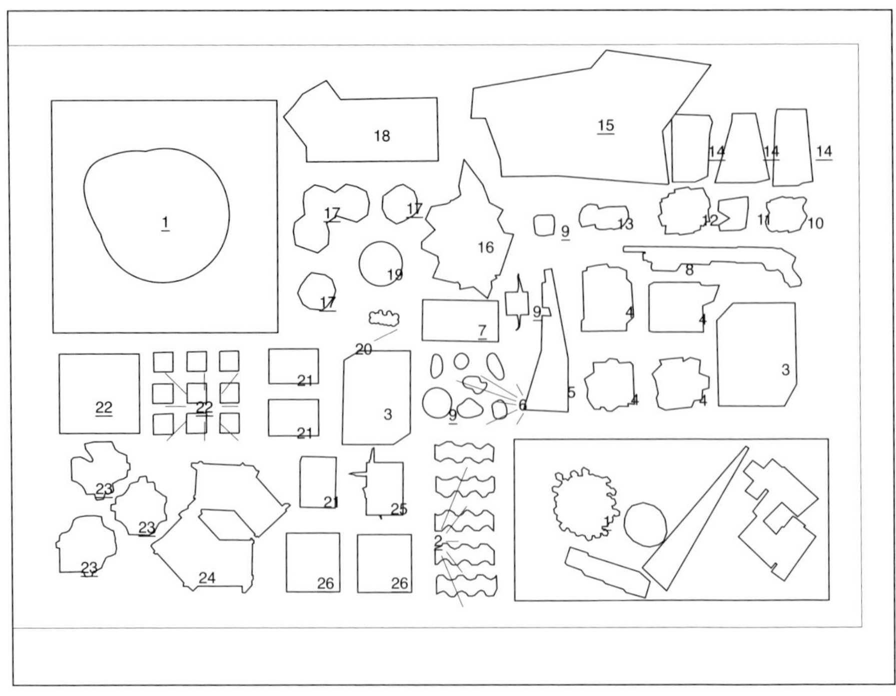

1 廉价 Cheap
p. 80
Ivan Ruhle
MArch I, 2016
毕业设计：容易得到的才叫好，或廉价建筑
导师：Kiel Moe

2 螺旋 Spirals
p. 82
Sizhi Qin
MArch II, 2017
Andrew Kim, Zhiwei Liao, Tanuja Mishra
MDes, 2017
材料实践作为研究：数字设计与制造
指导教师：Leire Asensio Villoria

3 标本
Zahra Safaverdi
MArch II, 2017
第三自然：伦敦的类型学遐想
指导教师：Cristina Díaz Moreno, Efrén García Grinda

4 纯粹的逆转
Madeline Lenaburg, Alexander Porter, Ho Cheung Tsui
MArch I, 2018
建筑核心设计课程 IV：关联
指导教师：Andrew Holder

5 45,150 m²
Taylor Brandes
MArch I, 2017
极端城市主义IV：超高密度——孟买 Dongri
指导教师：Rahul Mehrotra

6 豆子
Matthew Conway
MArch I, 2016
毕业设计：可视化设备会笑
导师：Jeffry Burchard

7 集约 Intensive
p. 84
Khorshid Naderi-Azad
MArch I, 2019
建筑核心设计课程 I：投射
指导教师：Mariana Ibañez

8 猎枪
Evan Farley
MArch I, 2017
现成建筑
指导教师：Preston Scott Cohen

9 恐龙 Dinosaur
p. 86
Jonathan Rieke
MArch I, 2017
现成建筑
指导教师：Preston Scott Cohen

10 自动化

Zeina Koreitem
MDes AP, 2016
Zachary Matthews
MArch II, 2017
数字媒体 II
指导教师：Andrew Witt

11 反对

David Solomon
MArch I, 2019
建筑核心设计课程 II：情境
指导教师：Grace La

12 生成

Shaina Kim, Hyojin Kwon
MArch I, 2018
数字媒体 II
指导教师：Andrew Witt

13 倒置幻象

Iman Fayyad
MArch I, 2016
毕业设计：幽灵的投影
导师：Preston Scott Cohen, Cameron Wu

14 搅拌机 Pug Mill p. 82

Oliver Bucklin
MArch I, 2016
John Going, Kathryn Sonnabend
MArch I, 2017
材料实践作为研究：数字设计与制造
指导教师：Leire Asensio Villoria

15 拉斯维加斯的汽车旅馆 A Vegas Motel p. 88

Alexander Porter
MArch I, 2018
建筑核心设计课程 III：整合
指导教师：Jeffry Burchard

16 刻面

Shani Cho, Felipe Oropeza, Scott Smith
MArch I, 2017
测绘：地理表现和假设
指导教师：Robert Pietrusko

17 陶土 Terracotta p. 82

Alejandro Fernandez-Linares Garcia
MArch II, 2017
Palak Gadodia
MDes, 2016
Aaron Mendonca, Gabriel Munoz Moreno, Santiago Serna
MDes, 2017
材料实践作为研究：数字设计与制造
指导教师：Leire Asensio Villoria

18 色子

Benzion Rodman
MArch I, 2017
等等
指导教师：Mack Scogin

19 亮粉色

Bijan Thornycroft
MArch I, 2019
建筑核心设计课程 II：情境
指导教师：Tomás dePaor

20 波动

Paris Nelson
MArch I, 2019
建筑核心设计课程 II：情境
指导教师：Grace La

21 模塑

Nada AlQallaf
MArch II / MLA I AP, 2018
景观核心设计课程 IV
指导教师：Sergio Lopez-Pineiro

22 数码翻页书 Flip Books p. 90

Siobhan Feehan Miller
MLA I, 2017
Xun Liu, Alexandra Mei
MLA I AP, 2017
景观核心设计课程 IV
指导教师：Robert Pietrusko

23 模数渗透 Modular Filtration p. 82

Giancarlo Montano
MArch I, 2016
Michael Clapp, Leonardo Rodriguez, Joseph Varholick
MArch II, 2017
材料实践作为研究：数字设计与制造
指导教师：Leire Asensio Villoria

24 木材

Michael Piscitello
MArch II, 2016
木材，城市主义：从分子到领域
指导教师：Jane Hutton, Kiel Moe

25 海港

Marisa Villarreal
MLA I, 2018
景观核心设计课程 I
指导教师：Jane Hutton

26 山谷 Ravine p. 92

Jessica Booth
MLA I, 2016
弗纳斯湖：应对景观项目的动态途径
指导教师：João Nunes, João Gomes da Silva

Cheap

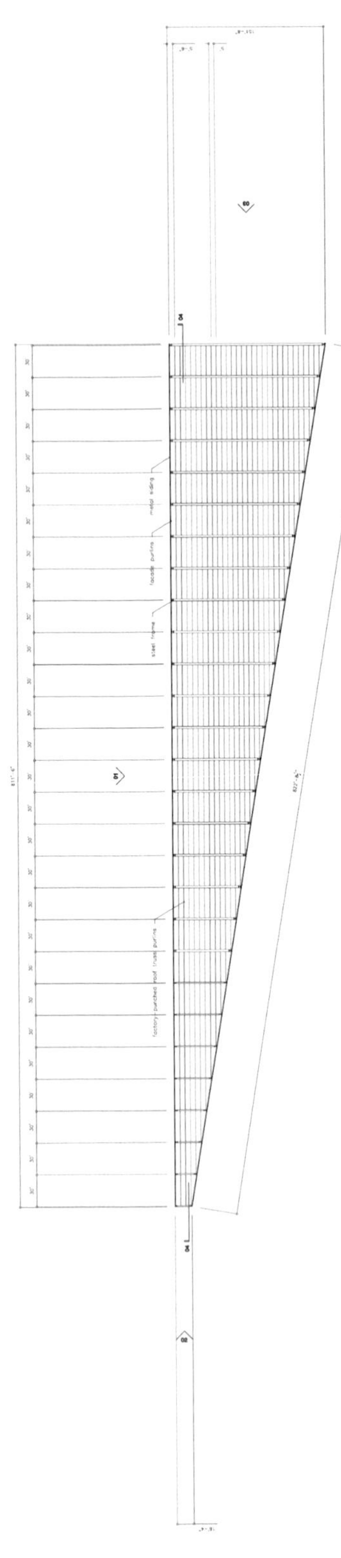
metal siding
facade purlins
steel frame
factory-punched roof truss purlins

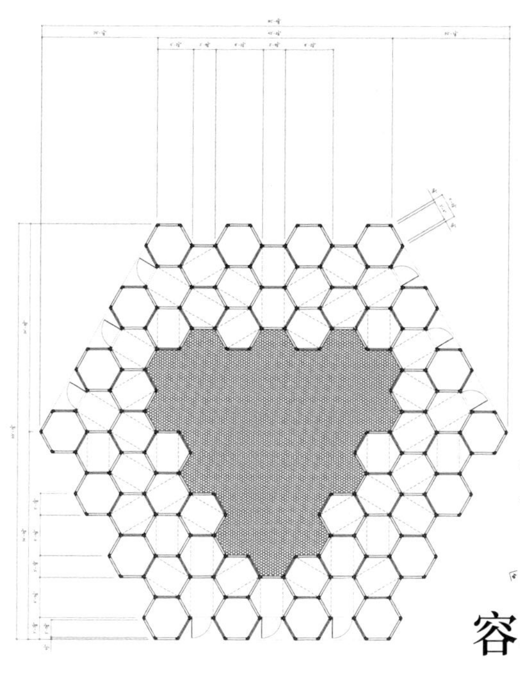

Ivan Ruhle
MArch I, 2016

毕业设计
容易得到的才叫好，或廉价建筑

导师

Kiel Moe

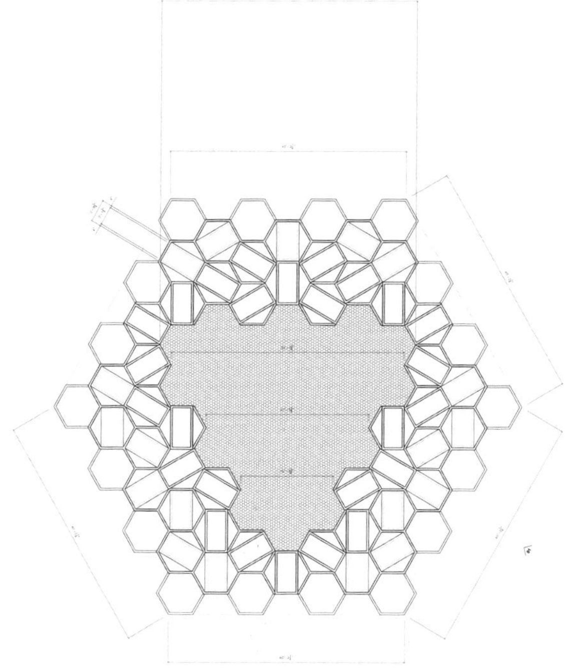

这个毕业设计挑战“廉价”在建筑中的含义与应用。此处的“廉价”有双重含义，它既是一种描述，又是一种引诱。“廉价”精确地描述了当代的材料文化（这是所有建筑建造的基础），同时又挑战了经济在建造中的角色。

这个设计小组把陶土当作研究、讨论和实验的对象，通过陶土来探讨数字设计和制造技术。虽然陶土是一种古老的建筑材料，但它仍有潜力创造一系列新颖的效果。这个课程将陶土与新兴的数字制造紧密联系，挑战并重新思考传统上与黏土陶艺相关联的基于工艺的工业量产模式。

材料实践作为研究：数字设计与制造

指导教师
Leire Asensio Villoria

Terracotta

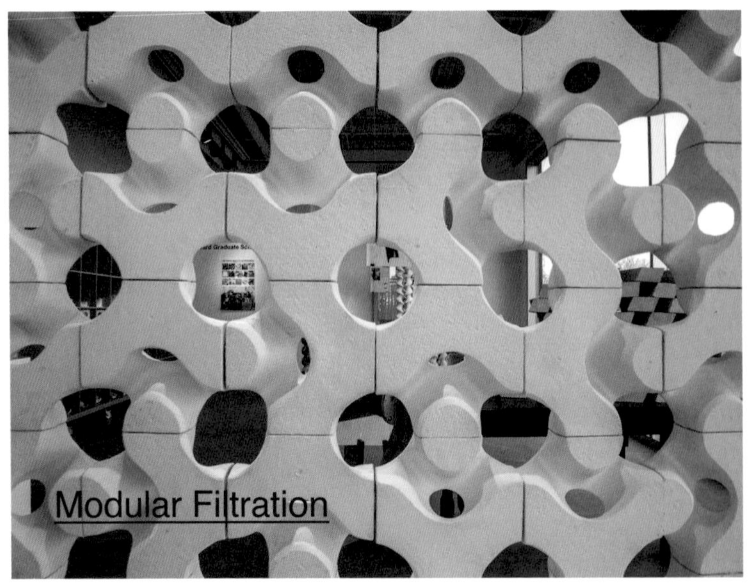

Modular Filtration

Pug Mill
Ceramic Material Formation
Terracotta Tectonics

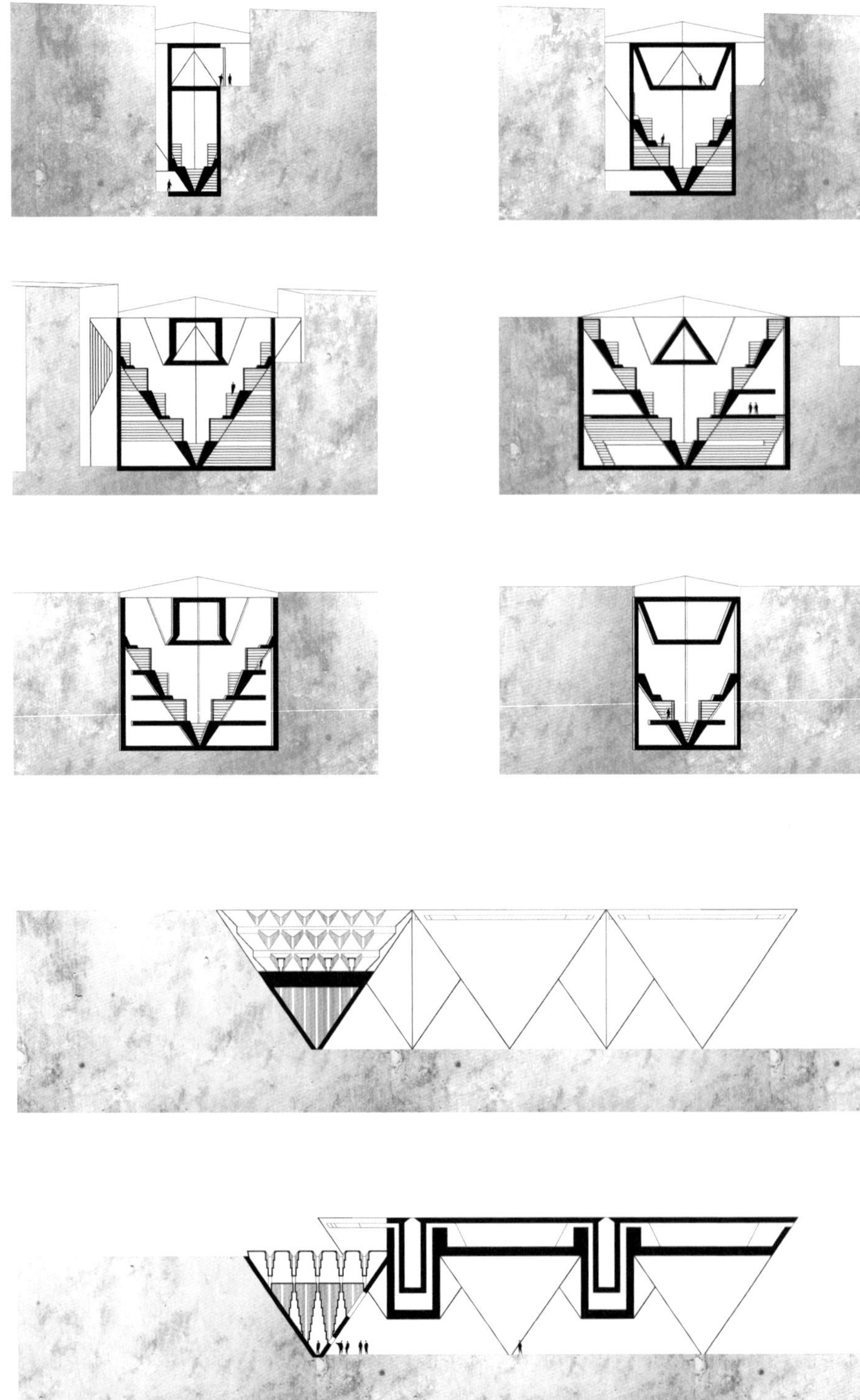

建筑核心设计课程 I 中题为"密集 / 广泛"的设计项目，要求学生探究建筑中能量流动和存续的问题。入选的设计将建筑埋于地下，同时利用室内的退台和多角结构促进空气的流通。

Khorshid Naderi-Azad
MArch I, 2019

建筑核心设计课程 I：投射

指导教师
Mariana Ibañez

ntensive

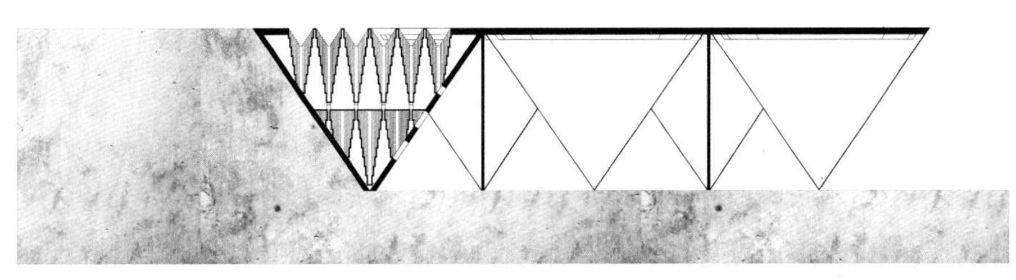

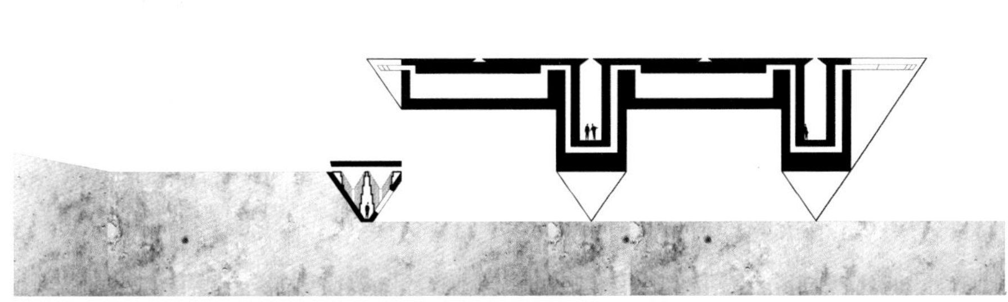

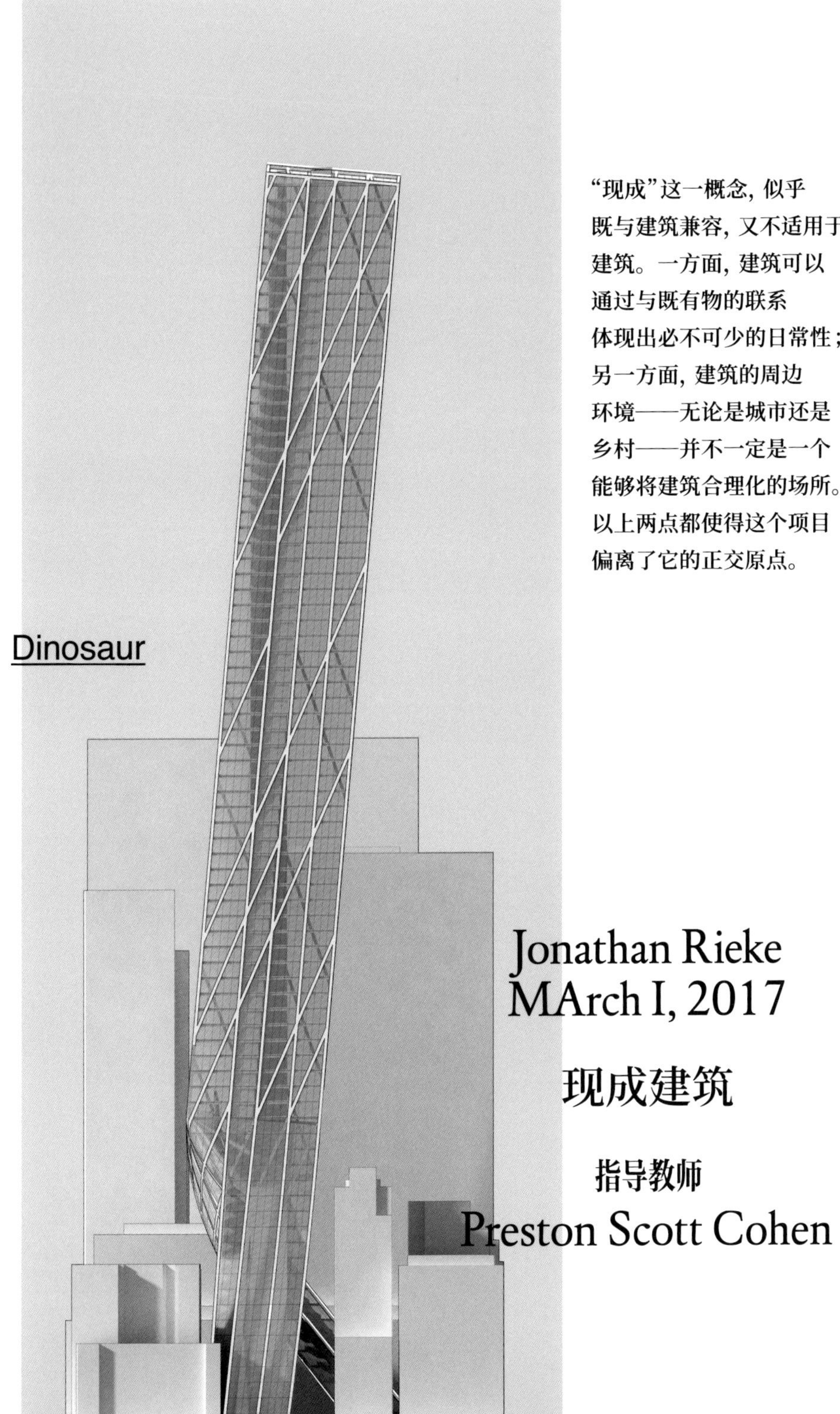

“现成”这一概念，似乎既与建筑兼容，又不适用于建筑。一方面，建筑可以通过与既有物的联系体现出必不可少的日常性；另一方面，建筑的周边环境——无论是城市还是乡村——并不一定是一个能够将建筑合理化的场所。以上两点都使得这个项目偏离了它的正交原点。

Dinosaur

Jonathan Rieke
MArch I, 2017

现成建筑

指导教师
Preston Scott Cohen

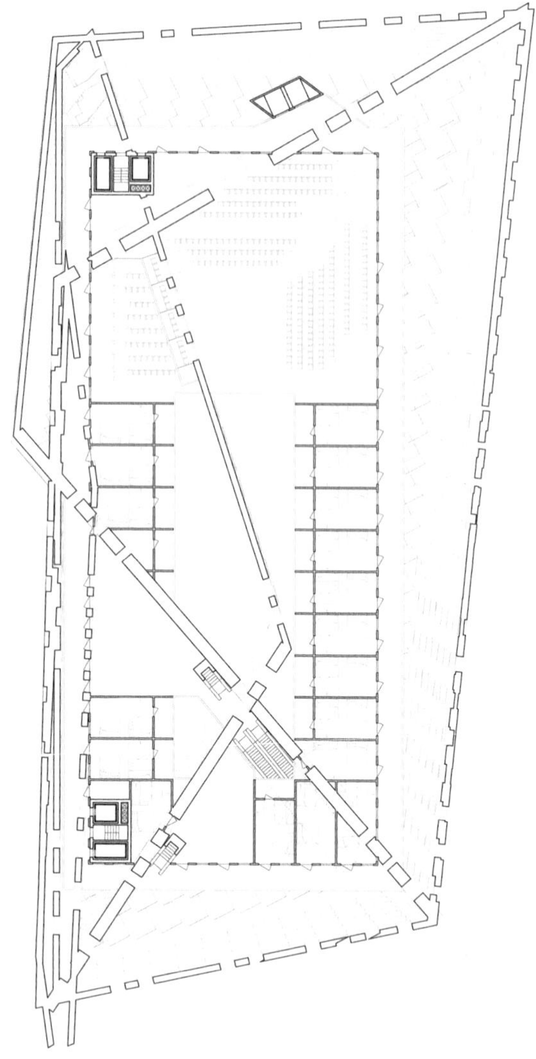

建筑在本质上是整体与局部的问题，需要解决建筑构件、系统和过程如何彼此结合成为整体的问题。这个中层的汽车旅馆坐落于拉斯维加斯（不在拉斯维加斯赌城大道上），它的室内空间通过建筑的表皮折叠得以延展。

Alexander Porter
MArch I, 2018

建筑核心设计课程 III：整合

指导教师
Jeffry Burchard

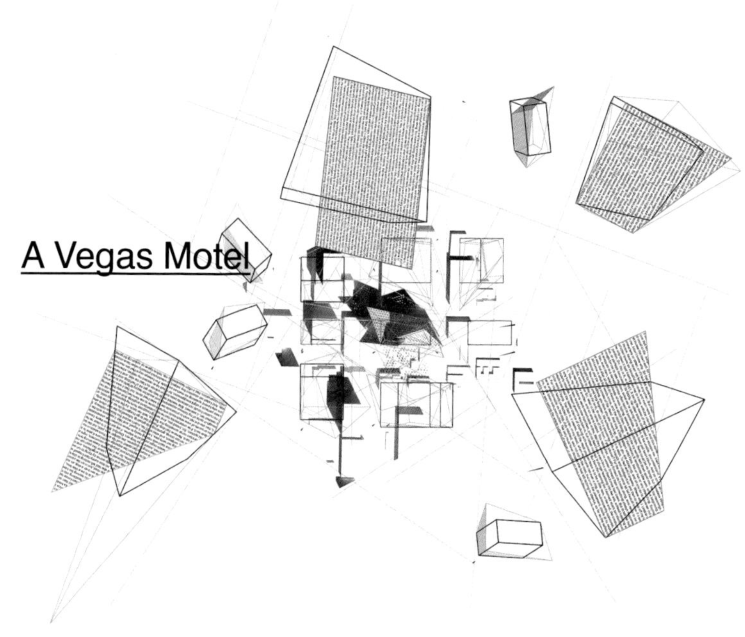

nd an end as in the well-built phrase and the long sonata of the dead. And truly it little matters what I say, this or that or any other thing. Saying is
inventing. Wrong, very rightly wrong. You invent nothing, you think you are inventing, you think you are escaping, and all you do is stammer out your lesson,
e remnants of a pensum one day got by heart and long forgotten, life without tears, as it is wept. To hell with it anyway. Where was I. Unable to
emember the name of my town I resolved to stop by the kerb, to wait for a passer-by with a friendly and intelligent air and then to whip off my hat and say,
ith my smile, I beg your pardon Sir, excuse me Sir, what is the name of this town, if you please?

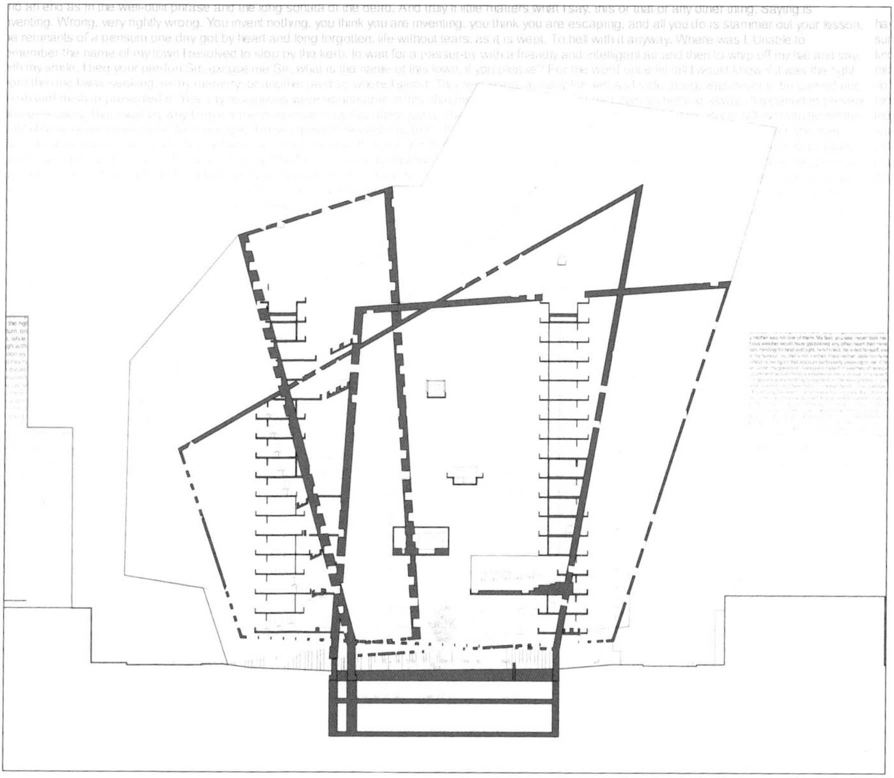

Xun Liu, Alexandra Mei MLA I AP, 2017

Siobhan Feehan Miller MLA I, 2017

景观核心设计课程 IV

指导教师 Robert Pietrusko

Flip Books

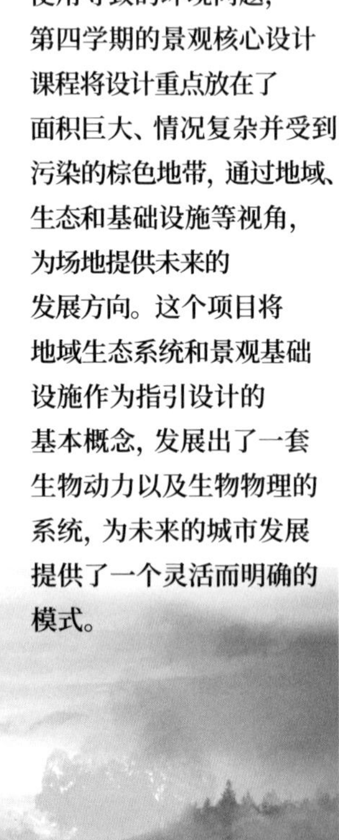

为了应对 20 世纪城市规划的惰性和土木工程的过度使用导致的环境问题，第四学期的景观核心设计课程将设计重点放在了面积巨大、情况复杂并受到污染的棕色地带，通过地域、生态和基础设施等视角，为场地提供未来的发展方向。这个项目将地域生态系统和景观基础设施作为指引设计的基本概念，发展出了一套生物动力以及生物物理的系统，为未来的城市发展提供了一个灵活而明确的模式。

WELLS
FIRE PLANTING
SINKS
RIVER & POND
VERTICAL STRUCTURING
FIRE BREAK WALL
FUEL LOAD ADJUSTMENT
CLEAR-CUTTING
WIND BREAK
FIRE STRATEGIES

WELLS
FIRE PLANTING
SINKS
RIVER & POND
VERTICAL STRUCTURING
FIRE BREAK WALL
FUEL LOAD ADJUSTMENT
CLEAR-CUTTING
WIND BREAK
FIRE STRATEGIES

弗纳斯湖坐落于葡萄牙亚速尔群岛的Sao Miguel岛。本设计课程研究湖边独一无二而又富有动态的景观的形成过程，并着重关注不同程度的新陈代谢，以及人类行为和文化对水体富营养化的影响。通过对剖面和细部的考察，这个项目深入研究了一条贯穿整个场地的路径，这条路径横穿了场地的一系列复杂环境状况及其人类干预。

Ravine

Ridge Descent
1 m

Pine Valley
.75 m

Jessica Booth
MLA I, 2016

弗纳斯湖：应对景观项目的动态途径

指导教师
João Nunes,
João Gomes da Silva

Lowlands
1.5 m

与古典作品或当代作品中常见的旧式整体—局部关系不同，样本并非是为了组成整体；相反，取样是包括建筑、景观建筑和城市设计在内的多个学科的表现工具。在设计的过程中，设计者需要从设计对象中选取一个片段（一个样本）来理解整体。在景观建筑设计课中，为了研究机场平面，设计者用圆形边界确定了三个空间样本。题为“瞬间转换”的建筑毕业设计作品，将样本的原理应用到了更大的系统中。“瞬间转换”位于中国南京的一条主要公路旁，它演示了如何用公共场地上的板状建筑，整合医疗功能、城市开发和基础设计。景观建筑的毕业作品利用机械臂检视了洛杉矶河流域的景观，成果样本以培养皿的形式进行了展示。最后，题为“新邻里”的建筑毕业设计作品，将无限循环系统作为样本，从中生发出了住宅建筑中核心筒重置的方案。

样本的样本
Sample Samples

136

1
2
2
3
2
2
4
5
5
7
7
2
2
3
6
5

1 南京

Xuanyi Nie
MArch I, 2016
毕业设计：瞬间转换
导师：Alex Krieger

2 内核重置 Re-Core

p.100

Nancy Nichols
MArch I, 2016
毕业设计：新邻里
导师：Mariana Ibañez

3 培养皿 Petri Dish

p. 102

Leif Estrada
MDes / MLA I AP, 2016
毕业设计：迈向知觉：调和洛杉矶河流域的景观形态学
导师：Bradley Cantrell

4 上升 Ascent

p. 104

Allison Cottle
MArch I, 2017
入口与路径
指导教师：Billie Tsien, Tod Williams

5 机场平面 Airport Plan

p. 106

Gideon Finck
MLA I, 2018
景观核心设计课程 I
指导教师：Zaneta Hong

6 倾斜

Alica Meza
MLA I, 2016
弗纳斯湖：应对景观项目的动态途径
指导教师：João Nunes, João Gomes da Silva

7 倾斜之塔

Jonathan Rieke
MArch I, 2017
现成建筑
指导教师：Preston Scott Cohen

Nancy Nichols
MArch I, 2016

毕业设计

新邻里

导师

Mariana Ibañez

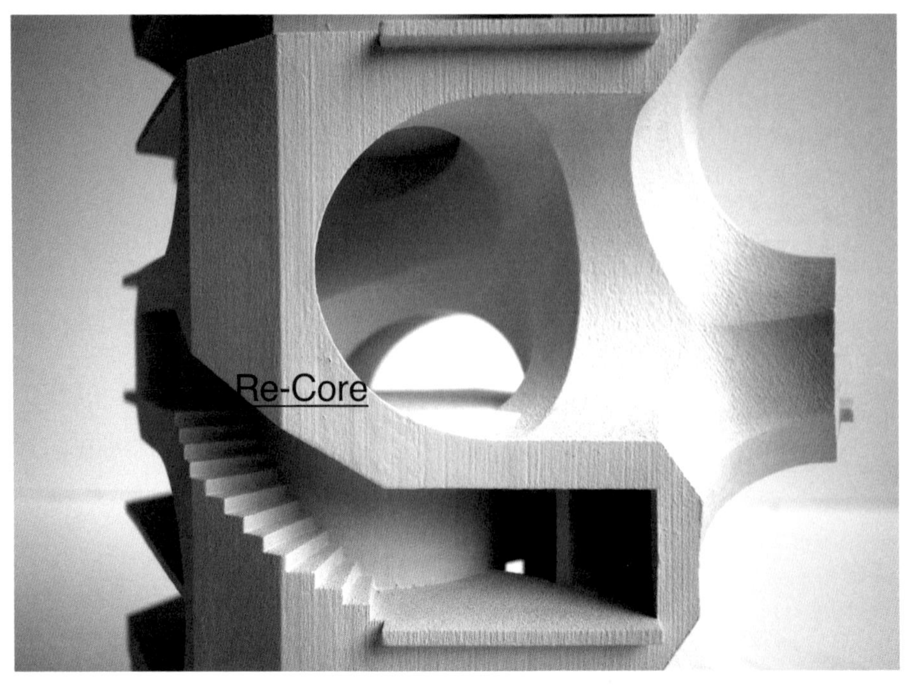

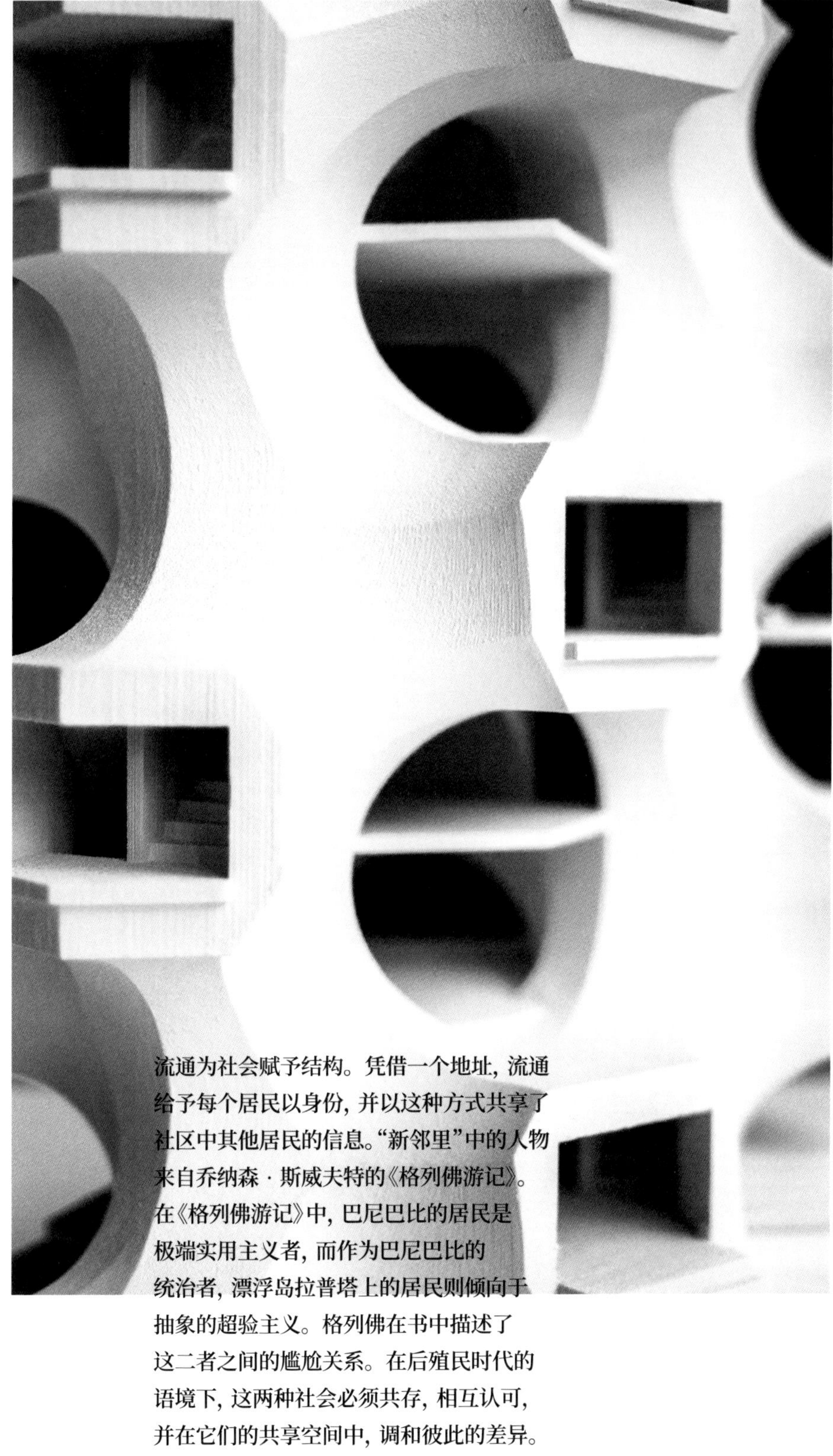

流通为社会赋予结构。凭借一个地址，流通给予每个居民以身份，并以这种方式共享了社区中其他居民的信息。“新邻里”中的人物来自乔纳森·斯威夫特的《格列佛游记》。在《格列佛游记》中，巴尼巴比的居民是极端实用主义者，而作为巴尼巴比的统治者，漂浮岛拉普塔上的居民则倾向于抽象的超验主义。格列佛在书中描述了这二者之间的尴尬关系。在后殖民时代的语境下，这两种社会必须共存，相互认可，并在它们的共享空间中，调和彼此的差异。

Leif Estrada MDes / MLA I AP, 2016

毕业设计

迈向知觉：调和洛杉矶河流域的景观形态学

导师

Bradley Cantrell

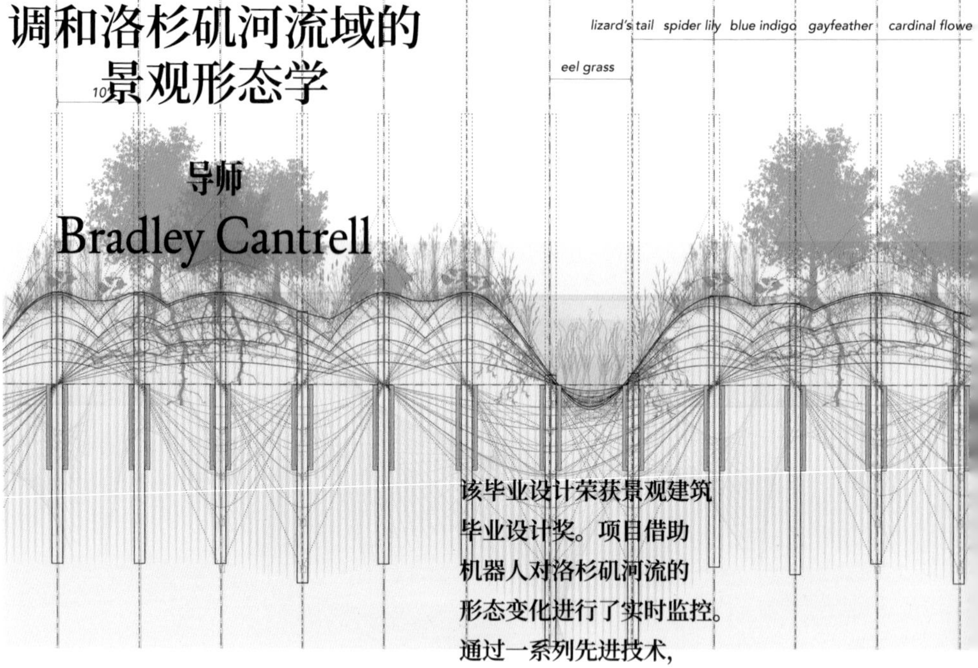

该毕业设计荣获景观建筑毕业设计奖。项目借助机器人对洛杉矶河流的形态变化进行了实时监控。通过一系列先进技术，河流景观在不断的改变中让位于生态开发。

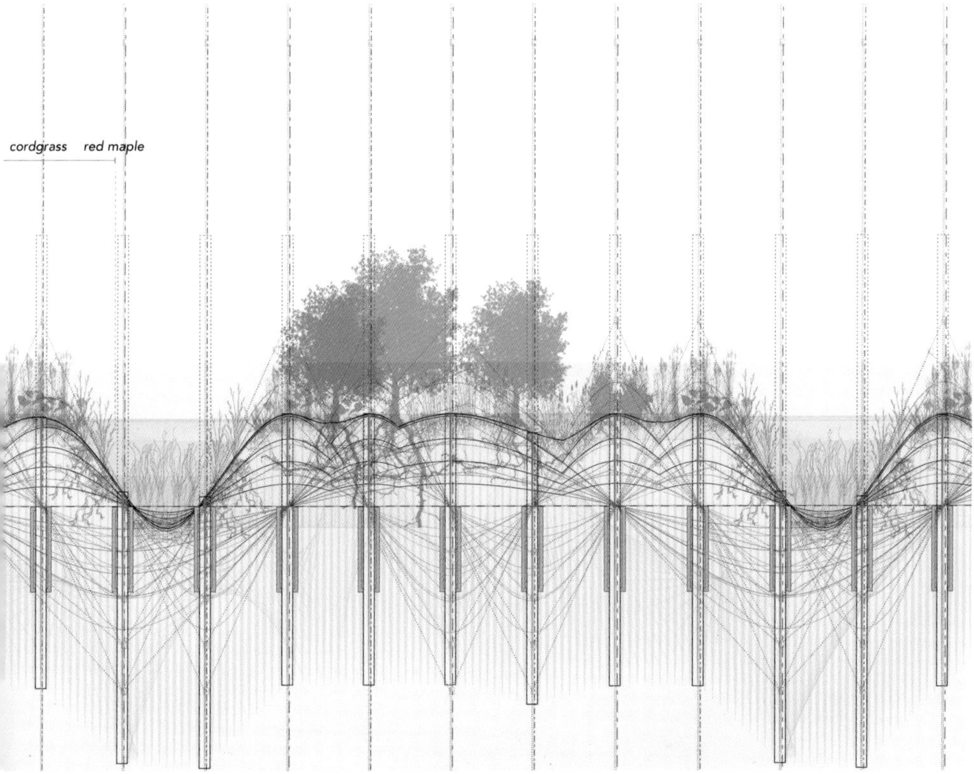

cordgrass *red maple*

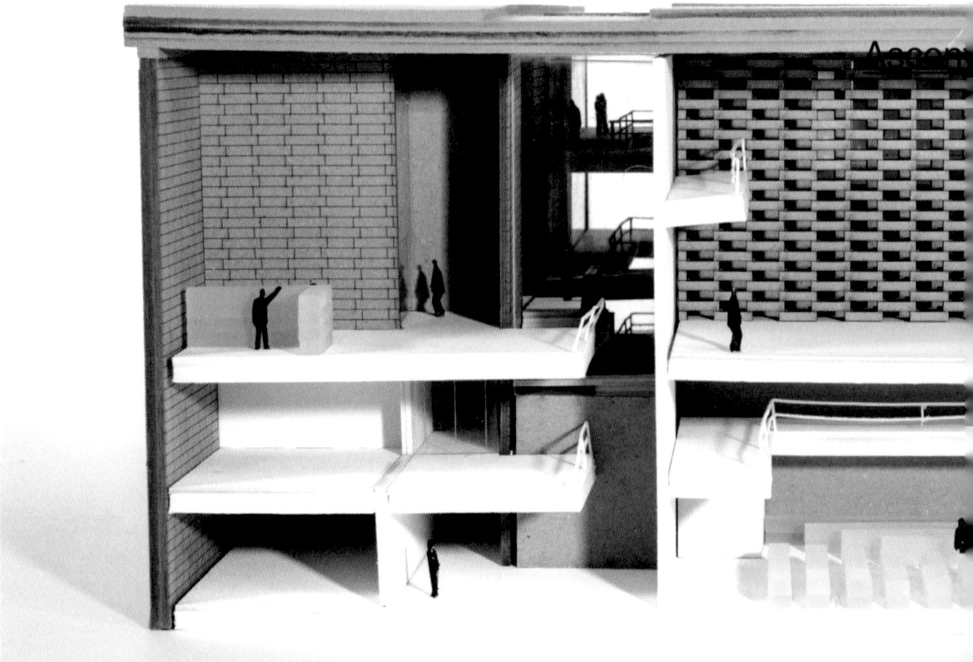

Allison Cottle
MArch I, 2017

该项目对位于密歇根布隆菲尔德山（Bloomfield Hills）匡溪艺术学院校园里的一个表演艺术中心进行设计，通过复兴底特律的艺术活动，增强了表演艺术中心与底特律之间的联系。

入口与路径

指导教师
Billie Tsien,
Tod Williams

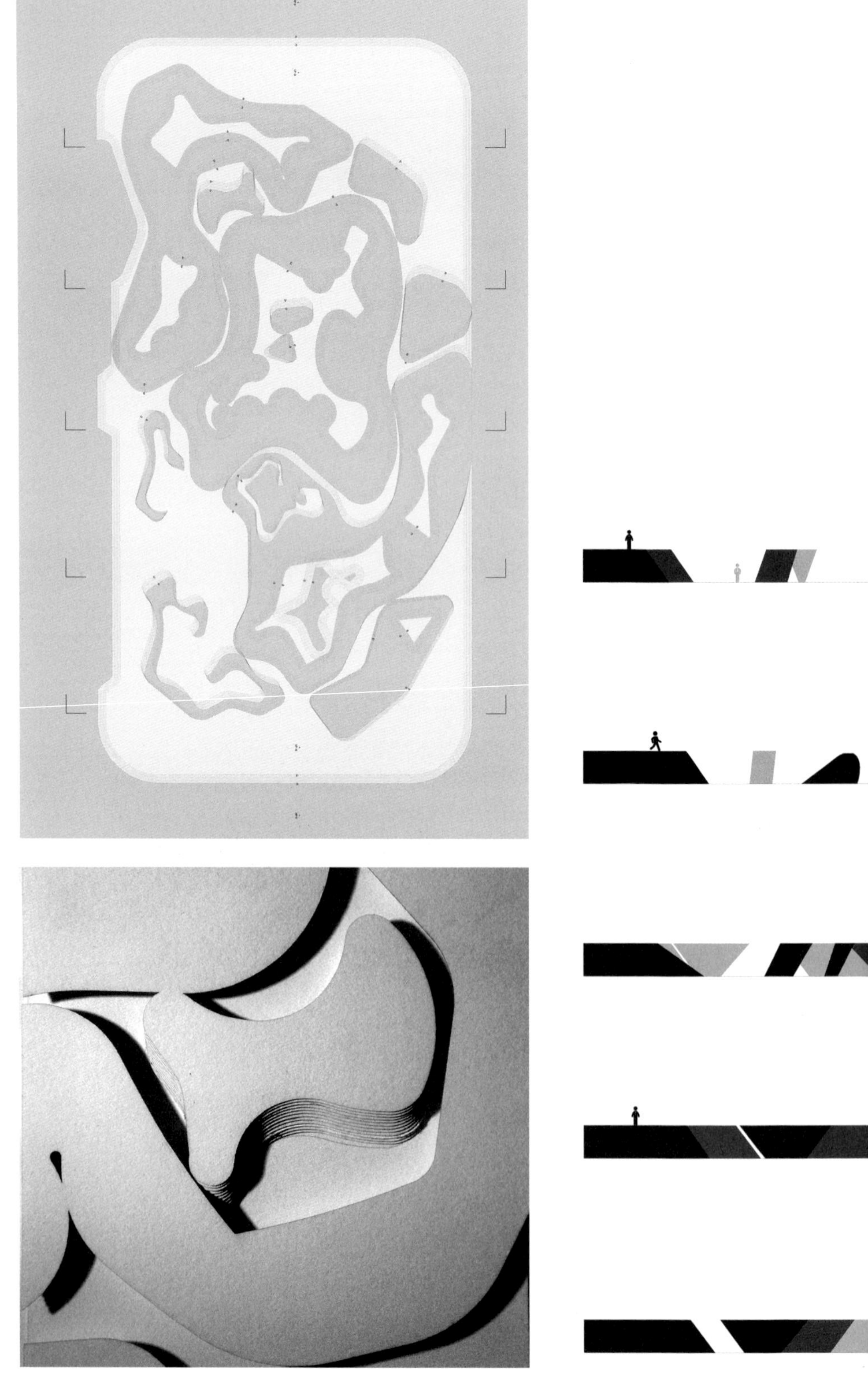

Gideon Finck
MLA I, 2018

景观核心设计课程 I

指导教师

Zaneta Hong

该景观核心设计课程以 Roberto Burle Marx 设计的 Praca Senador Salgado Fil-ho 为基础，通过对原设计的修改达到拉伸或扭曲原有景观的效果。设计目的是在实体层面和视觉层面探索连接或分离空间的方法。

激活静物

一个理想的城市绝不能是静物。城市的吸引力，来源于城市中持续不断的运动和无法预期的改变。城市设计的问题就此演变为“如何为改变而设计”，或是“如何通过设计来刺激城市的运动”。此处的拼贴画之间强烈的差异和异想天开的形式激发了城市的潜能。但是如此配置也揭露了一些重要的问题，例如连接性的问题，部分与整体的问题，城市尺度的问题，以及设计者的角色问题。这些折中主义的类型和形式通过视觉的方式呈现了想象中的建筑。但是，这些建筑和形式不一定会在现实中构成宜居的城市。一栋建筑或一个地块需要满足什么条件，才能对更大的城市环境有所贡献？散落在城市角落的优雅建筑如何能超越它们所处的环境，从而影响更大尺度的城市环境？单一建筑作品的加和如何能构成理想的城市？还是说理想的城市必然意味着整体的设计？建筑师、城市设计师和规划师之间的讨论会指向这些问题的答案。相信这些答案也将在世界范围内决定我们行业的未来。

Diane E. Davis
城市规划与设计系主任；
区域城市规划
Charles Dyer Norton 教席教授

辽阔领域、城市填充、残余基础设施空间、废弃的中心和滨水空间——这些是本章节要展示的场地。如此丰富的场地情况使得设计者对场地的探究无法局限于场地本身，更无法局限于学科内部的讨论。在这幅静物中，学科的边界被瓦解：建筑师研究城市，城市学者设计景观，而景观设计师设计城市形式和建筑。其中一个建筑设计毕业作品题为“黑 | 模：充满荣耀与意义的城市”，从福利住宅中的“慢性病”出发（这也是一个超越学科边界的手法），并以相互对立而破损的塔楼作为结论（与学科有关）。设计者强调说“这是一个关于模具的项目”——就这样。关于排水、水资源短缺和休闲用水的项目展现了景观建筑的内核。同时，这些项目也超越学科边界，开始设计城市的形态。这不是简单地破坏规则，而是一种有效的抵抗。这些方案超越了学科的限制，开始书写它们自己的规则。

界外
Out of Bounds

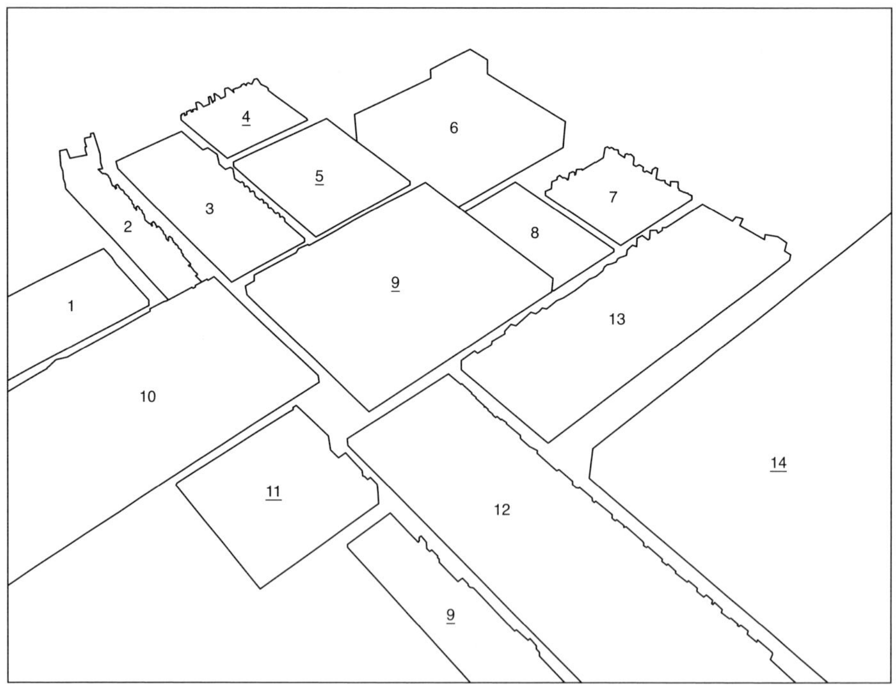
4
6
5
7
3
2
8
9
1
13
10
14
11
12
9

1 滨水空间
Alison Malouf
MLA I, 2018
景观核心设计课程 I
指导教师：Zaneta Hong

2 平铺建筑和塔楼建筑
Adam Himes, Jessy Yang
MAUD, 2017
城市设计的元素
指导教师：Felipe Correa

3 东一街
Rekha Auguste-Nelson, Matthew Okazaki
MArch I, 2018
Aleksis Bertoni
MArch I AP, 2018
建筑核心设计课程 IV：关联
指导教师：Carles Muro

4 流失 Runoff p. 116
Jianwu Han
MLA I AP, 2017
Xun Liu
MLA I, 2017
景观核心设计课程 III
指导教师：Chris Reed

5 浮桥 Boardwalk p. 118
Mengfan Sha
MLA I, 2018
景观核心设计课程 I
指导教师：Zaneta Hong

6 遗产
Lou Langer
MLA I AP, 2016
马丁·路德·金路：建造美国黑人的主街
指导教师：Daniel D'Oca

7 分散平面
Andrew Taylor
MLA I AP, 2017
Lu Wang
MLA I, 2017
景观核心设计课程 III
指导教师：Sergio Lopez-Pineiro

8 涨潮
Naoko Asano
MLA I, 2018
景观核心设计课程 I
指导教师：Zaneta Hong

9 集体 Collective p. 120
Ethan Levine, Yen Shan Phoaw, Isabelle Verwaay, Hanguang Wu
MArch I, 2018
建筑核心设计课程 IV：关联
指导教师：Carles Muro

10 汽车
Matthew Gindlesperger
MLA I AP, 2016
莫斯科的未来：堵在路上
指导教师：Martha Schwartz

11 潮汐水池 Tidal Pool p. 122
Michelle Benoit
MLA I, 2018
景观核心设计课程 I
指导教师：Luis Callejas

12 居住单元
Ali Karimi
MArch I, 2016
毕业设计：好阿拉伯，坏城市
导师：Christopher C. M. Lee

13 棕色地带
Jing Pan, Boxia Wang
MLA II, 2017
景观核心设计课程 III
指导教师：David Mah

14 里士满 Richmond p. 124
Whitney Hansley
MArch I, 2016
毕业设计：黑 I 模充满荣耀与意义的城市
导师：Iñaki Ábalos, K. Michael Hays, Peter Rowe

15 提华纳 Tijuana p. 126
Francisco Lara-Garcia
MUP, 2016
毕业设计：去或留？关于墨西哥提华纳市废弃住宅的多重解释
导师：Diane E. Davis

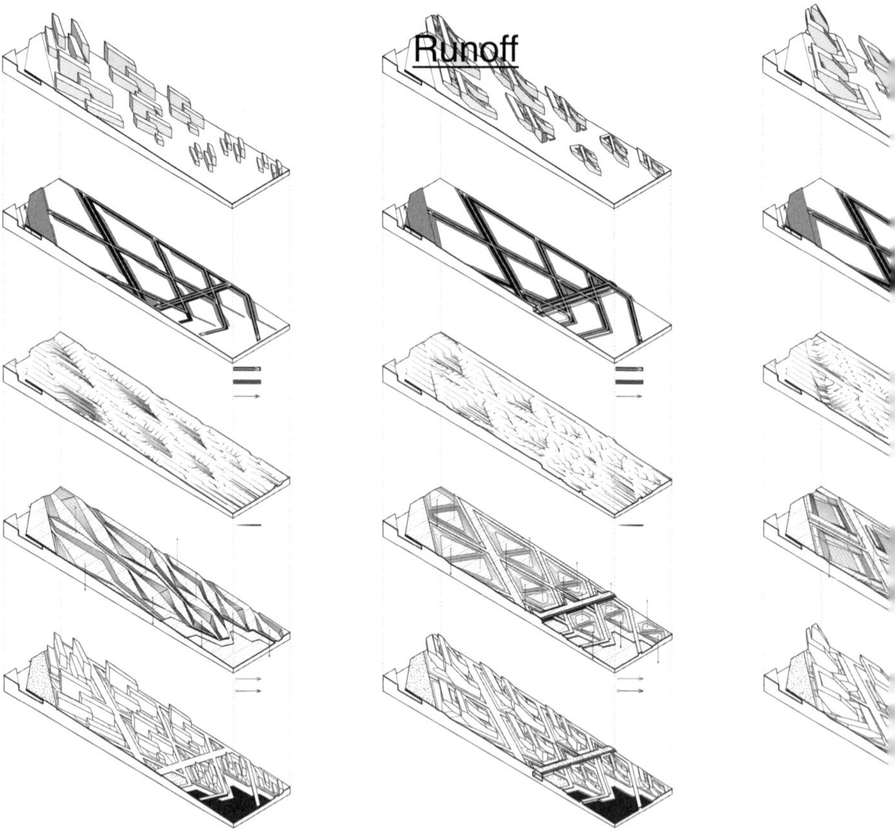

Runoff

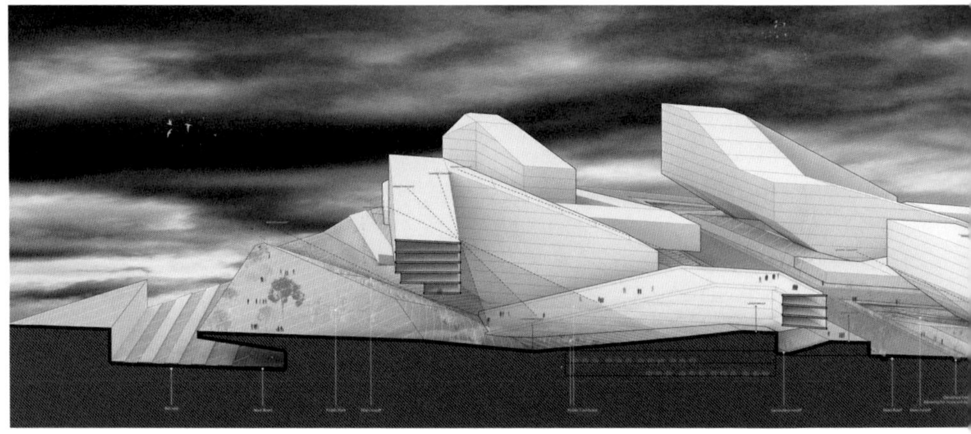

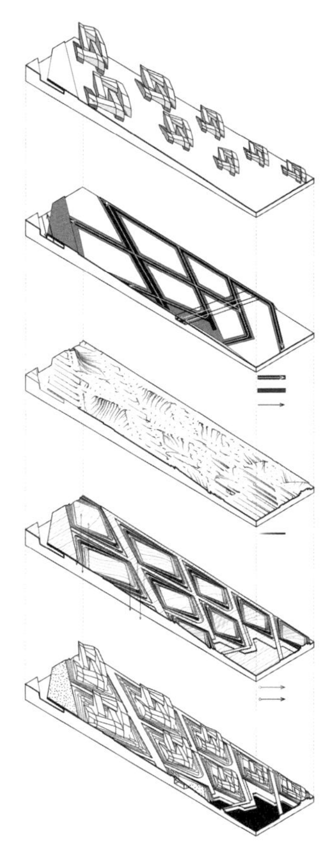

Jianwu Han
MLA I AP, 2017

Xun Liu
MLA I, 2017

景观核心设计课程 III

指导教师
Chris Reed

第三学期的景观核心设计课程，目的是让学生掌握描述城市形态及其相关生态系统的表现技法。本设计意图将人行道路与新的水文网络联系起来。

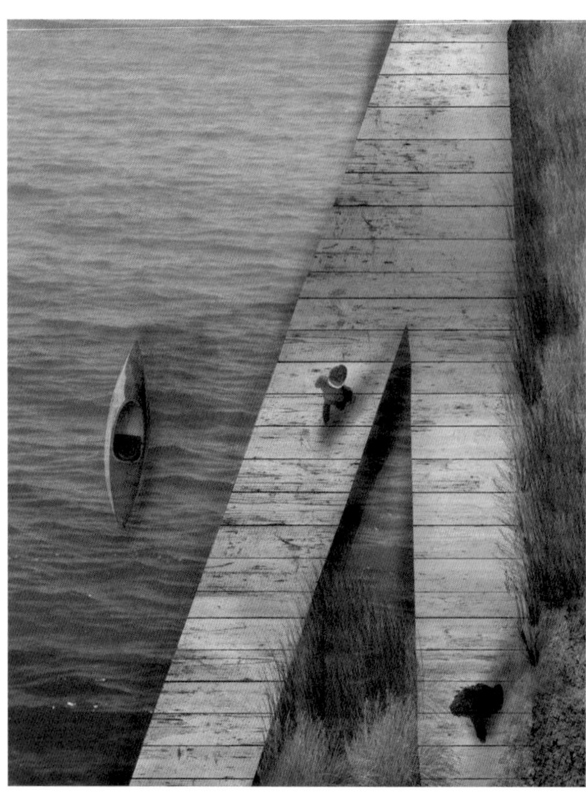

景观核心设计课程 I 是四个连续的景观核心设计课程中的第一个，试图帮助学生发展认知空间的能力，并使学生熟悉景观建筑学中多样的研究方法。这个项目试图调解波士顿海港区的住宅和文化建筑开发与潮汐条件的关系，并从中创造出一种能够体验生态乐趣的新景观。

Mengfan Sha
MLA I, 2018

景观核心设计课程 I

指导教师

Zaneta Hong

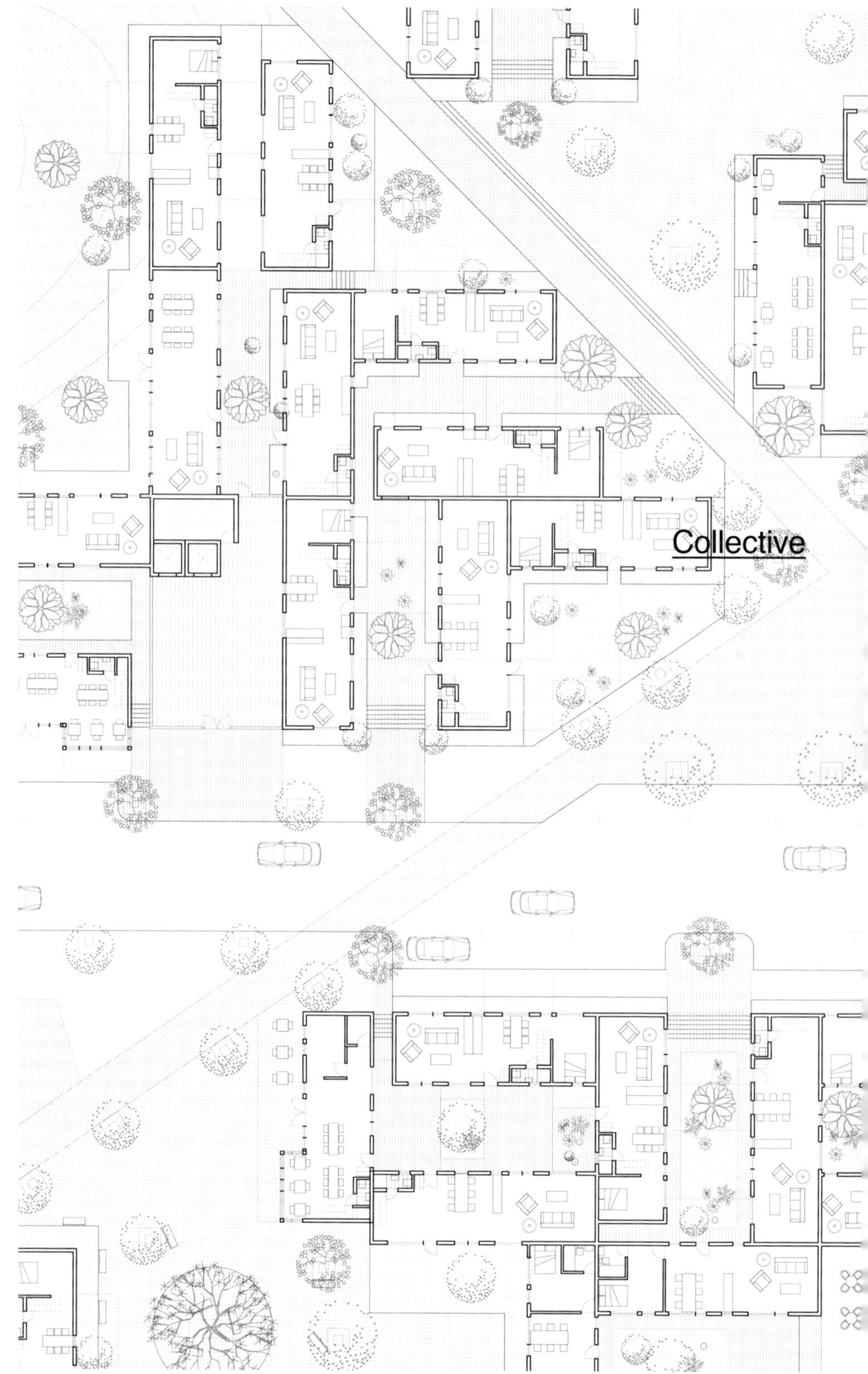
Collective

这是建筑核心设计课程中的最后一门，向学生展示了城市情况的复杂性，以及建筑与城市之间多重尺度的协调。这个项目位于南波士顿，它强调了本土城市网络、新建住宅区和共享空间之间的矛盾。

Ethan Levine,
Yen Shan Phoaw,
Isabelle Verwaay,
Hanguang Wu
MArch I, 2018

建筑核心设计课程 IV：关联

指导教师
Carles Muro

Michelle Benoit
MLA I, 2018

景观核心设计课程 I

指导教师
Luis Callejas

Tidal Pool

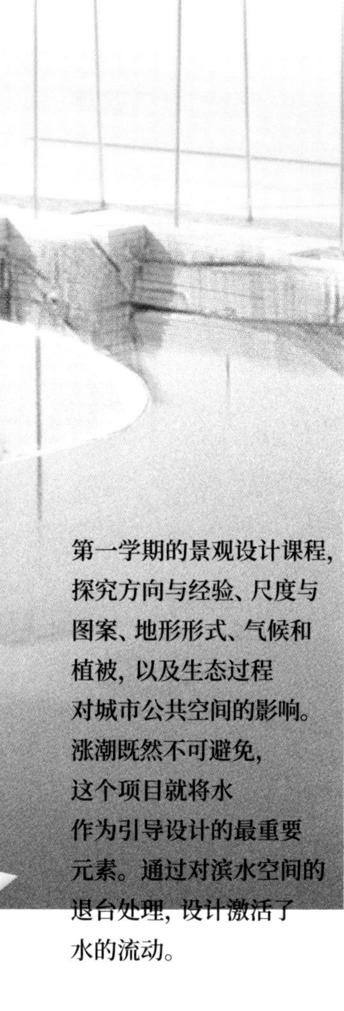

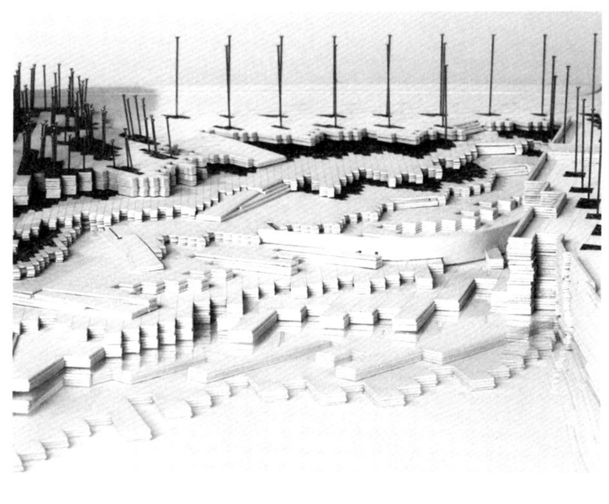

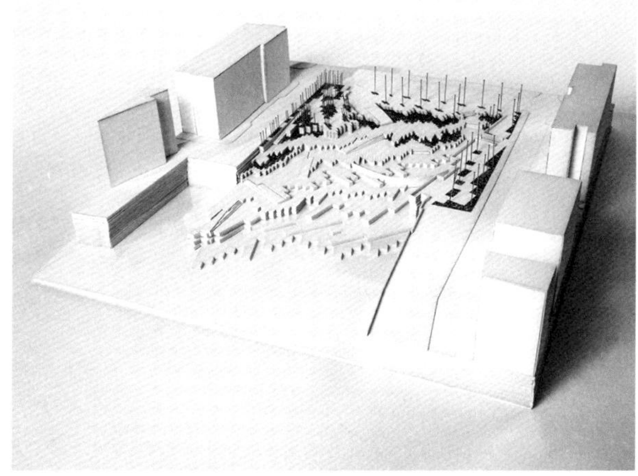

第一学期的景观设计课程，探究方向与经验、尺度与图案、地形形式、气候和植被，以及生态过程对城市公共空间的影响。涨潮既然不可避免，这个项目就将水作为引导设计的最重要元素。通过对滨水空间的退台处理，设计激活了水的流动。

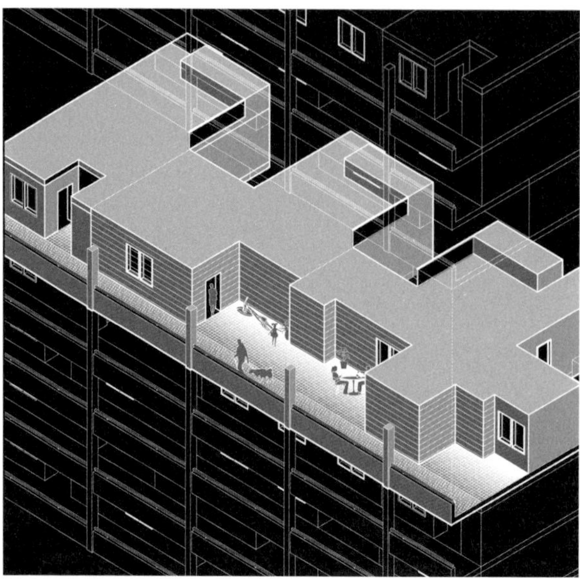

Whitney Hansley MArch I, 2016

毕业设计
黑 | 模
充满荣耀与意义的城市

美国对于现代主义价值的错误解读，导致了目前将最小化当作最优化的发展模式。这种做法抛弃了一切自我满足的概念，例如“充足的”或“满足的”或“可以忍受的”，而假设唯一公平的解法就是把最多的资源给最需要的人。这个毕业设计以加利福尼亚的里士满为场地，以里士满的历史和目前的生活为前提，对毕业设计中的论点进行了实验。

导师
Iñaki Ábalos, K. Michael Hays, Peter Rowe

Francisco Lara-García
MUP, 2016

毕业设计
去或留？关于墨西哥提华纳市废弃住宅的多重解释

导师
Diane E. Davis

墨西哥提华纳市前所未有的住宅空置状况表明，这座城市正在经历一场废弃住宅的危机。最近的政府报告表明，墨西哥至少存在 500 万处空置住宅，国家范围内的空房率为 14%，为全拉美最高。提华纳是空置住宅最多的一个大城市，大约 1/5 住宅都是空置的。政策制定者和专家提出了不同的解释：经济放缓、住宅过多、住宅质量过低、暴力事件频发、人口迁移等。但是这些都不能解释提华纳格外显著的空房率。以提华纳作为案例，我的毕业论文研究废弃住宅的多重解释。

通过深入采访和建立数据模型等多种手段，我对各种解释都进行了验证。我的研究表明，“距离”会影响利益相关者解释问题的复杂度。距离，在此处指的是一个由行为尺度（解释者的研究范围）和分析轨迹（与当地居民的互动程度）组成的分析框架。距离场地最近的解释者，能够对房屋废弃的过程给出较为详细的描述，从社会物理的角度给出多种解释。这些解释之间随着时间和空间的转化，相互重叠、联系并共同变化。相反，与场地

提华纳市的废弃住宅。摄影：Francisco Lara-García

无关的解释者，有着最遥远的“距离”。这些人提出的解释，着重于解释社会及城市空间中造成住宅空置的力量。

这些分析结果暗示了三种结论：第一，解释者确认，他们使用了混合的研究手段，这不仅由于三角关系的稳定性可以强化对于一种现象的表达，更是由于每种手法能够应对的空间尺度各不相同；第二，评估和功能设计应该仔细考虑分析的轨迹和行为的尺度，因为“距离”影响解释者给出的结论；第三，墨西哥住宅公司或部门应该参与其中，并就当地情况提出问题和解决方案，因为这样能够提高政策的功能性，并且可以涵盖多方面的解释角度。

第一个结论需要我们格外留意。因为它说明解释者的分析轨迹和行为尺度会影响政策制定者、实践者和研究者对于问题和多重解决方案的理解。权力机构对于住宅空置原因的假设，偏重数量分析和宏观视角，这样的局限性使得政府官员或学术机构无法就住宅空置的原因给出完整的解释。观察的局限性也使得解释者不可避免地过分简单地看待问题。正如詹姆斯 · 斯科特所提出的，政府倾向于过分简化社会中的动态和自然现象。①这篇毕业论文的一个重要结论，就是鼓励政府评估时使用多种分析方法，并从不同的尺度上分析住宅空置的原因。

第二，这篇毕业论文也响应了戴安 · E. 戴维斯最近的呼吁。她认为住宅不应该被看成一个简单的客体，而应该被看成主体。② 在认知角度变化的基础上，认知方式的变化更需要分析者超越住宅本身场地的限制。住宅的主体性由于分析者所处的单位和观察的距离，会有很大的不同。因此我的分析进一步说明住宅作为主体，应该从多个角度进行分析，并使这些分析参与到政策提案和制定当中。通过改变研究问题的尺度，我认为利益相关者能够制定出将住宅作为健康城市结构一部分的政策，并建设符合周边环境需求的住宅。

最后，墨西哥住宅机构应该结合当地的实际情况提出相关问题，因为这样能够提高分析的功能性，并能够结合许多不同的观察角度。③ 某种程度上，政府的过分简化是不可避免的。但是，所有新的住宅政策都应该知道，大型住宅机构不能代表所有人的意志。为了解决这个问题，这些住宅机构就应该从学科、尺度和部门等方面，最大化地丰富分析的角度，避免单一群体垄断政策的方向。一种可能的解决方式是让墨西哥最大的住宅协会 Infonavit（Instituto del Fondo Nacional de la Vivienda para los Trabajadores）放弃自己在确认问题方面的权威性，并作为一个解决问题并创造城市价值的主导者。

本论文的结论颇为乐观。墨西哥的社会住宅政策总是处在变动之中，在特定情形下，住宅政策需要特定的“翻译”来进行诠释。④ 目前墨西哥社会住宅政策基于经济理性而获得的“翻译”已经完全背离了墨西哥大革命时期对于理想住宅的愿景。这种情况可以被看成是失败，但也可以被看成是机会。我相信在墨西哥还会有新的“翻译”机会存在，不过这要求我们不能再用传统的定义来理解住宅。这篇论文正着眼于此：墨西哥的住宅建设必须要更加适应墨西哥人的需求，从长远来看，如果要解决住宅空置的问题，改变视野将是我们的首要任务。

① James C. Scott:《国家视角：那些试图改善人类生存条件的计划是怎么失败的》(*Seeing Like a State: How Certain Schemes to Improve the Human Condition Have Failed*)，纽黑文：耶鲁大学出版社，1998 年。

② Diane E. Davis:《城市化发展的交点：重新思考住宅在可持续城市化中的角色》(The Urbanization-Development Nexus: Rethinking the Role of Housing in Sustainable Urbanism)，未出版手稿，2015 年。

③ Matt Andrews, Lant Pritchett, Michael Woolcock:《通过由问题引导的迭代适应而逃离能力陷阱》(Escaping Capability Traps through Problem Driven Iterative Adaptation <PDIA>)。见《世界发展》，2013(51)：第 234-244 页。

④ 在论文中，我认为墨西哥住宅政策在 20 世纪曾经跟随国家政策和社会环境的改变而改变。这些不同的阶段，被我定义为住宅政策的“翻译”。虽然这些政策的目的都是提升墨西哥工人的居住环境，但是最终的住宅产品都与初衷有极大的差异，住宅都被翻译为服务于统治阶级政治目的的工具。

提华纳市外围 Valle de las Palmas 开发区内的大规模住宅。摄影：Francisco Lara-García

水池，棕色地带；阻挡非正规城市发展的海岸荒漠；动物迁徙网络中的生态走廊；三角洲；工业残余的铁架塔景观；暗示着另一种城市发展方式的工厂；森林，山坡，海岛，潟湖，沼泽，山峦，海洋，河岸，雨林，山谷。

区位，区位，区位：此处的全部模型运用了特定的形式，处在特定的场地中，这些形式和场地激发了特定的干预措施。清真寺—教堂—寺庙的设计和选址将游客带上了土耳其萨尔特（Sart）的朝圣之旅。位于日本偏僻村庄的一座文化建筑采用了当地的木材，还为当地设计了建造方式。入选的建筑毕业设计作品针对全球四个不同场地提出了四套方案。这些项目通过对一系列场地中多样化的居民、场所和文化的展现，创造了积极的话语。

位置
Locations

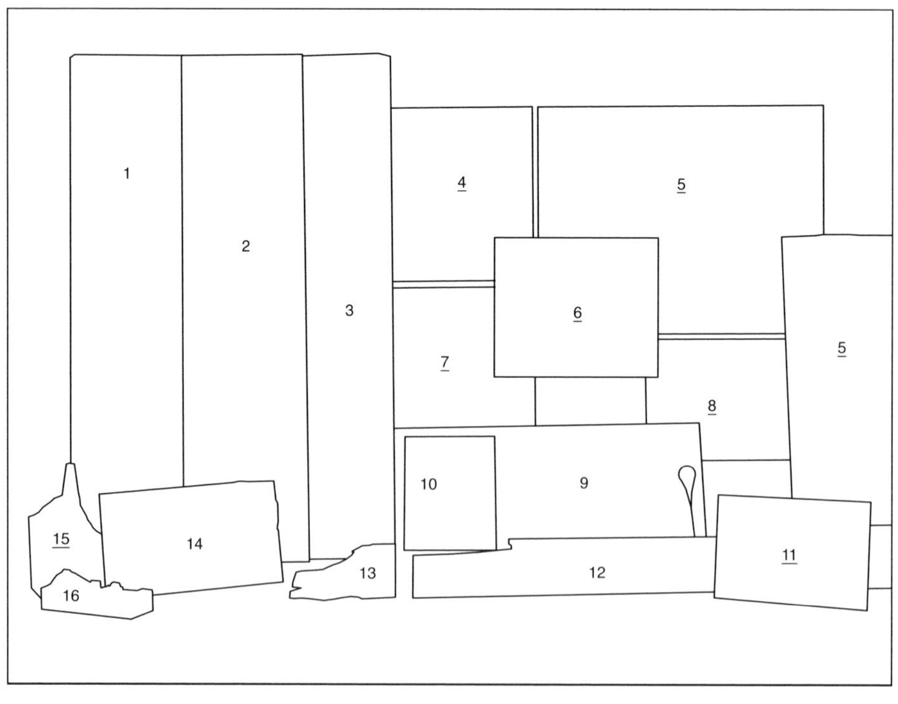

1 山脊

Keith Scott
MLA I, 2017
Dandi Zhang
MLA I AP, 2017
景观核心设计课程 IV
指导教师：Nicholas Pevzner

2 中轴

Gandong Cai, Xun Liu, Alexandra Mei
MLA I AP, 2017
Johanna Cairns, Leandro Couto de Almeida, Siobhan Feehan Miller, Sophia Geller, Maria Robalino, Diana Tao, Lu Wang, Malcom Wyler, Xin Zhao
MLA I, 2017
Gary Hon
MLA II, 2017
景观核心设计课程 IV
指导教师：Robert Pietrusko

3 序列

Gary Hon
MLA II, 2017
Maria Robalino
MLA I, 2017
Xin Zhao
MDes / MLA I, 2017
景观核心设计课程 IV
指导教师：Robert Pietrusko

4 新邻里 New Neighbor-hoods p. 136

Elaine Kwong
MAUD, 2017
Poap Panusittikorn
MArch II, 2017
工厂和城市：对城市发展中工业空间的再思考
指导教师：Christopher C.M. Lee

5 野外 Wild p. 138

Mary Miller
MDes / MLA I AP, 2017
毕业设计：田地和山谷：在美国科罗拉多州西部坡地创造界面
导师：Rosetta Elkin

6 秘鲁 Peru p. 140

Mengdan Liu
MArch II, 2016
Long Zuo
MAUD, 2016
城市黑洞：利马大都会圈的建设与遗产
指导教师：Jean Pierre Crousse

7 建造 Construction p. 142

Yutian Wang
MAUD, 2016
对东京周边乡村行为者网络的再设计
指导教师：贝岛桃代，塚本由晴

8 圆 Circle p. 144

Azzurra Cox
MLA I, 2016
弗纳斯湖：应对景观项目的动态途径
指导教师：João Nunes, João Gomes da Silva

9 波动

Gandong Cai
MLA I AP, 2017
Johanna Cairns, Diana Tao, Malcolm Wyer
MLA I, 2017
景观核心设计课程 IV
指导教师：Robert Pietrusko

10 遗产

Carol Jin Jin Chiu
MArch I, 2017
Devin Dobrowolski
MLA I, 2016
城市黑洞：利马大都会圈的建设与遗产
指导教师：Jean Pierre Crousse

11 洛杉矶 Los Angeles p. 146

Michelle Shofet
MLA I, 2016
毕业设计：神奇的渗漏
导师：Sergio Lopez-Pineiro

12 宫殿

Sofia Blanco Santos, Caio Barboza
MArch II, 2016
二元论：住宅和宫殿
指导教师：Iñaki Ábalos

13 山坡

Collin Cobia
MArch I AP, 2017
不精确的热带
指导教师：Camilo Restrepo Ochoa

14 山谷

Thomas Nideroest
MLA II, 2016
Ruben Segovia
MArch II, 2017
城市黑洞：利马大都会圈的建设与遗产
指导教师：Jean Pierre Crousse

15 教堂 Church p. 148

Emma Silverblatt
MArch I, 2017
等等
指导教师：Mack Scogin

16 洞和全

Mingyu Kim, Madelyn Willey, Tianze Tong
MArch I, 2018
Shaowen Zhang
MArch I AP, 2018
建筑核心设计课程 IV：关联
指导教师：Andrew Holder

Elaine Kwong MAUD, 2017 Poap Panusittikorn MArch II, 2017

工厂和城市：对城市发展中工业空间的再思考

指导教师

Christopher C. M. Lee

“创客运动”的兴起给工厂这种被忽视的建筑类型带来了复兴和重生的机会。工厂建筑的历史和发展轨迹反映了工业制造的本质以及它们与城市、经济之间的关系：工厂曾经是会产生大量污染、位于城市周边的大型简易棚屋，而后发展成为无菌的组装站以及致力于研究和管理的商业公园，直到最近，又成为鼓励协作的“时尚”空间。本次课程设计的主题是想象一座可以变成新加坡新城市核心的“创客工厂”：一个自给自足，同时为多种经济模式提供血液的工业区，还能提供文化和知识的启蒙——一座可以像城市一样运转的工厂。

ew Neighborhoods

这个毕业设计为美国西部提出了一个多元化的理解。作为庞大景观不可分割的一部分，西部地区的市镇至关重要。这些市镇为管理、开垦土地的西部居民提供了家园，也是重要的抵达点、入口处和未来的希望所在。

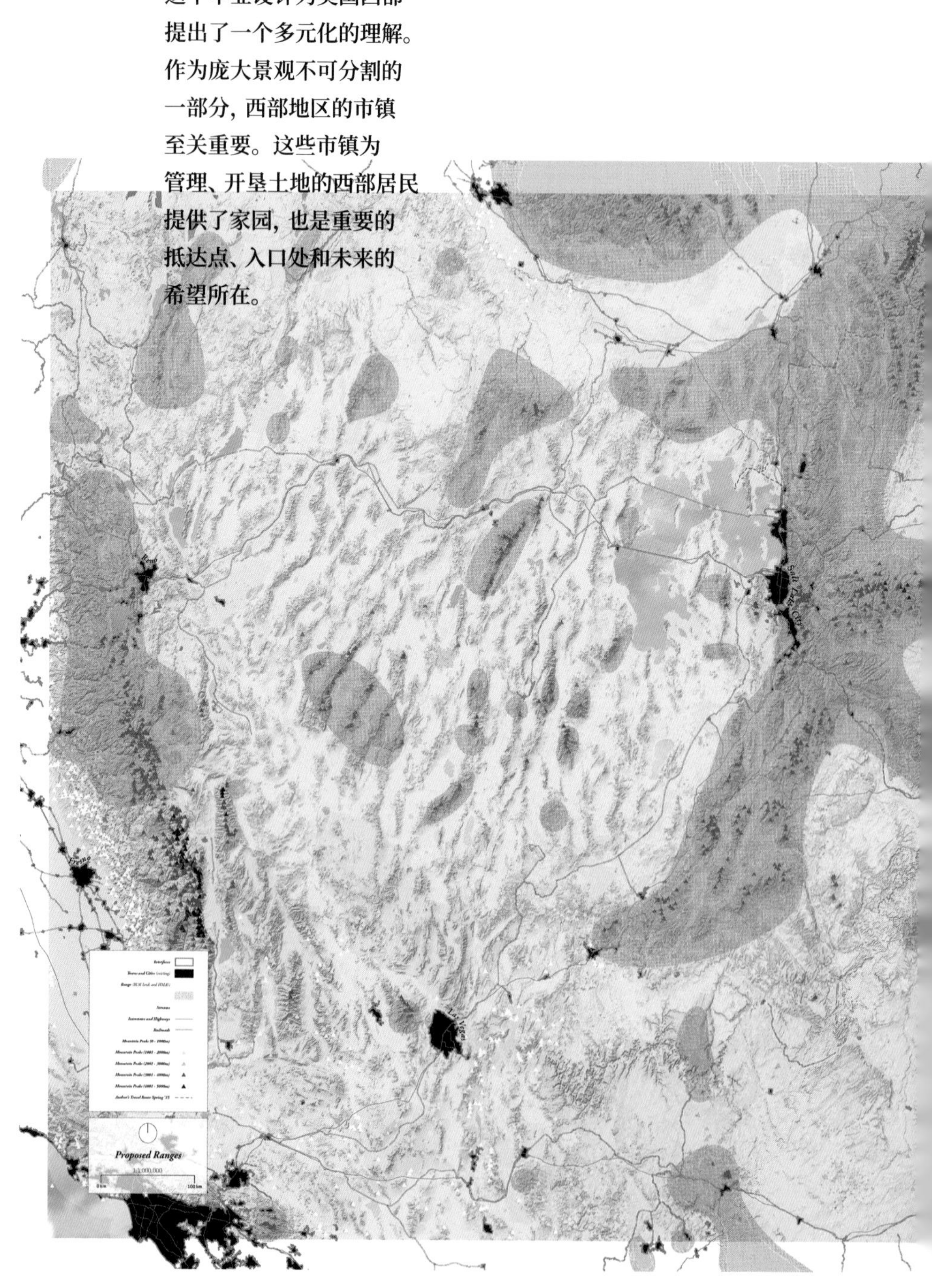

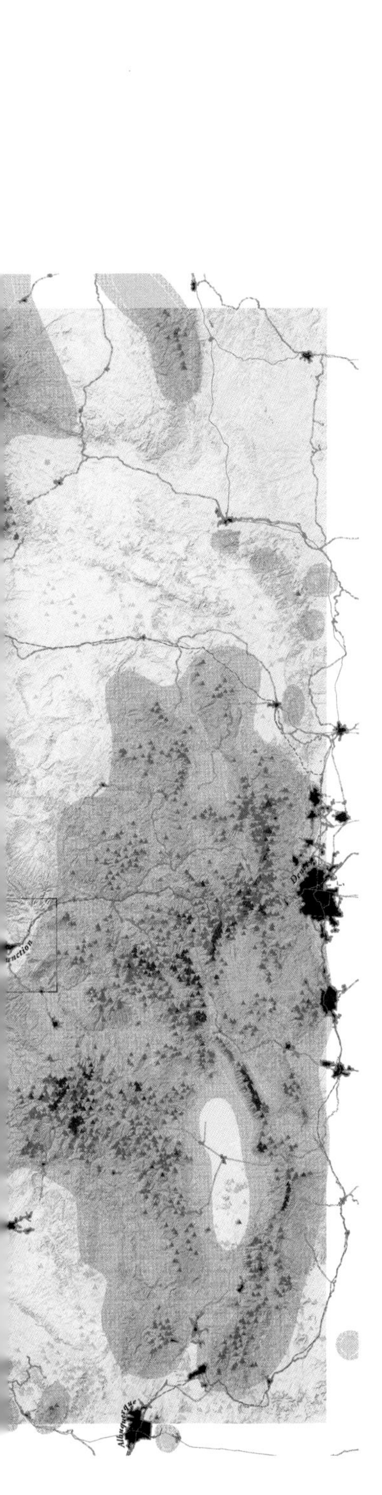

Wild

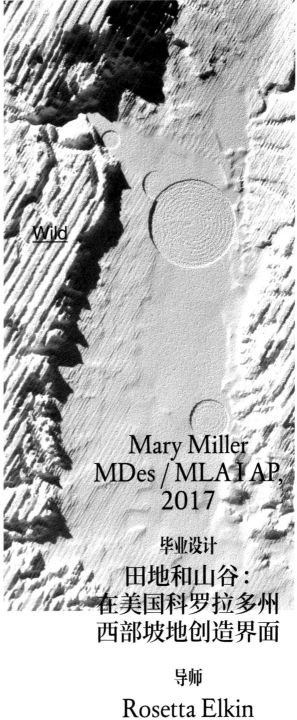

Mary Miller
MDes / MLA I AP,
2017

毕业设计

田地和山谷：在美国科罗拉多州西部坡地创造界面

导师

Rosetta Elkin

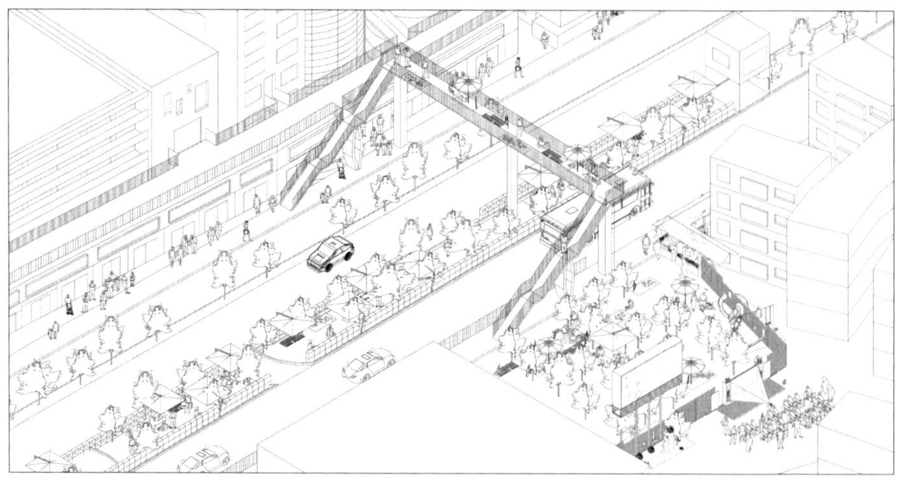

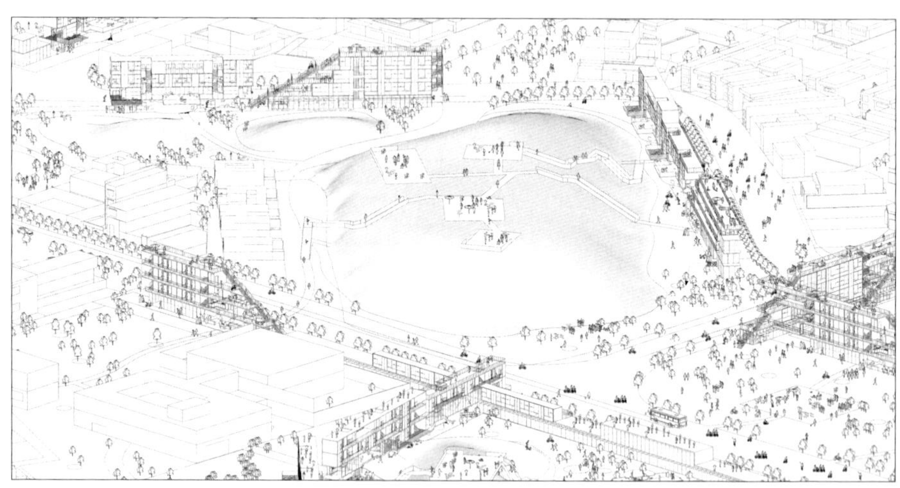

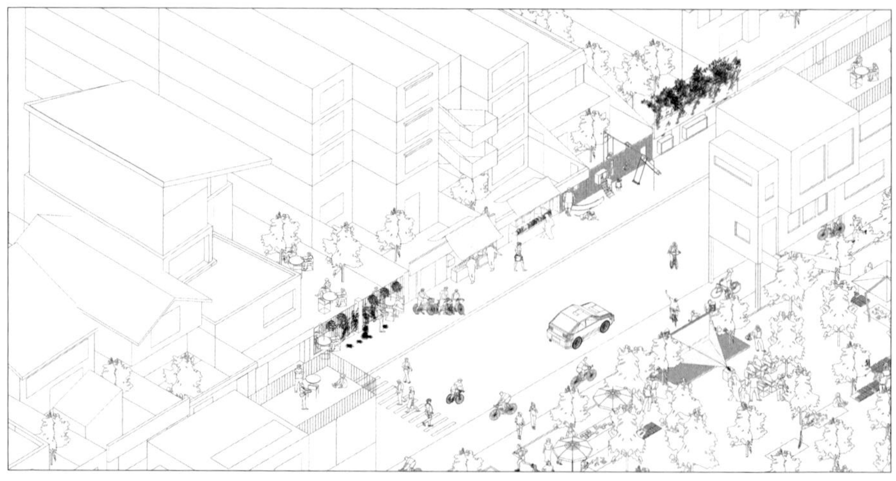

Mengdan Liu
MArch II, 2016
Long Zuo
MAUD, 2016

城市黑洞：利马大都会圈的建设与遗产

指导教师
Jean Pierre Crousse

城市的快速发展、文化遗产保护和开发造成了保护政策与经济发展逻辑之间的摩擦地带。由于缺乏城市规划，秘鲁利马地区的这些摩擦地带在过去 30 年内逐步发展为城市网格中的黑洞，对于正式的或非正式的发展方式都缺乏吸引力。本次课程设计在各个尺度上对这些“城市黑洞”进行空间干预，长久而有效地将其与城市生活相结合。

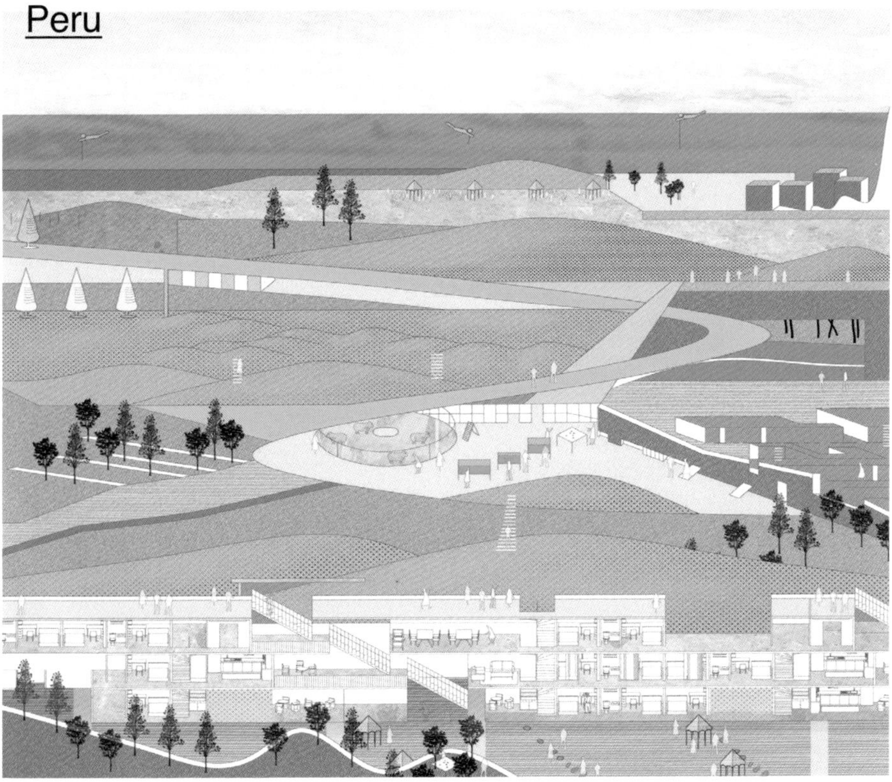

Peru

Yutian Wang
MAUD, 2016

对东京周边乡村行为者网络的再设计

指导教师
贝岛桃代，塚本由晴

本次课程基于布鲁诺·拉图尔(Bruno Latour)的行为者网络理论(Actor-network Theory)，为东京周边的乡村地区设计功能性空间。在此，设计者描绘了一幅“建造过程场景”，同时针对文化建筑提出了具体的木材用法。

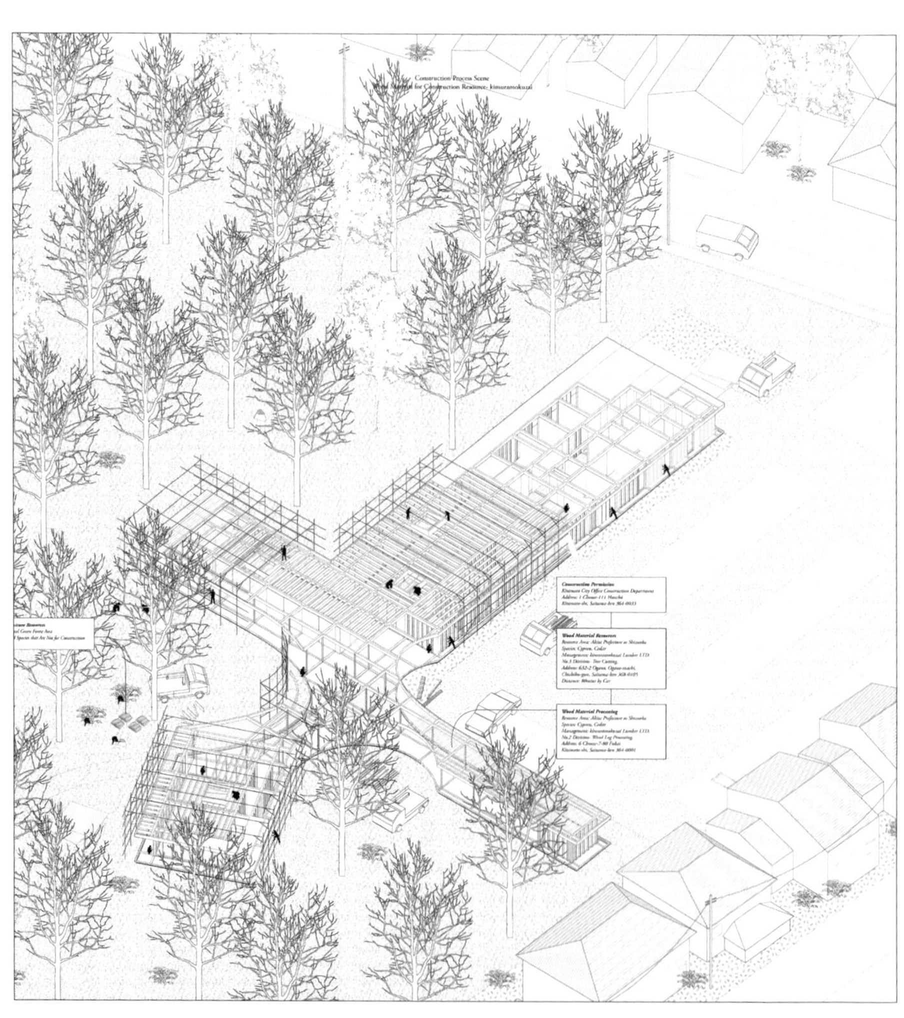

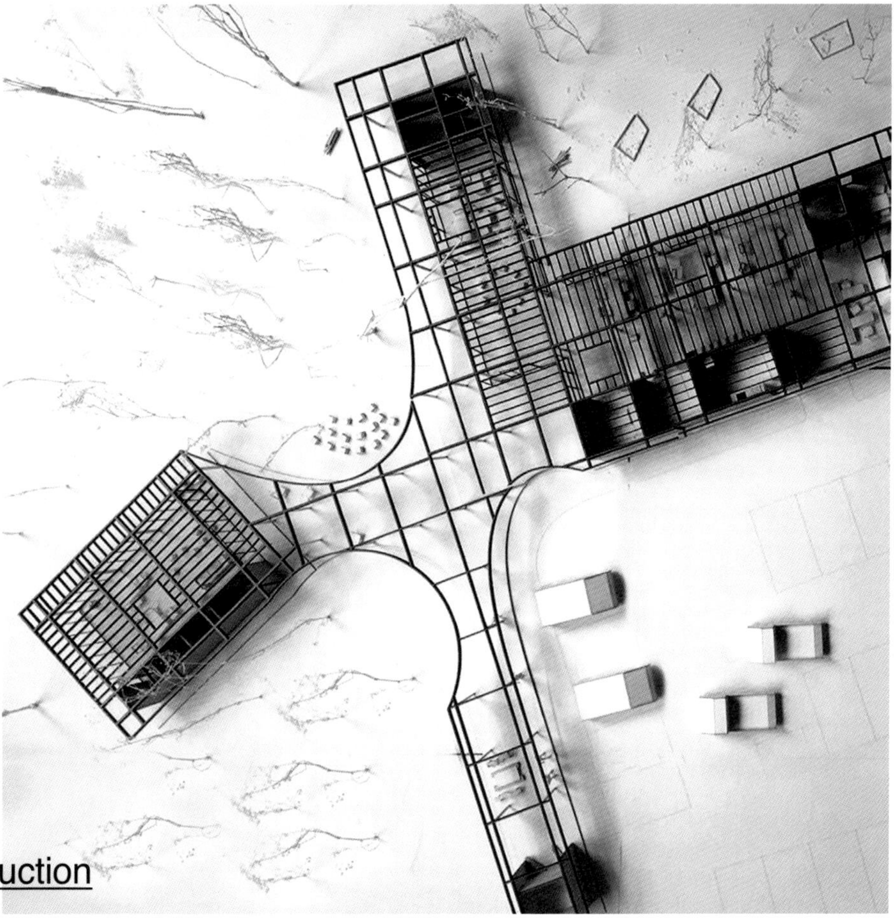

onstruction

Azzurra Cox
MLA I, 2016

弗纳斯湖：应对景观项目的动态途径

指导教师

João Nunes, João Gomes da Silva

本次课程设计意在检视亚速尔群岛的弗纳斯湖景观在动态生成的过程中产生的问题，以及其独特而标志性的分类系统。课题还特别关注了景观的文化层面和人为因素，以及各个海岛的不同循环特征。通过一系列剖面和样本的设计干预，希望能将这些特征加以强调。

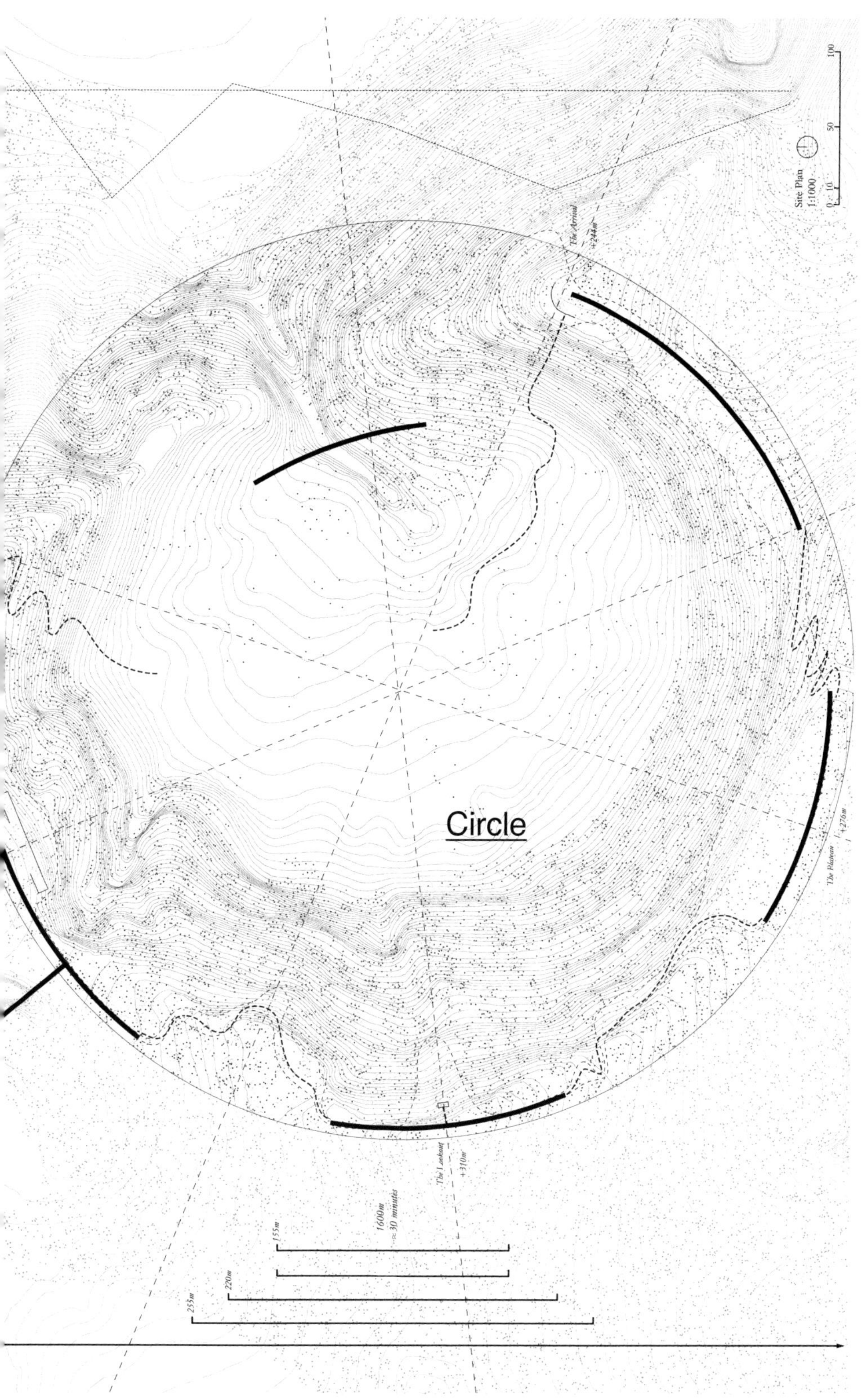
Site Plan
1:1000
The Arrival
+244m
Circle
The Plateau
+276m
The Lookout
+310m
1600m
≈30 minutes
155m
220m
255m

Michelle Shofet
MLA I, 2016

毕业设计
神奇的渗漏

导师
Sergio Lopez-Pineiro

有一个不可逆、无差别的渗漏长期存在于洛杉矶。渗漏无所不在，它存在于绿色藤蔓植物中，在博物馆地基的软泥里，在路边人行道的养护渗水口中，在海滩上人们的脚底里。尽管人们用尽各种措施减少它的发生，但事实是，洛杉矶仍然深陷其中。此毕业设计希望从文化的角度，重塑水文技术景观和自然的关系。

nude beach
pyramid tank
mexican fan palm
blue gum eucalyptus
ribbonwood
black sage
entry
mbustion tower
paration unit
algae greenhouse
pleasure boating
black mirror
entry
path marker
norman o. houston park
Los Angeles
outdoor gym
la bre

Emma Silverblatt
MArch, 2017

等等

指导教师
Mack Scogin

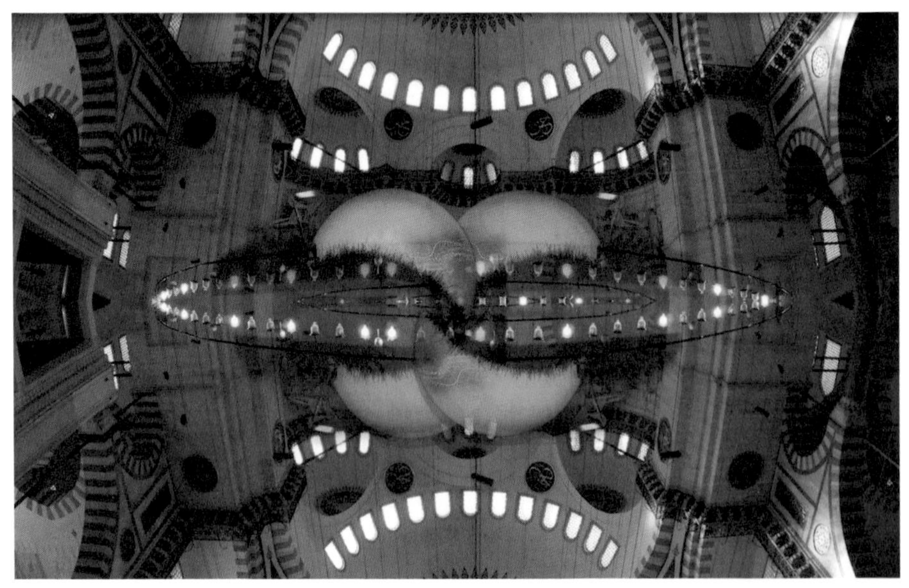

Church

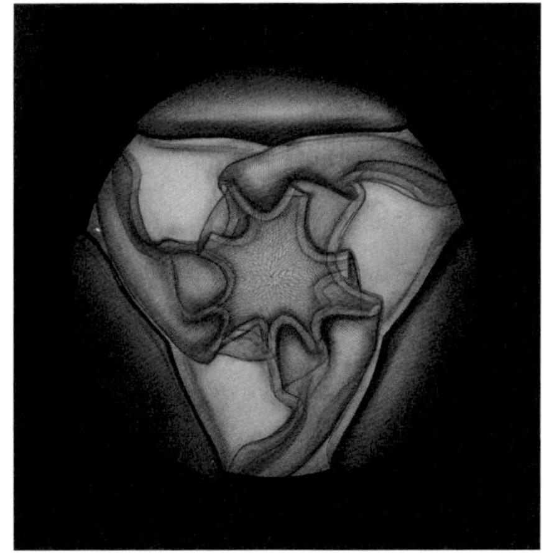

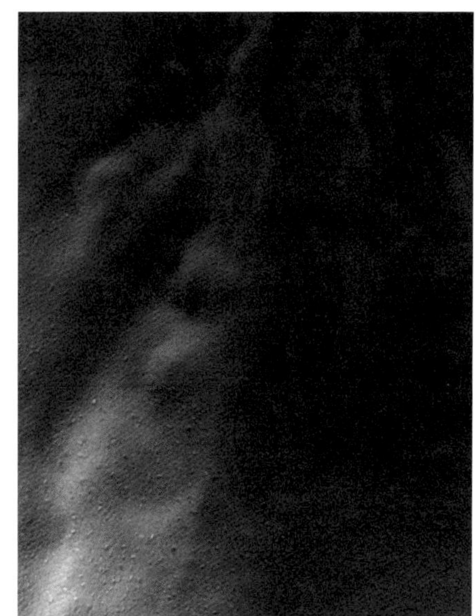

"我两岁时，全家人去了一趟缅因州，我们沿着陡峭的盘山路往上爬。山被一圈的海浪包围着。我可以闻到空气中盐的味道。我跑在家人前面，围着山跑了一圈又一圈，争着第一个冲到山顶。我没有看到最后一个转弯。我掉下了悬崖，置身空中。悬崖下的海浪等待着我的躯体，我在海浪中死去。我从下面被接住了。我从未掉下去。"
——Emma Silverblatt

请别再画自画像了

要想更好地了解过去 20 年来建筑学教育发生了怎样的变革，用绘画进行类比是很有帮助的。“图像转向”的阶段也就是自画像的繁盛之时——自画像是对我们自身之琐碎渺小的唯一的建筑学回应。这种孤芳自赏的顾影自怜让建筑师成了房屋装修匠。从静物的角度看待这个问题，意味着要考虑一系列更复杂的因素，而非埋头不问世事或者盯着镜子中的自己。静物有关一种原初的空间和物体之间的相互张力以及它们之间的空间，有机的和无机的，死亡的和鲜活的。在建筑中它展现出来的是在建筑和设计之间、城市和景观之间富有创造力的对话，这些跨学科的对话势必将引导我们走向一条更宽广、生活体验更丰富的道路。

Iñaki Ábalos
建筑系主任；
建筑学住校教授

在 GSD 我们制作了大量既鲜活又完备的剖面模型。此处的 27 个模型放在一起，像一场剖面舞会，呈现出它们各自的内在工作模式。这个章节里的三个模型是为“博物馆城市中的建筑复刻”这一设计课程制作的，它们通过剖面展现了空间的流线系统。其他一些剖面模型剖切到了地面，例如其中一个项目是在约翰内斯堡的一个废物转换能源站的基础上设计的住宅。在“隐藏的房间”这个建筑项目中，大部分的体量和剖切面被放在了地下。另外一个景观建筑的设计课程通过土壤和植被来研究热质量、微气候以及一个历史公园项目中有关快乐的新理念。

有些模型看起来是从剖面着手设计的，还有的则仅是为了期末评图而制作的。无论是哪种方式，剖面模型都提供了一种极具深度和精度的视角。

剖面的
Sectional

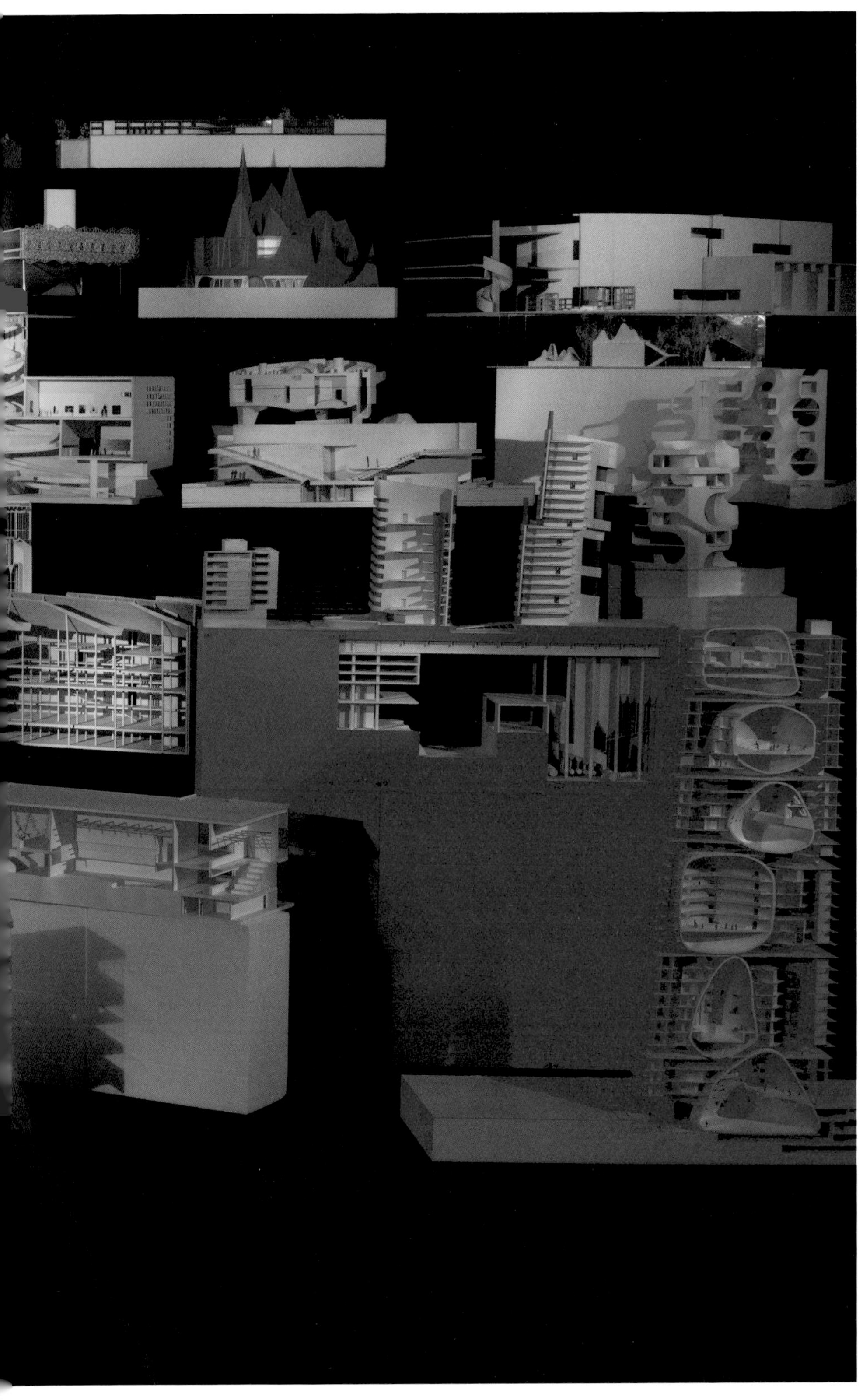

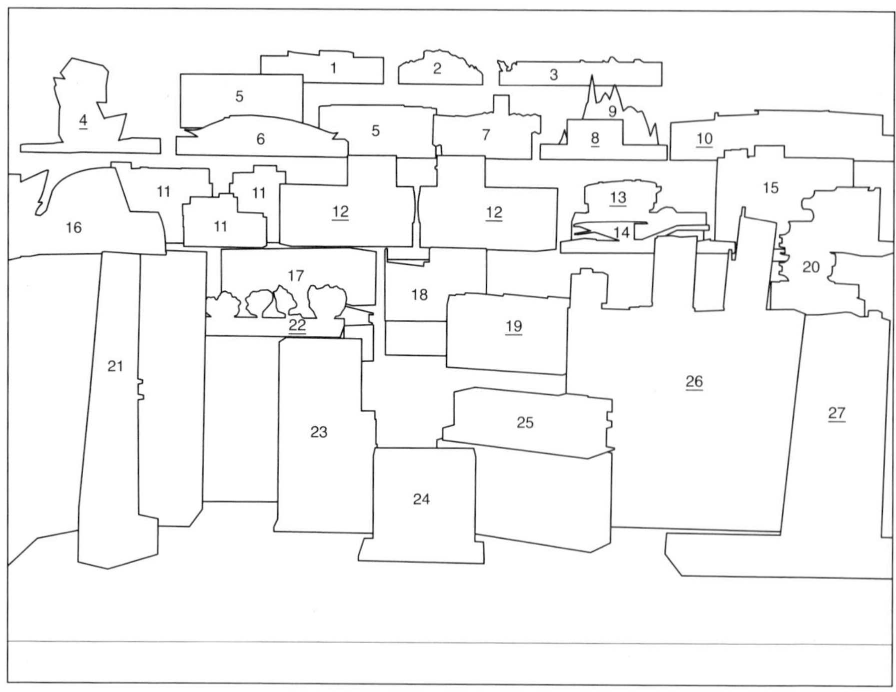

1 -56 英寸

Jihoon Hyun
MArch I, 2019
建筑核心设计课程 I：投射
指导教师：Megan Panzano

2 碳

InHye Jang
MLA I, 2016
木材，城市主义：从分子到领域
指导教师：Jane Hutton, Kiel Moe

3 学院

Chase Jordan
MArch I, 2017
教育功能：21 世纪的学校
指导教师：Farshid Moussavi, James Khamsi

4 刺入 Skewered p. 158

Emily Ashby
MArch I, 2019
建筑核心设计课程 II：情境
指导教师：Jeffry Burchard

5 曲线延展

Stephanie Conlan
MArch I, 2017
博物馆城市的建筑复刻
指导教师：Sharon Johnston, Mark Lee

6 向心穹顶

Kai-hong Chu
MArch I, 2019
建筑核心设计课程 I：投射
指导教师：Andrew Holder

7 山边的清真寺

David Hamm, Yu Kun Snoweria Zhang
MArch I, 2017
（重新）计划废弃物……对建筑废料的再思考
指导教师：Hanif Kara, Leire Asensio Villoria

8 持续 Duration p. 160

Khoa Vu
MArch I, 2019
建筑核心设计课程 I：投射
指导教师：Mariana Ibañez

9 蓝色数据

Anita Helfrich, Chase Jordan, Niki Murata
MArch I, 2017
测绘：地理表现和假设
指导教师：Robert Pietrusko

10 工作场所 Workplace p. 162

Justin Jiang, LeeAnn Suen
MArch I, 2017
Junyoung Lee
MArch II, 2017
工作环境 2：玻璃工场
指导教师：Florian Idenburg

11 嵌入

Andrejs Rauchut
MArch II, 2017
匡溪教育社区的表演艺术中心
指导教师：Billie Tsien, Tod Williams

12 受影响的斜坡 Affected Ramp p. 164

Benjamin Halpern
MArch I, 2017
博物馆城市的建筑复刻
指导教师：Sharon Johnston, Mark Lee

13 圣地亚哥 Santiago p. 166

Caio Barboza, Sofia Blanco Santos
MArch II, 2016
毕业设计：关于适应：住宅和宫殿
导师：Iñaki Ábalos

14 椎体

Chris Grenga
MArch I, 2019
建筑核心设计课程 II：情境
指导教师：Jeffry Burchard

15 喘息

Xiaodi Yan
MLA II, 2016
重置首尔：为了 "Kool" 和日常而设计
指导教师：Niall Kirkwood

16 剧场

Iman Fayyad
MArch I, 2016
毕业设计：幽灵的投影
导师：Preston Scott Cohen, Cameron Wu

17 交错的楼梯

John Going
MArch I, 2017
博物馆城市的建筑复刻
指导教师：Sharon Johnston, Mark Lee

18 废物设施

Michael Haggerty
MArch I, 2017
Dana McKinney
MArch I / MUP, 2017
（重新）计划废弃物……对建筑废料的再思考
指导教师：Hanif Kara, Leire Asensio Villoria

19 锯齿 Sawtooth p. 168

Evan Farley
MArch I, 2017
"英美人希望所有人都衣着考究"，或时装品牌的建筑
指导教师：Emanuel Christ, Christoph Gantenbein

20 斯洛特迪克

Nancy Nichols
MArch I, 2016
毕业设计：新邻里
导师：Mariana Ibañez

21 悬挂

William Adams
MArch I AP, 2018
建筑核心设计课程 III：整合
指导教师：Jonathan Lott

22 从内到外 Inside Out p. 170

Jiawen Chen
MLA I, 2018
景观核心设计课程 I
指导教师：Silvia Benedito

23 阶梯

Jeffrey Burges
MArch I, 2018
建筑核心设计课程 III：整合
指导教师：Elizabeth Whittaker

24 楼板

Jihoon Hyun
MArch I, 2019
建筑核心设计课程 II：情境
指导教师：Jennifer Bonner

25 密歇根

Yurina Kodama
MArch I, 2017
匡溪艺术学院教育社区表演艺术中心
指导教师：Billie Tsien, Tod Williams

26 南非 South Africa p. 172

Joshua Feldman
MArch I, 2016
毕业设计：杂合建筑：叠层、烟囱和芽
导师：Leire Asensio Villoria, Hanif Kara, Grace La

27 阳台 Balconies p. 174

Bryant Nguyen
MArch I, 2018
建筑核心设计课程 III：整合
指导教师：Jennifer Bonner

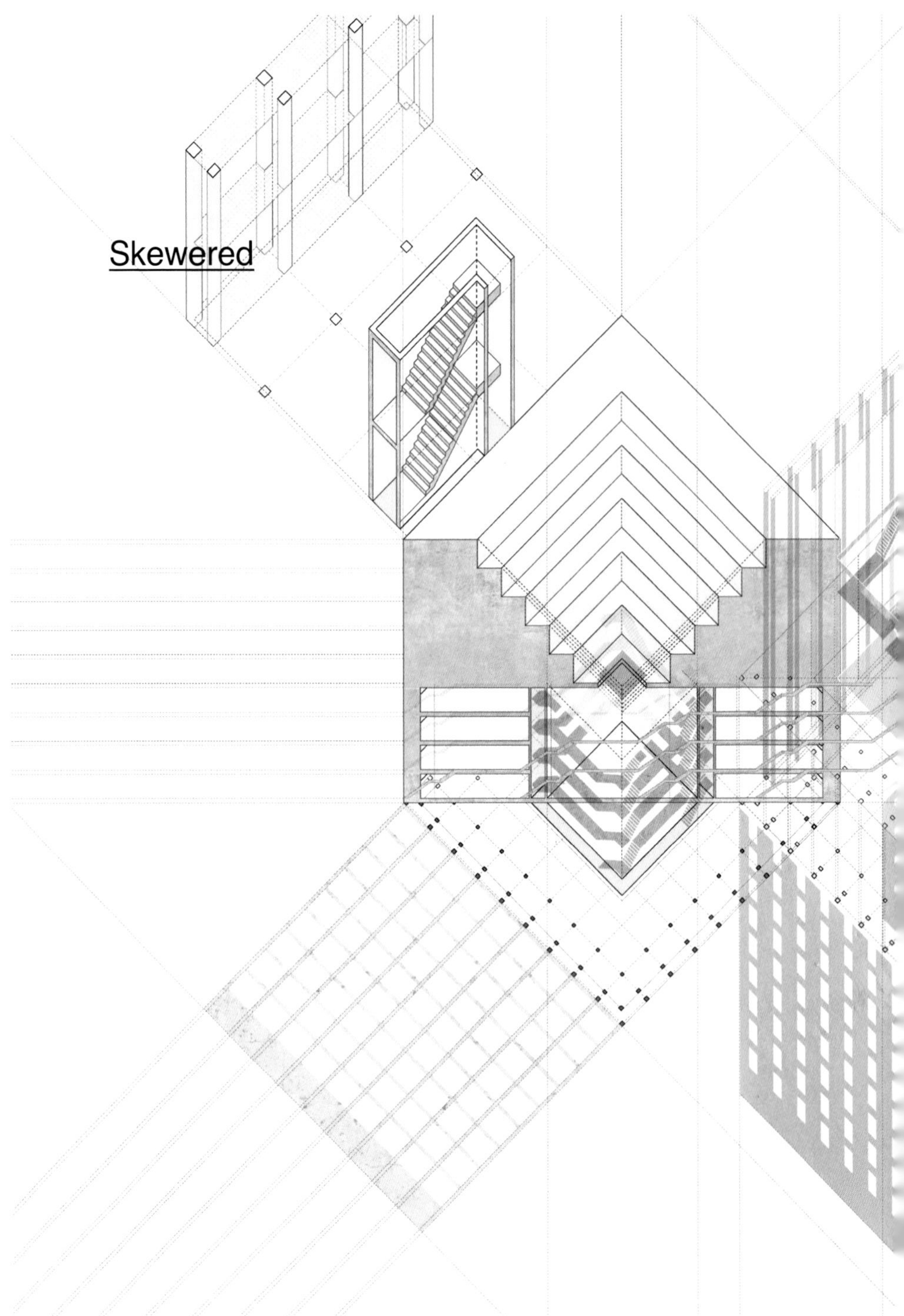
Skewered

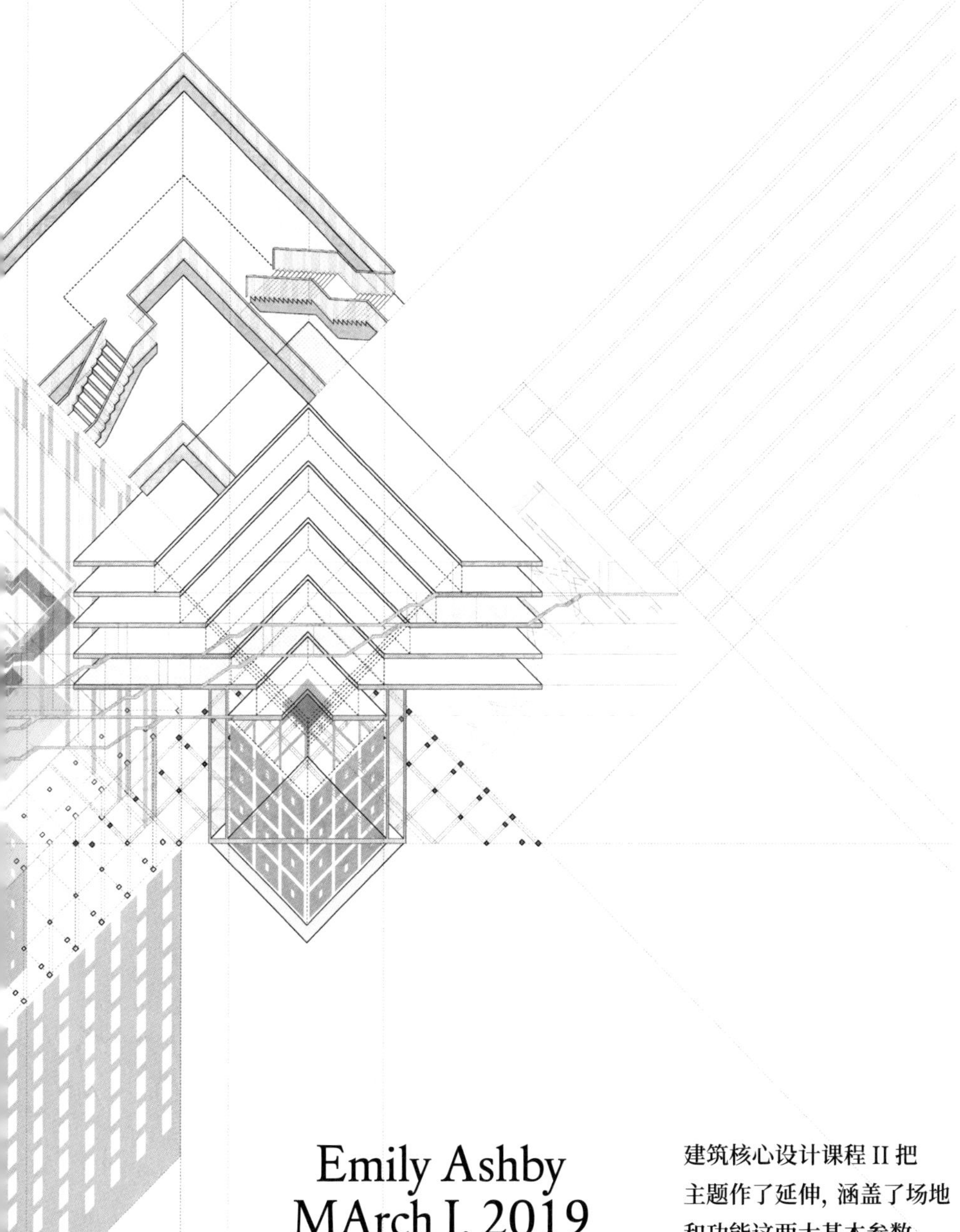

Emily Ashby
MArch I, 2019

建筑核心设计课程 II：情境

指导教师
Jeffry Burchard

建筑核心设计课程 II 把主题作了延伸，涵盖了场地和功能这两大基本参数，它们乃是建筑学的基石。坐落于波士顿后湾（Back Bay）湿地的图书馆项目就是对这些复杂问题的探索。

Khoa Vu
MArch I, 2019

建筑核心设计课程 I：投射

指导教师
Mariana Ibañez

建筑核心设计课程 I 中的“密集 / 广泛”和“边缘计划”这两个作业，从一开始就对学生提出了挑战：课程通过前卫的项目来测试建筑主题和原则的严谨性，并将它们生成为适应具体场地的功能和形式。在这里，第一个项目的形式来源于对热能的解读，后一个项目重点在于一部楼梯的变化对立面的影响。

Duration

Justin Jiang,
LeeAnn Suen
MArch I, 2017

Junyoung Lee
MArch II, 2017

工作环境 2：玻璃工场

指导教师

Florian Idenburg

这个作品选自 Knoll 公司(一家制造办公和家庭家具的跨国公司)赞助的三个设计课中的第二个,通过研究和设计,这个项目检视了世界工作环境中的剧烈转型。它聚焦于角落部位的家具如何相互连接与生长,并且考察这一点如何影响办公室和建筑的尺度问题。

这个设计小组为芝加哥当代艺术美术馆设计了一个新的独立建筑。这个美术馆有机会对它周边的城市发展和城市环境进行回应。此处入选的项目展现了中庭和边缘空间的二分关系。

Benjamin Halpern
MArch I, 2017

博物馆城市的建筑复刻

Sharon Johnston,
Mark Lee

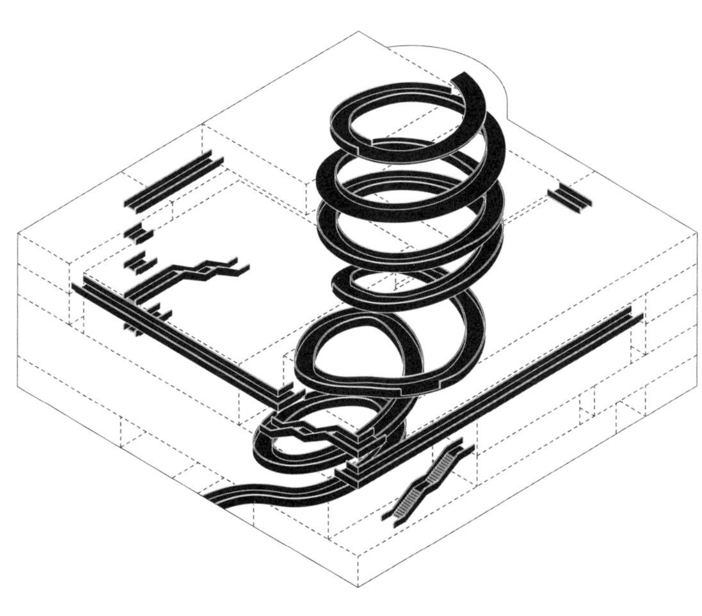

这个项目探究生活与工作、文化与热力动力学、建筑与哲学，并在智利的圣地亚哥、巴西的里约热内卢和圣保罗以及法国菲尼斯泰尔进行以场地为本的探索。该毕业设计获得了 MArchII 项目的 Templeton Kelley 建筑奖。

Caio Barboza, Sofia Blanco Santos MArch II, 2016

毕业设计
关于适应：住宅和宫殿

导师
Iñaki Ábalos

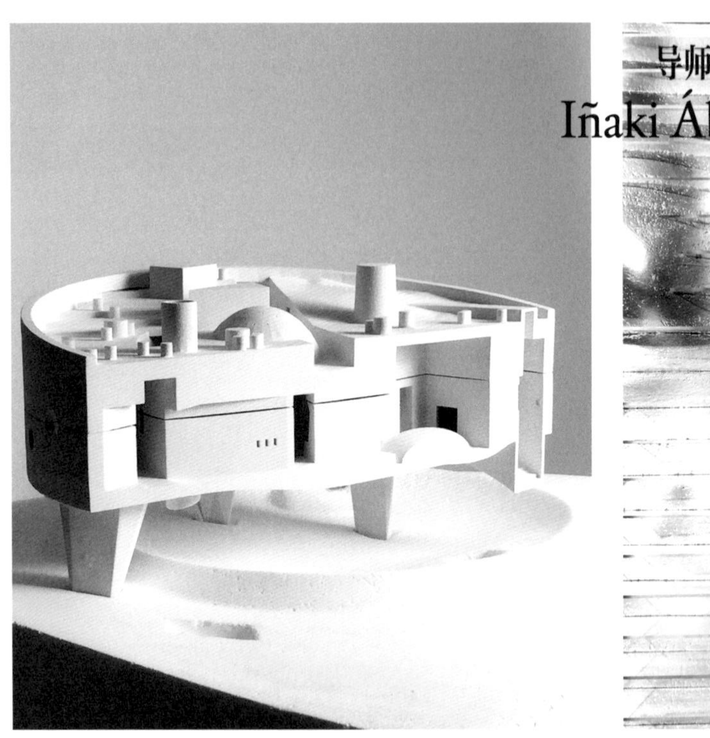

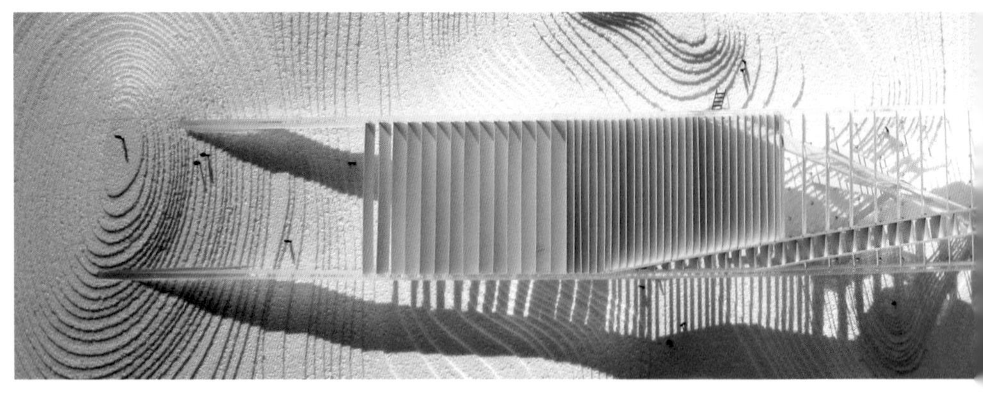

Santiago

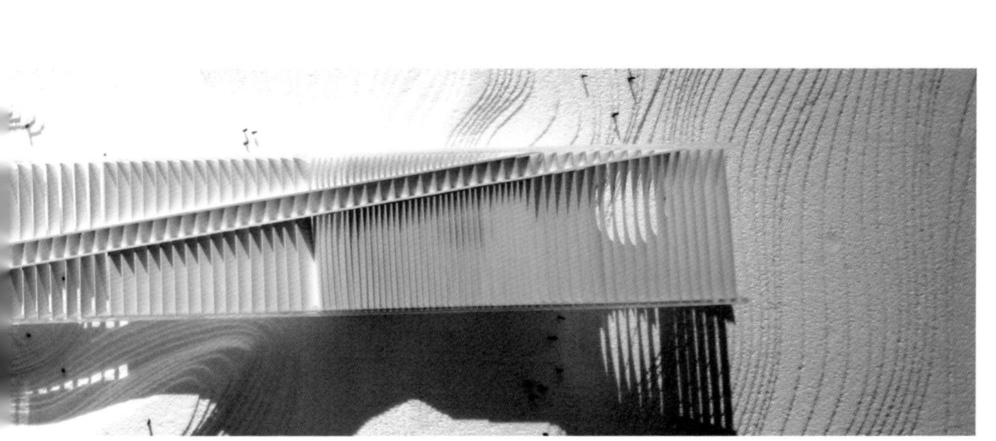

Evan Farley
MArch I, 2017

“英美人希望所有人都衣着考究”，或时装品牌的建筑

指导教师

Emanuel Christ,
Christoph
Gantenbein

阿道夫·路斯曾说过“英美人希望所有人都衣着考究”。本设计课程将当代建筑与时尚联系在一起。这里锯齿屋顶确保了建筑的自由平面，而T台则成为工厂与周边环境之间的沟通场所。

Sawtooth

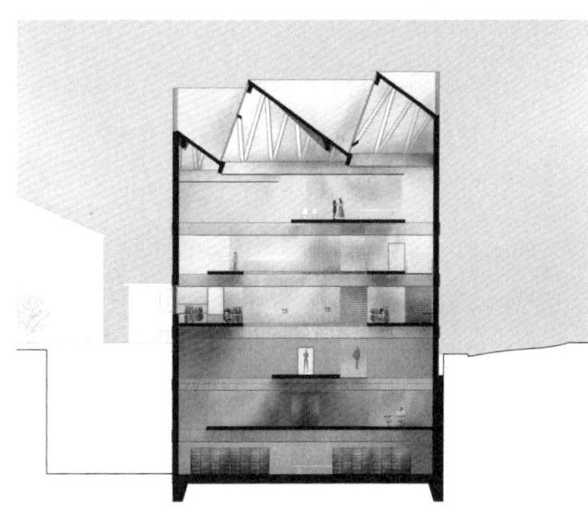

作为景观核心设计
课程系列中的第一门，
本设计课程研究复杂
城市环境下景观干预的
可能性：多重干预、联系性、
可达性和身份的问题，以及
对于当代功能的需求。
此处所示的设计项目利用
沿着人行步道的一系列
下沉庭院来达成
以上目的。

Inside Out

Jiawen Chen
MLAI, 2018

景观核心设计课程 I

指导教师
Silvia Benedito

Joshua Feldman
MArch I, 2016

毕业设计

杂合建筑：
叠层、烟囱和芽

导师

Leire Asensio Villoria, Hanif Kara, Grace La

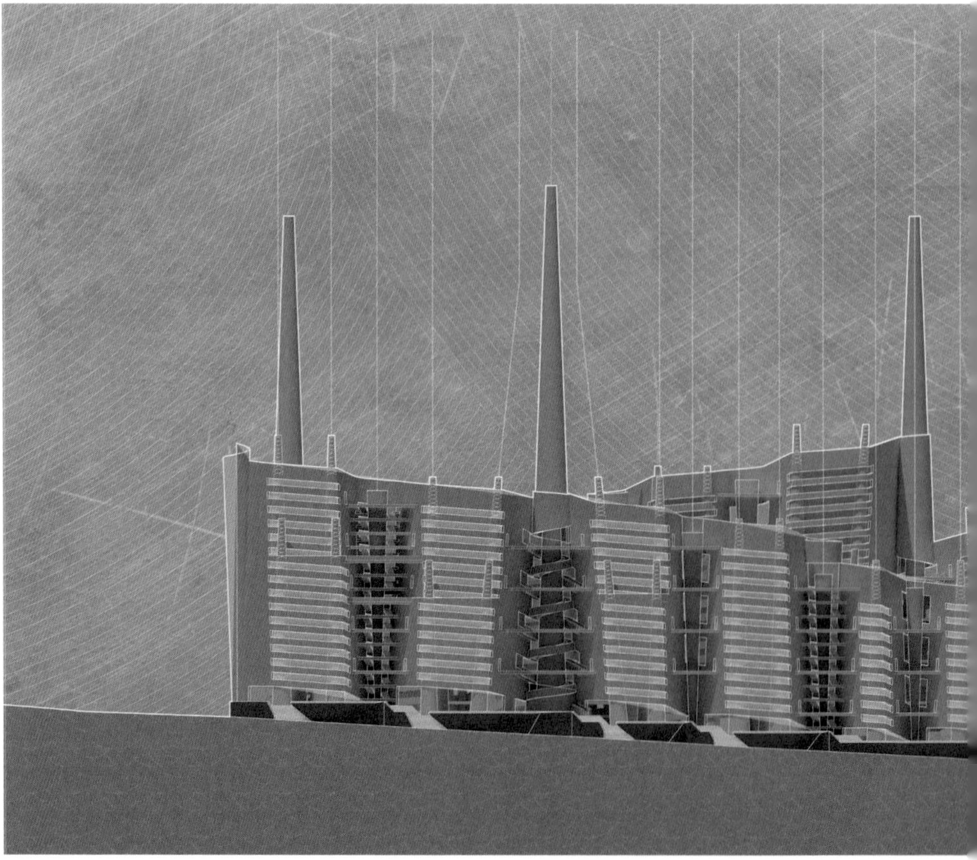

杂合建筑希望通过它的城市、功能以及形式交换，培育形式的协同关系。通过热能交换，设计项目将住宅与变废为能项目联系在一起，创造出了新的城市社会和经济条件。此设计荣获 March I 项目的 James Templeton Kelley 建筑奖。

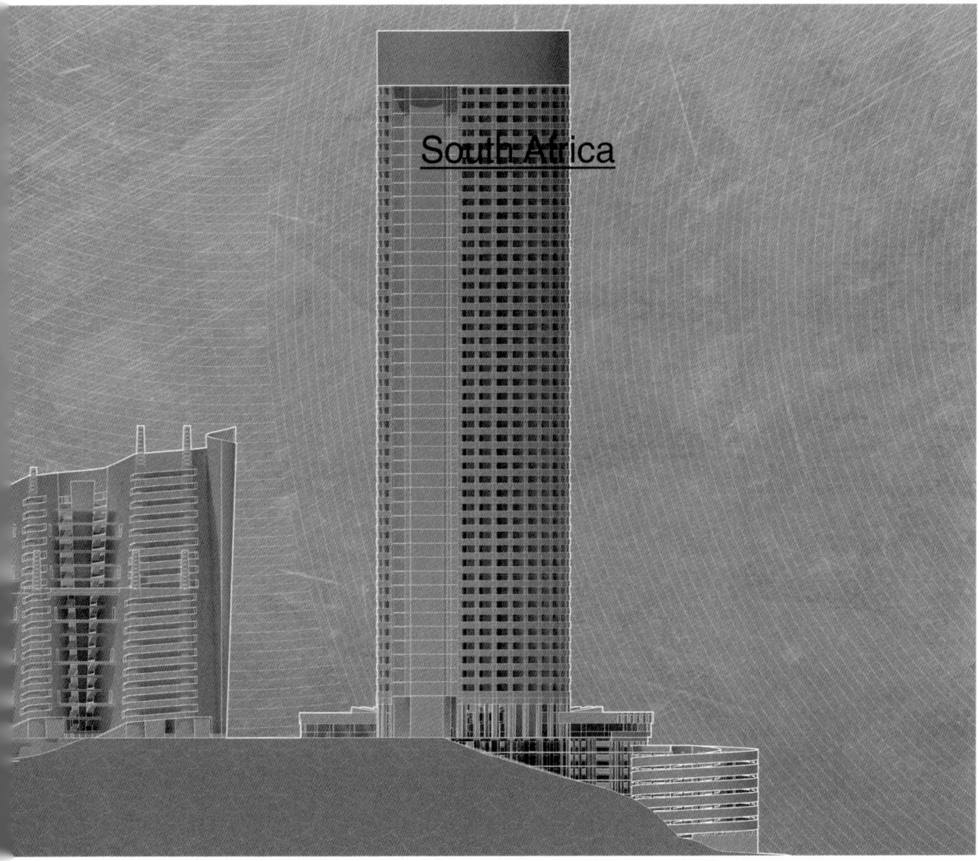

South Africa

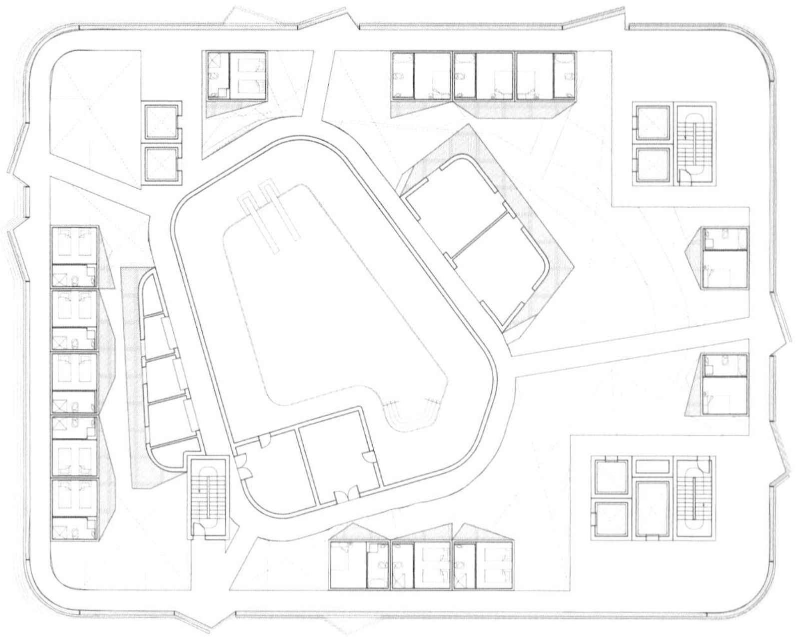

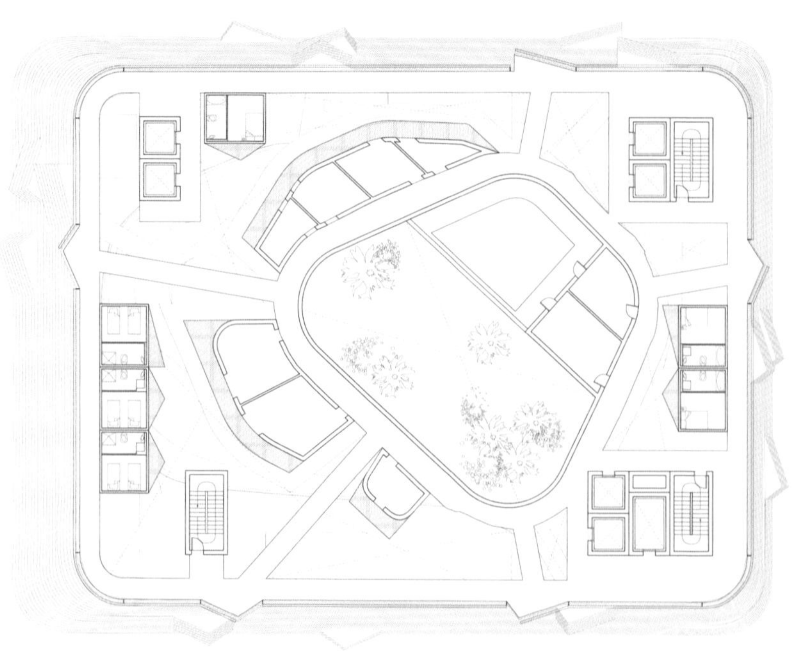

Bryant Nguyen
MArch I, 2018

建筑核心设计课程 III：整合

本设计课程要求学生同时考虑结构、能量、系统、功能、场地等概念，要求学生的设计作品能够重新制定或重新理解建筑的规则和法规。本项目将酒店房间朝向建筑内部，使室内的中庭和露台变成了促进交往的公共空间，像胶囊一样的新体量亦诱发了更多的用途。

指导教师
Jennifer Bonner

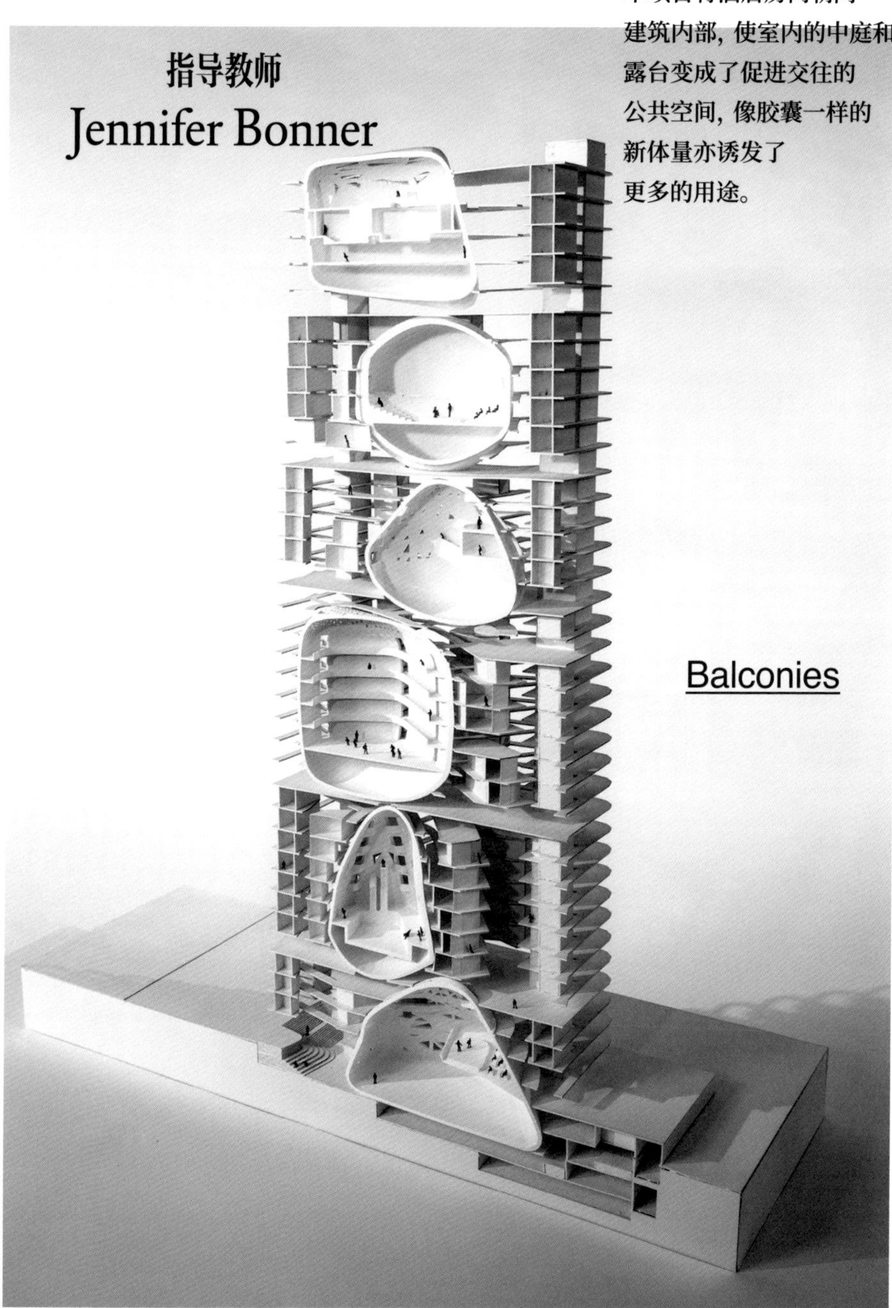

样本
Samples

界外
Out of Bounds

位置
Locations

剖面的
Sectional

轻
Lightness

GSD 生活工作一览

↑ Christopher Riley，2016 年 5 月 3 日

FARSHID MOUSSAVI
“风格的功能”
2015 年 9 月 3 日

“……风格与我们布置建筑的方式有关。但当我们讨论风格的作用时，我们会问，风格在日常生活中到底扮演着什么样的角色？现象学通过研究人们如何接触事物讨论了人的日常生活行为这一话题。事物的这些状态通常是现有的，或者是由自然法则所控制的，亦或是有某种形而上的存在方式。尽管近几年的日常行为研究——例如思辨实在论(speculative realism) ——对人类是否应该优于其他存在物这一问题进行了质疑，并且提出人类应和其他存在物平等，但这些研究依然将

↑ Farshid Moussavi

事物的存在作为先决条件，无论是自然的还是人造的。

“在建筑中，我们无法回避客观和主观的关系，因为建筑物是日常生活中的一部分。但建筑并不是已经存在的事物。它们是由建筑设计的过程产生的。由于风格与我们设计建筑的方式有关，它也成为讨论建筑在日常生活中扮演怎样角色的关键问题。

“通常，‘风格’一词被用于描述建筑师对建筑物的整合。然而，从1990年代开始，建筑设计和使用方式发生了三个重要的核心变革，迫使我们改变了对风格的定义。首先，‘整合’这一概念似乎不适合现代建筑了，因为现代建筑有着太多的不同。如果这种不同不是折中主义或是市场行为的产物，我们只能认为风格是其背后连贯性的解释。”

CHARLES WALDHEIM
“一个普遍的理论 ”
Olmsted 演讲
2015 年 9 月 8 日

ERIC BUNGE, HILDE HEYNEN, NIKLAS MAAK, IRÉNÉE SCALBERT
“住宅——然后是什么？ ”
2015 年 9 月 10 日

KERSTEN GEERS, JONATHAN OLIVARES, DAVID VAN SEVEREN
“2×2”
Rouse 访问艺术家项目
2015 年 9 月 15 日

SCOTT PASK
“空间中的编码”
Rouse 访问艺术家项目
2015 年 9 月 17 日

FRÉDÉRIC BONNET
“乡村 I—— 偏远主义”
2015 年 9 月 21 日

CLAUDIA CASTILLO, MIGUEL COYULA, MICHAEL HOOPER, ORLANDO INCLAN, PATRICIA RODRIGUEZ
“改变的挑战：哈瓦那的未来”
2015 年 9 月 24 日

ANGELA GLOVER BLACKWELL
John T. Dunlop 讲座
2015 年 9 月 29 日

哈佛设计：芝加哥 | 适应性建筑和智慧材料会议
2015 年 10 月 1-3 日

GEORGE BAIRD
“有关建筑和城市的文章”
GSD 演讲集
2015 年 10 月 6 日

“设计界中的黑人”学术会议
2015 年 10 月 9-10 日

“……不仅因为去年在[密苏里州圣路易斯县]弗格森镇和[马里兰州]巴尔的摩的事件上了全国新闻，也因为十分不幸的是，这类事件绝非罕有，我们感觉到有必要立即以设计师的身份召集一次对话，讨论如何从设计师的角度对这一系列不公正状况进行干预。”
——CARA MICHELL,
会议组织者 (MUP ’16)

“……美国黑人极端的生活环境，迫使他们发展出一种独特的视角，来自加州大学圣芭芭拉分校的乔治·李普西茨 (George Lipsitz) 强调道，黑人出于无奈，不得不把种族隔离变成种族集结。”
—— K. MICHAEL HAYS,
GSD 学术活动副院长

“……我想从一个黑人设计师的角度，来谈黑人在设计中的潜力。我目前正受委托为一座 70 万人口的城市做设计，希望改变并创造这座城市的城市生活。而在这 70 万人中，有 80% 是黑人——可见绝非易与之任……底特律正在以每周 250 栋的速度拆除 7 万栋建筑，当一座城市破坏其城市肌理并给我们提出了城市休耕这个新难题之际，这时会发生些什么呢？我们对此有一些想法。一个想法是，这是一个退房还林的绝佳机会，我们可以通过土地管理来做到……底特律已经决定，每拆除一栋房子，就种植一片树林。”
—— MAURICE COX,
底特律市规划局局长 (Loeb 学者 ’05)

↑ 从左至右：Deanna Van Buren, Jeanine Hays, Mitch McEwen, and Dana McKinney

“……当我发现一个南方乡村发展的项目的时候，我决定回到学校，因为这样可以使我在研究美国南方乡村的场地情况的同时，又能修得一个学位。我的第一个项目，是为社会地位偏低的农民设计太阳能灌溉系统，这些农民生活在阿拉巴马黑人带上，被排除在先进的信息和技术之外‘家庭可持续乡村再生企业’(Sustainable Rural Regenerative Enterprises for Families)是第一个由少数族裔的女性领导的组织，致力于将太阳能给水和滴灌技术引入阿拉巴马。我们的太阳能灌溉和抽水系统，改善了南方黑人带的农业人口的饮食结构，并刺激了经济增长。”
—— EUNEIKA ROGERS-SIPP,
艺术家 (Loeb 学者 ’16)

“……同理心和同情心不是一回事。当我们谈论在一些社区实践的时候，我们心里想‘这些可怜人，住在如此令人崩溃的环境里。’这是同情。但是这并不能帮助任何人。同理心则是富有感情的智慧，并利用这种智慧去帮助塑造他们的能力，提升生活质量。这需要我们将这些人看作个体，聆听他们的故事，并把这些信息当作发展的平台。”
—— LIZ OGBU,
建筑师(MArch ’04)

“……有一些项目我是不做的，这让我能有时间做更多更加令人满足且对社区有正面影响的项目。我没有做过监狱、购物中心或赌场。这个选择标准十分简单。如果作为建筑师，我们无法从我们设计的项目里得到满足，因为我们没有做出应有的贡献，那么或许我们根本就对那些项目没有兴趣。25 年后，我们仍在做我们认为有意义的项目，我们为这些项目而自豪。”
—— PHILIP FREELON,
建筑师 (Loeb 学者 ’90)

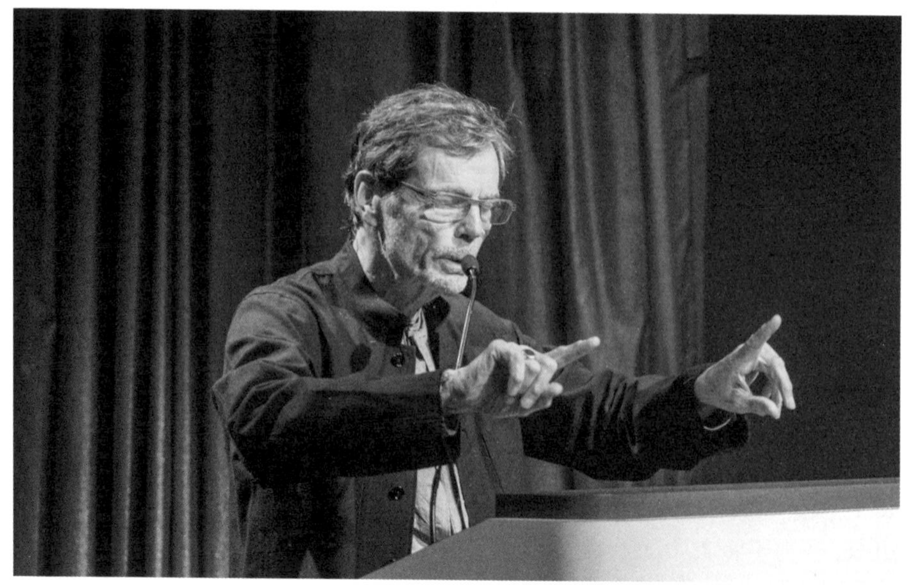

RICHARD TUTTLE
"一扇开着的门"
Rouse 访问艺术家项目
2015 年 10 月 13 日

为什么作为一个艺术家，我喜欢艺术也喜欢设计？
为什么当我拿起"T"杂志时我放弃了"约束"，
当我放下它时又觉得一贫如洗？缺少兴趣？
因为它低劣的质量而无力阅读？谁在说？
雅典娜还是宙斯？都是单数？
雅典娜，一切对立物的女神，不可能是单数……
或复数？"设计"为什么在自然中？
为什么艺术反对自然？"自然"值几何，作为人类的一个概念？
"概念"在设计中吗？有没有哪种"问题"中没有"设计"？
如果，它们继续生长，定义了被艺术打败的设计，
那么艺术为什么是设计？任何特定事物的多样性在无需
真正制造该事物的前提下就定义出设计，这是否就是设计过的
事物（几乎等同于该事物），那件"事物"如此受欢迎的原因？
——就凭"它自己"？"设计"是否像是文字？而艺术像是数字？
单数在设计中是否就变成了复数？是否，设计与复数无法
区分，在"设计"中，复数与单数也无法区分？
单数如何……在到达火车站时断了思绪。

↑ Richard Tuttle

JOÃO NUNES
Daniel Urban Kiley 讲座，
2015 年 10 月 14 日

PIERRE BÉLANGER,
CHUCK HOBERMAN,
MARIANA IBAÑEZ,
SANFORD KWINTER,
CIRO NAJLE, LLUIS
ORTEGA, ANDREW
WITT
“组织还是设计？”
建筑研讨会，2015 年 10 月 15 日

VIJAY IYER, WADADA LEO
SMITH
“工作进行中”
Rouse 访问艺术家项目
2015 年 10 月 20 日

ERIC HÖWELER
GSD 演讲 | 设计的技术
2015 年 10 月 21 日

CALEDONIA CURRY
(SWOON)
“不妥协的视野”
Loeb 学者项目 45 周年纪念讲座
2015 年 10 月 22 日

“……海地地震发生大约一年后，我们在海地开了一个社区中心。我记得那个时候，地震之后约六个月时，我们充满干劲，我们切换到了建设模式。人们走过我们身边，会问‘天哪，你们怎么做到这些的？我们知道的所有组织的材料都困在海关了，他们都束手无策，你们怎么都可以开始建造了？’

“对我来说，这是异常美丽的瞬间。我知道我们看起来不够格做这件事，我知道我们只是一群不羁的艺术家。我们不是大型 NGO 组织，我们不是一线救护人员。

“但是我有一个直觉，就像所有相信可能性的人们一样。我们愿意在小尺度上工作，我们有一些在此时此地尤为有力的特质。在海地，我们的直觉被证明是对的。我们与那个社区建立起了联系，我们建造了一个社区中心。”

JUN SATO
GSD 演讲 | 设计的技术
2015 年 10 月 26 日

CHUCK HOBERMAN, ROB
MACCURDY, CONOR
WALSH, ROBERT WOOD
“非正式机器人”
Rouse 访问艺术家项目
2015 年 10 月 27 日

↑ Caledonia Curry (Swoon)

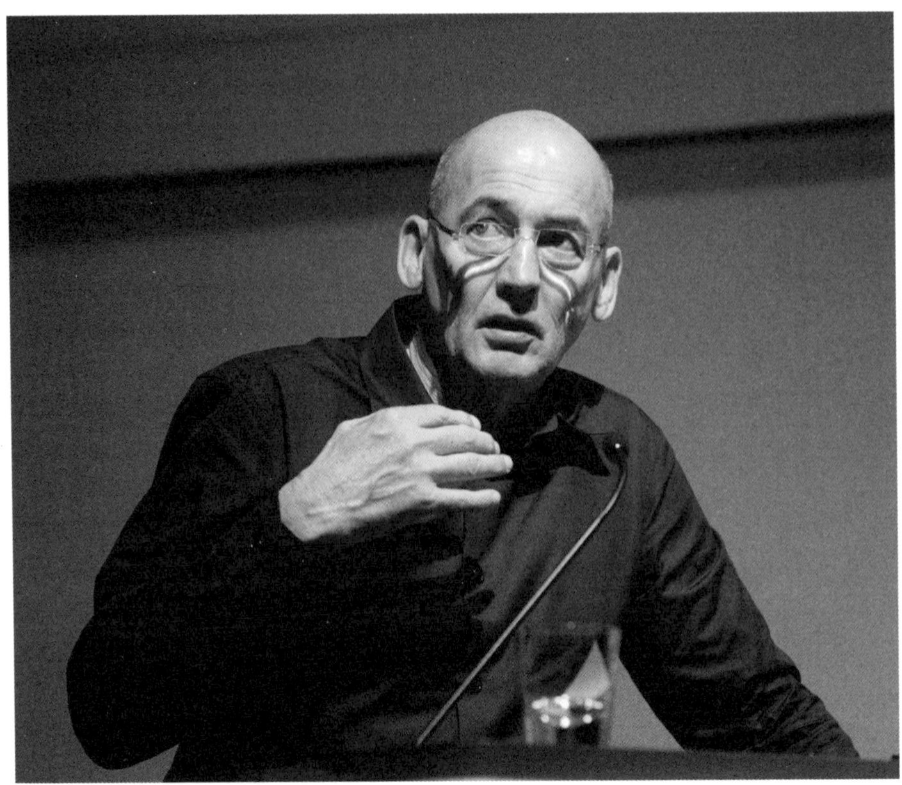

REM KOOLHAAS
“乡村”
2015 年 10 月 28 日

“……乡村就是一幅巨大的画布。几乎所有在城市环境中不易施展的行为，现在都蔓延到了乡村。例如核废料处理站，你会发现这些处理站不仅仅占据二维表面，它们实际上是三维的组织，深入地下 2000 英尺。很难想象所有这一切现在变得多么缜密而人工。

“不自然的事物被推到乡村，这是一个现象。服务器农场的尺度不可想象。这是一个巨大的工厂，被太阳能板覆盖，被风电场包围。这是一个无比高能的建筑，而几乎不需要任何居住者，没有人想接纳这样的建筑。没有人能想到，建筑可以如此激进，如此抽象，充满密码，对人的需求不闻不问，与我们的关系如此遥远，但同时又是被我们生产出来的，为我们所需要的。”

EMANUEL CHRIST,
CHRISTOPH
GANTENBEIN
讲座
2015 年 10 月 29 日

↑ Rem Koolhaas

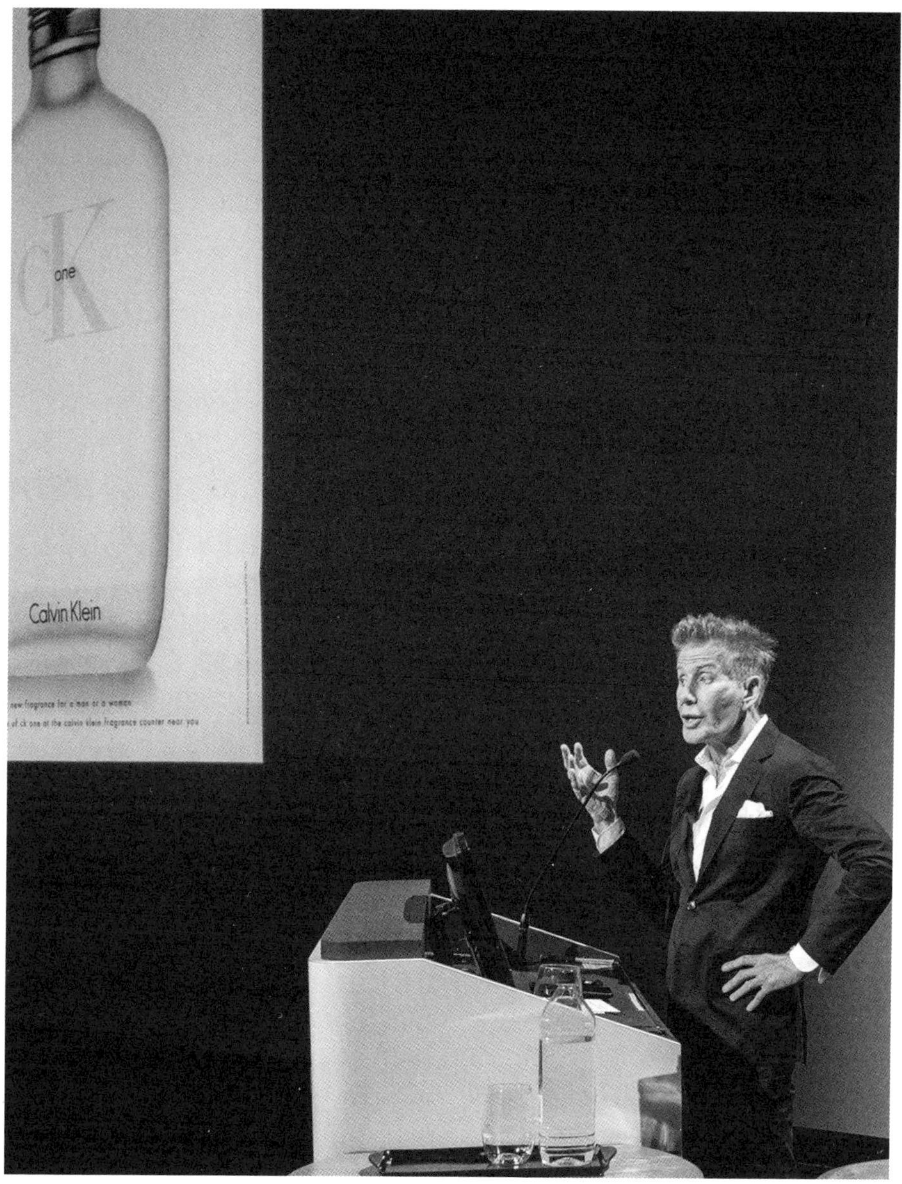

CALVIN KLEIN

Rouse 访问艺术家项目

2015 年 11 月 2 日

“……我有一个矛盾。我喜欢非常细腻柔软的面料，在女人或男人的身体上摩挲。但我也喜欢有结构、有形状，让你能用它做很多有趣事情的布料。”

ANDREW HOLDER

“像你这样的砖”

GSD 演讲 | 创新系列

2015 年 11 月 3 日

↑ Calvin Klein

PAOLA ANTONELLI, ELIJAH ANDERSON, ERIC DE BROCHE DES COMBES, ALEXA CLAY, JANE FULTON SURI
Rouse 访问艺术家项目
“杂交：临界空间”
2015 年 11 月 3 日

“……杂交空间这个概念来自于不同世界的整合，特别是数字世界与物质世界。杂交空间是建筑实践最重要的领域。杂交性已经帮助我们解决了众多不同类型的疑难问题。”

HCGBC 会议 | 斯堪的纳维亚的可持续性
诺曼·福斯特勋爵主题演讲
2015 年 11 月 5 日

JONATHAN LOTT
Holes ‘N’ Clokwork
GSD 演讲 | 创新系列
2015 年 11 月 10 日

↑ Paola Antonelli

RICHARD HASSELL, WONG MUN SUMM
“花园城市，超级城市”
2015 年 11 月 10 日

BERNARD KHOURY
学院开放日讲座
2015 年 11 月 13 日

SERGIO LOPEZ-PINEIRO
“物品作为孔洞”
GSD 演讲 | Kiley 学者讲座
2015 年 11 月 17 日

RAHUL MEHROTRA
城市设计 50 讲师计划
2015 年 11 月 17 日

CARLOS BENAÏM, FRÉDÉRIC MALLE
Rouse 访问艺术家项目
2015 年 11 月 19 日

JACQUES HERZOG
"……勉强完成的作品……"
2016 年 1 月 27 日

"一个项目总有它的潜力，总是如此。好的建筑师知道开发这些潜力……我喜欢用足球作比。足球队有 11 名球员和两位教练。每位教练指导球队一个季度；其中一位比另一位更加成功。为什么？因为成功的那位更懂得如何挖掘球队的潜能。

"球队的潜在天赋到底是在进攻上还是防守上？相应地，你应该训练球员的控球能力还是快速防守能力？将足球训练与建筑设计进行类比似乎很荒谬，但这差不多就是建筑师在做的事。你可以设计一座建筑打开一座城市，将城市变得公开而活跃。或者你错过这个机会，设计一个对使用者没有吸引力也不刺激人与人交流的封闭建筑。那将是对金钱的浪费。

"欣赏建筑不在于你是否喜欢。那过于个人化了。但决定一座建筑的优劣不关乎个人好恶。美是主要的驱动因素……但美与装饰无关。美是非常复杂的，它与品位无关。美关乎政治。美让你更加政治化，也更加激进。美让你敏锐地探索、深入，刺激你超越你的想象。"

HANIF KARA, GEORGE LEGENDRE
GSD 演讲 | 组织还是设计？
2016 年 1 月 29 日

GIOVANNA BORASI
GSD 演讲 | 组织还是设计？
2016 年 2 月 2 日

MADRID RIO: BURGOS & GARRIDO, PORRAS LA CASTA, RUBIO & ÁLVAREZ-SALA, and WEST 8
颁奖仪式 | Veronica Rudge 绿色城市设计奖
2016 年 2 月 2 日

会议 | 关于气氛
Rouse 访问艺术家项目
由 SILVA BENEDITO 组织
2016 年 2 月 4-5 日

BILLIE TSIEN, TOD WILLIAMS
"内外翻转"
2016 年 2 月 16 日

↑院长 Mohsen Mostafavi 和 Jacques Herzog

DEV RAJ PAUDYAL
“为脆弱人群建立适应力的空间数据和技术范畴：以 2015 年尼泊尔地震与加德满都的非正式聚落为例”
MDes 危机与适应
2016 年 2 月 18 日

JENNIFER BONNER
“日常细读”
GSD 演讲 | 创新系列
2016 年 2 月 23 日

JEAN-LOUIS COHEN
“曲折的艺术：勒·柯布西耶的政治”
2016 年 2 月 25 日

GEETA PRADHAN
“优越的城市：剑桥与平等之路”
城市规划与设计系讲座
2016 年 3 月 1 日

伊东丰雄
“明日建筑”
丹下健三教席讲座
2016 年 3 月 7 日

“……今晚我想告诉大家我如何创造场所。我从来不喜欢分隔空间。对我来说，空间就是能够无限延展的虚空。

“这张草图显示了我的建筑背后的基本原则。在樱花开放的时节，人们聚集在樱花树下。过去他们用布质屏风创造场所。

“最重要的是人们主动选择地点。

↑伊东丰雄和 Julia Lee（翻译）

他们是如何选择的呢？在这个情况下，他们根据樱花树来选择，决定的因素有场所的视野、地面的干湿程度和风的强度。他们几乎是根据动物的本能来选择置身的场所。

“这是在水中扩散的涟漪。涟漪扩散的方式和日语的结构方式很像。语言在空间中的姿态与涟漪在虚空中的扩散十分类似。所以，与英语不同，日语的结构使得空间中能够漂浮着这些重要的元素。日语里的句子没有严格的结构，讲话者可以自行选择词汇和句子结构。我的建筑也有相似的原则。”

DIANA AL-HADID, JULIA KING, DR. ATYIA MARTIN, SUSAN SURFACE
“激进的实践”
由哈佛设计研究生院女性设计协会组织
2016 年 3 月 8 日

博士项目学术会议 | # 解码：在固定标准与运动生态之间的操作
2016 年 3 月 11 日

FLORIAN IDENBURG, BENJAMIN PARDO
GSD 演讲 | Knoll 工作室
“工作的未来”
2016 年 3 月 22 日

ANDREA COCHRAN, JAMES LORD, KEN SMITH
“材料的挑衅”
2016 年 3 月 22 日

ROSS LOVEGROVE
Margaret McCurry 讲座
Rouse 访问艺术家项目
2016 年 3 月 24 日

DAVID HARVEY
高级 Loeb 学者讲座
2016 年 3 月 28 日

“……那么，作为建筑师和城市规划师，你们想做什么？你们希望花费所有时间为中上层阶级发掘投资机会，好让他们在一个地方投资而不一定居住吗？还是希望能够真真切切地建设反映人们实际需求的另一种可能？过去 15 年间，世界上一些主要的暴动行为都与城市问题有关，这也在意料之中。格兹公园事件（Gezi Park protests）并非一次工人阶级的暴动；它是一次抗议城市生活质量、集权主义和缺乏民主的文化起义。当今的美国充斥着疯狂的言论和行为，它们极具误导性。在我看来，这些言论和行为

↑ David Harvey

往往都与次贷危机有关。人们丧失了安全感，他们失去了房子，他们感到愤怒，他们需要有人为此负责。”

会议 | 圣路易斯的声音与远见：过去，现在，未来
由 DIANE E. DAVIS 组织
2016 年 3 月 30 日—4 月 1 日

PIER VITTORIO AURELI
“领域与原型”
2016 年 4 月 5 日

“……在我们看来，这栋别墅是个非常有趣的原型……因为某种程度上，它是家庭生活必要的核心……城市别墅，与传统的别墅不同，是一个多家庭的独栋住宅……这一类型可容纳约 50 人希望以一个类似家庭单元形式共同生活的社区。此处最根本的姿态是重新占领土地。这座别墅不仅提供了住所，也让拥有者定义了他对土地的所有关系。在这个案例中，这座别墅的效果恰恰相反——某种程度上，它将土地从任何产权所属中解放出来，它显示了使用城市而不占有城市的可能。

“这就是如何在有限的建筑尺度下，在家庭生活的室内空间中，实施一个具有地域性影响的项目。”

↑ Pier Vittorio Aureli

ABDOUMALIQ SIMONE
“关于南半球的概念”
阿迦汗项目讲座
2016 年 4 月 6 日

“……几乎所有对城市过程的表现，都会涉及分隔的问题……无论实际关系多么非线性，以群体为名发声行动的政治个体总需要划定某种边界。边界区分了重要的与不重要的，相关的与无关的，有必要注意的和无足轻重的，因为没有人能关注所有事情。人们必须判断，判断什么值得被注意。尽管这些决定十分困难……尽管越来越多的决定通过互通的算法已经为我们做好，由于实用目的，仍然有必要划定边界。”

LEWIS JONES, GILES SMITH (ASSEMBLE)
学院开放日讲座
Rouse 访问艺术家项目
2016 年 4 月 7 日

↑ AbdouMaliq Simone

DIDIER FAUSTINO
“建造亲密”
Rouse 访问艺术家项目
2016 年 4 月 11 日

MEGAN PANZANO
“边缘”
GSD 演讲 | 创新系列
2016 年 4 月 12 日

JAN GEHL
“21 世纪的宜居城市”
Rachel Dorothy Tanur 讲座
2016 年 4 月 12 日

“界内和出界：乌托邦的场地”
博士项目学术会议 | 剑桥讲座 X
2016 年 4 月 14-15 日

ANITA BERRIZBEITIA,
MICHEL DESVIGNE
“关于过程的限制：景观中的精确性”
2016 年 4 月 14 日

↑柳亦春

柳亦春
“事关结构”
2016 年 4 月 19 日

“……龙美术馆的场地曾经是
黄浦江边运煤的码头。当我们开始
设计时，地下室已经被建成了。然而，
用来装载煤的连桥仍然保留。
它长约 100 米，宽 8 米。这座桥
给了我们很大的启发。当工程师
设计一座连桥时，审美或许不是
首要的考虑。然而，经年累月，
当它原本的功能丧失之后，连桥
变成了一个纯粹的视觉以及空间的
人工物品——一个优美的物体。
当结构沦为废墟时，它也被中和了。
如今人们喜欢在运煤连桥下流连，
喜欢在那里拍照。”

李翔宁
“中国建筑中的传统和室内性”
GSD 演讲 | 创新系列
2016 年 4 月 21 日

ALBERT POPE
“现代主义与城市生态”
2016 年 4 月 21 日

建筑研讨会 | 事关室内
由 KIEL MOE 组织
2016 年 4 月 22 日

“回忆：扎哈 · 哈迪德”
Emma Silverblatt
原文为 Alastair Gordon 指导课程“场所的诗意：设计师的批判性写作”的作业

扎哈 · 哈迪德建筑师事务所英国办公室所在的楼前身是一所学校，入口处铁艺大门上方还留有维多利亚时代的镌刻：“女子与婴孩”。这些词语唤醒的是不太久之前的历史，那时女性还是二等公民。扎哈的事业狠狠砸在这扇门上，如同一记 12 吨的落锤。

然而扎哈的作品与过去无关。她的建筑只与未来有关：一个超越正统、超越结构可能性、超越工业偏见的未来。她的作品脱离了建筑领域的历史，在她早期的作品里隐秘地回应着马列维奇所裹挟的革命。我曾经认为她放弃这样的审美是一种遗憾。然而我现在明白了，那是她建立自己独立宇宙的必经之路。

她的作品集是她建立的独立世界秩序最有效的注解。它展示了乌托邦式的设计平等性。奥地利的滑雪跳台与德国的工厂有着类似的有趣悬挑立面；意大利的博物馆与法国的停车场有着类似的以点支撑的不稳定结构；奥林匹克体育场的华丽曲线在家居用品设计中得到了新的意义。没有尺度，没有功能，也没有恐惧，她设计的是一个无视常规的完整世界。

无论对她作品的看法如何，她去世的消息发布以后，建筑领域中的每个人都感到了某种震动。2016 年 3 月 31 日，当我听闻她的死讯时，我无法动弹，思绪不断：这不可能。她是在世的建筑英雄中最年轻的。她是在建筑领域获得如此成就的唯一女性，她的事业正值巅峰。这对于我们这些怀揣自己的梦想，为她极速的上升欢呼的人，无疑是极为痛苦的。或许最难把握的是她独一无二的想象力。她将她的一生献给了这个愿景，而为了这个愿景整个建筑领域将她奉为经典——但是之后呢？如今斯人已逝，这个世界可有任何变化？我们是否能在她未完成的世界里继续探索？还是所有她拆掉的墙都被重建？

或许询问这样的问题偏离了重点。扎哈从不需要任何人跟随她的脚步。她从未要求正统建筑学给予她祝福，抑或是限制她的可能性。对她来说，生活就像是承载了她的实践的这所维多利亚学校，她仅仅是在其中占据了一个位置，顶着大门上所刻文字的限制，然后将这栋房子重新塑造成她自己的。

↑ Nada AlQuallaf，2016 年 4 月 28 日

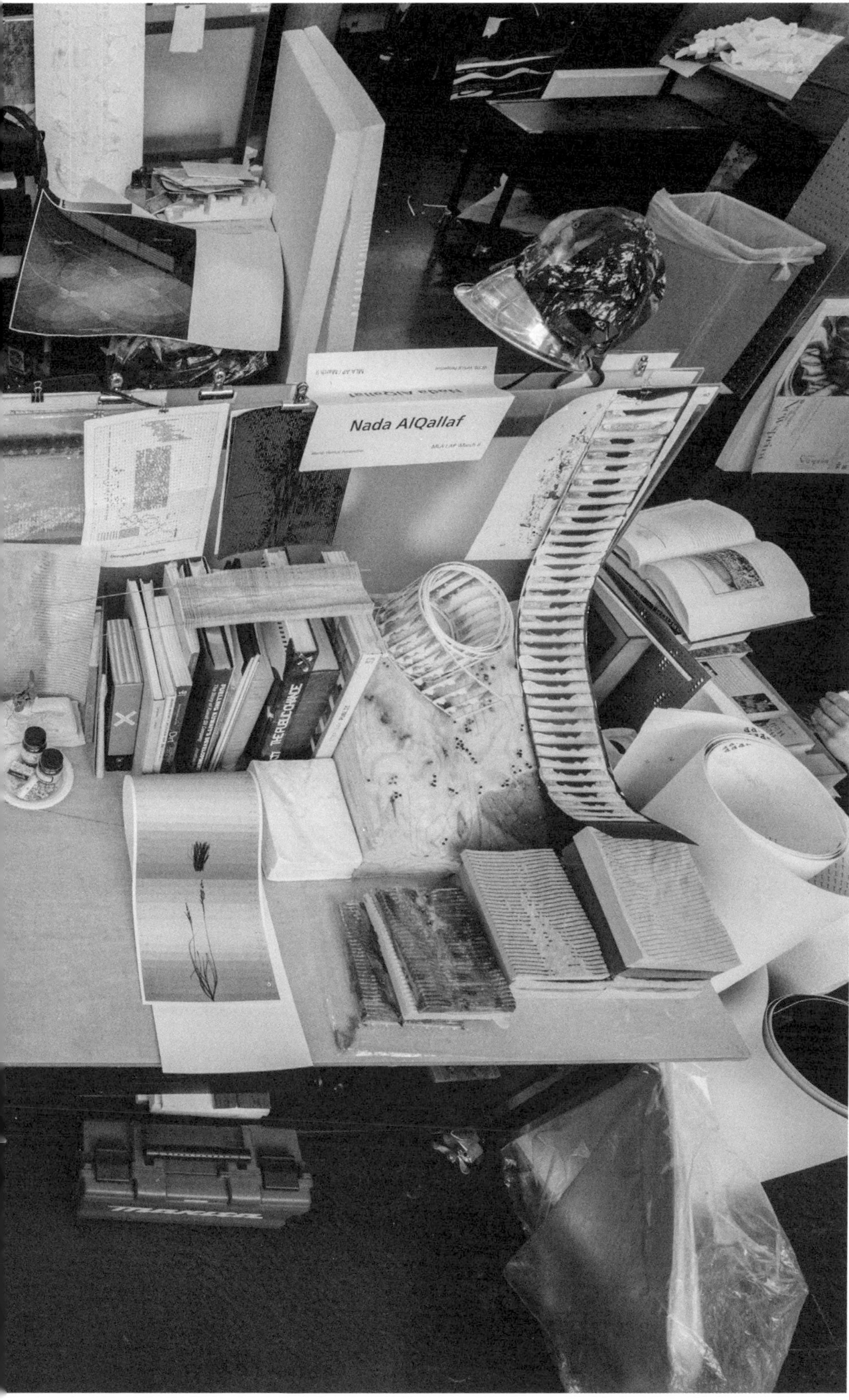
Nada AlQallaf

GSD 近期出版物

哈佛设计杂志

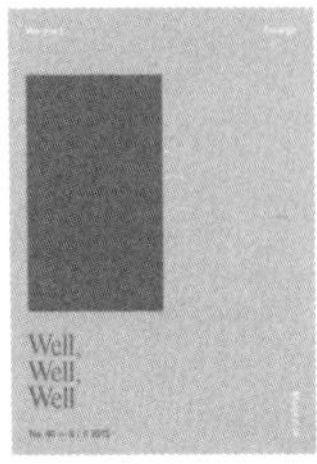

哈佛设计杂志40:哎呀呀. JENNIFER SIGLER, LEAH WHITMAN-SALKIN编. 马萨诸塞州, 剑桥:哈佛大学设计研究生院, 2015年春/夏.

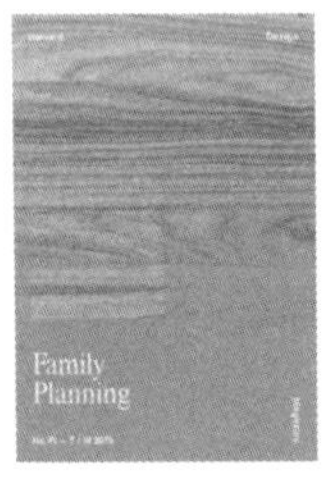

哈佛设计杂志41:家庭计划. JENNIFER SIGLER, LEAH WHITMAN-SALKIN编. 马萨诸塞州, 剑桥:哈佛大学设计研究生院, 2015年秋/冬.

哈佛设计杂志42:封面评选! JENNIFER SIGLER, LEAH WHITMAN-SALKIN编. 马萨诸塞州, 剑桥:哈佛大学设计研究生院, 2016年春/夏.

新地理

新地理7:信息地理. ALI FARD, TARANEH MESHKANI编. 马萨诸塞州, 剑桥:哈佛大学设计研究生院, 2015.

事件

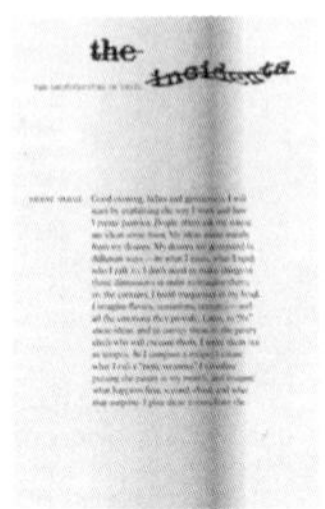

HERMÉ, PIERRE. 事件:品位的建筑. 马萨诸塞州, 剑桥:哈佛大学设计研究生院, 2015;柏林:Sternberg出版社, 2015.

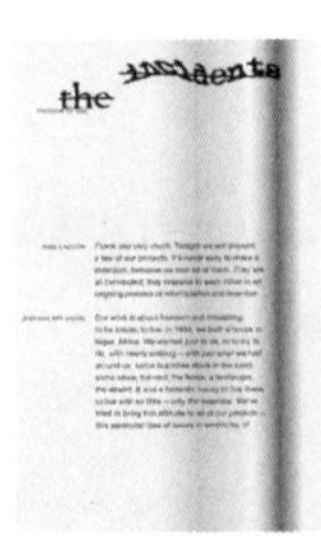

LACATON, ANNE and JEAN-PHILIPPE VASSAL. 事件:使用的自由. 马萨诸塞州, 剑桥:哈佛大学设计研究生院, 2015;柏林:Sternberg出版社, 2015.

设计课程报告

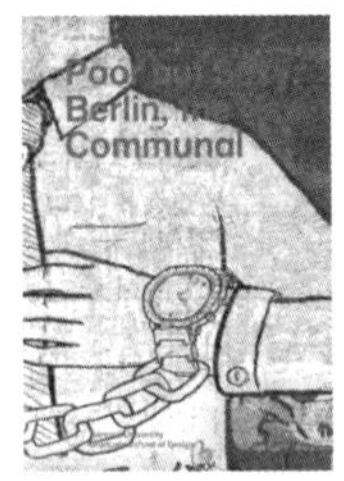

BARKOW, FRANK AND ARNO BRANDLHUBER. 穷困而性感:柏林, 新的共同体. 马萨诸塞州, 剑桥:哈佛大学设计研究生院, 2016.

DESVIGNE, MICHEL AND INESSA HANSCH. 介子兵营. 马萨诸塞州, 剑桥:哈佛大学设计研究生院, 2016.

D'OCA, DANIEL. 风暴, 冲突和日常生活:郊区的沧海桑田. 马萨诸塞州, 剑桥:哈佛大学设计研究生院, 2016.

IDENBURG, FLORIAN. 工作环境:校园与事件. 马萨诸塞州，剑桥:哈佛大学设计研究生院，2015.

ISHIGAMI, JUNYA. 另一种自然. 马萨诸塞州，剑桥:哈佛大学设计研究生院，2015.

JOHNSTON, SHARON and MARK LEE. 美术馆城市中的建筑复刻. 马萨诸塞州，剑桥:哈佛大学设计研究生院，2016.

LEE, CHRISTOPHER C.M. 台前:以村为城. 马萨诸塞州，剑桥:哈佛大学设计研究生院，2015.

MENGES, ACHIM. 材料性能:纤维技术与建筑变形. 马萨诸塞州，剑桥:哈佛大学设计研究生院，2016.

OMAN, ROK and SPELA VIDECNIK. 极端环境中的栖居. 马萨诸塞州，剑桥:哈佛大学设计研究生院，2015.

WANG, BING and A. EUGENE KOHN. 房地产与设计的全球领导者. 马萨诸塞州，剑桥:哈佛大学设计研究生院，2015.

哈佛设计研究

Spatializing Politics

Delia Duong Ba Wendel, Fallon Samuels Aidoo (eds.)

Essays on Power and Place

AIDOO, FALLON SAMUELS and DELIA DUONG BA WENDEL编. 空间化的政治:权力与场所论文集. 马萨诸塞州，剑桥:哈佛大学设计研究生院，2015.

DÜMPELMANN, SONJA and CHARLES WALDHEIM编. 机场景观:航天时代的城市生态. 马萨诸塞州，剑桥:哈佛大学设计研究生院，2016.

LEE, CHRISTOPHER C. M.编. 普遍框架:重新思考中国城市开发. 马萨诸塞州，剑桥:哈佛大学设计研究生院，2016.

联合出版物

HONG, ZANETA 编. Platform 8. 纽约:Actar;马萨诸塞州，剑桥:哈佛大学设计研究生院，2015.

MOSTAFAVI, MOHSEN and GARETH DOHERTY. 生态都市主义. 修订版. 马萨诸塞州，剑桥:哈佛大学设计研究生院;苏黎世:Lars Müller 出版社，2016.

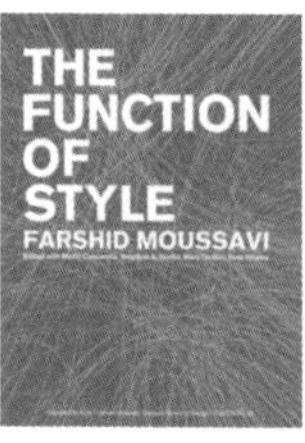

MOUSSAVI, FARSHID. 风格的功能. 纽约:Actar出版社;马萨诸塞州，剑桥:哈佛大学设计研究生院;伦敦:FUNCTIONLAB，2015.

MUMFORD, ERIC编. 约瑟夫·路易斯·瑟特文集. 马萨诸塞州，剑桥:哈佛大学设计研究生院;纽黑文:耶鲁大学出版社，2015.

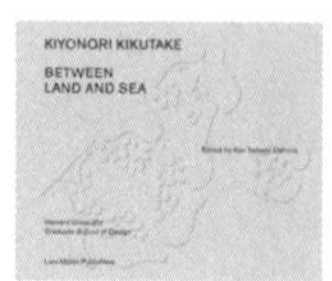

OSHIMA, KEN TADASHI 编. 菊竹清训:海陆之间. 马萨诸塞州，剑桥:哈佛大学设计研究生院;苏黎世:Lars Müller 出版社, 2016.

教师出版

BECHTHOLD, MARTIN. 建筑和室内设计中的陶瓷材料系统. 巴塞尔:Birkhauser，2015.

BÉLANGER, PIERRE and Project OPSYS. 建筑册页35.上线:从国家到系统. 纽约:普林斯顿建筑出版社，2015.

BERRIZBEITIA, ANITA编. 城市景观. 伦敦:Routledge, 2015.

CANTRELL, BRADLEY and Wes Michaels. 景观建筑的数字绘图:场地设计数字表现中的当代技术和工具. 第二版. 新泽西州霍布肯:Wiley，2015.

CANTRELL, BRADLEY and Justine Holzman. 回馈的景观:景观建筑中的反馈技术应用策略. 纽约:Routledge, 2016.

CASTILLO, JOSE and DIANE E. DAVIS. 灵活利维坦:在墨西哥城Iztapalapa区重新思考尺寸和固定性. 马萨诸塞州，剑桥:哈佛大学设计研究生院，2016.

DAVIS, DIANE E., JOSE CASTILLO, and Yuxiang Luo. 住宅与居住空间:墨西哥瓦哈卡的手工、政治和住宅生产. 马萨诸塞州，剑桥:哈佛大学设计研究生院，2016.

DOHERTY, GARETH and CHARLES WALDHEIM. 景观是……?景观身份论文集. 纽约:Routledge，2016.

DÜMPELMANN, SONJA and John Beardsley. 女性、现代性与景观建筑. 纽约：Routledge, Taylor and Francis Group, 2015.

ELKIN, ROSETTA S. 事关生活. 马萨诸塞州，剑桥：哈佛大学Radcliffe高级研究院，2015.

HARGREAVES, GEORGE, Mary Margaret Jones, Gavin McMillan. 景观与花园. Oro Editions, 2015.

哈佛建筑研讨编辑小组：IÑAKI ÁBALOS, Aurora Fernandez Per, Javier Mozas, Collin Gardner. 设计技巧. 西班牙维多利亚市：a+t建筑出版社，2015.

KIRKWOOD, NIALL and Kate Kennen. 植物：场地整改与景观设计的原则及资源. 纽约：Routledge，2015.

LAIRD, MARK. 英国园林自然史，1650—1800. 纽黑文：耶鲁大学出版社，为Paul Mellon英国艺术研究中心而出版，2015.

MEHROTRA, RAHUL and Felipe Vera编. 消解边际. 第一版. 圣地亚哥：ARQ ediciones, 2015.

MEHROTRA, RAHUL and Felipe Vera with José Mayoral. 瞬息万变的城市：川流不息之城. 圣地亚哥：ARQ ediciones, 2016.

MEHROTRA, RAHUL and Felipe Vera编. 印度大壶节：描绘瞬息万变的超级城市. 奥斯特菲尔登：Hatje Cantz；马萨诸塞州，剑桥：哈佛大学；南亚学院，2015.

MOE, KIEL. 我们的模型的模型/我的模型的模型. CreateSpace独立出版平台，2016.

MOE, KIEL. 雨水重力冷暖. 安大略省多伦多市：superkul，2015.

MOSTAFAVI, MOHSEN and Helene Binet. 尼古拉斯·霍克斯穆尔：伦敦教堂. 苏黎世：Lars Müller出版社，2015.

PICON, ANTOINE. 智能城市：空间化的智慧. 西萨塞克斯奇切斯特：Wiley，2015.

KUO, JEANNETTE编. 生产空间：关于工业建筑的理性、气氛和表现的项目及文章. 苏黎世：Park Books, 2015.

Srinivasan, Ravi and KIEL MOE. 建筑中的能量分级：能值分析. 纽约：Routledge，2015.

STILGOE, JOHN R. 景观是什么?马萨诸塞州，剑桥：麻省理工出版社，2015.

WALDHEIM, CHARLES. 景观作为城市主义：一个普遍理论. 新泽西州普林斯顿：普林斯顿大学出版社，2016.

学生出版

面具：艺术｜建筑｜设计中的掩饰. 第0期，2016年. 季刊. Clemens Finkelstein, Anthony Morey编.

公开信. Sarah Bolivar, Sarah Canepa, Azzurra Cox, Ellen Epley, Justin Kollar编.

“戴维斯·欧文致斯蒂芬·彼得曼”，第37期，2016年3月25日.

“奥尔加·谢苗诺维奇致非裔美国学生联盟（AASU）及设计行业中的女性”，第35期，2015年12月14日.

“弗朗西斯卡·罗马娜·弗里尼致弗朗西斯科·迪·萨尔沃”，第34期，2015年11月13日.

“斯科特·玛奇·史密斯致普雷斯顿·斯科特·科恩”，第33期，2015年10月30日.

“设计中的黑人致哈佛大学设计研究生院”，第32期，2015年10月16日.

“捕虾人和海岸环保事务官员致‘Resilience’”，第31期，2015年9月25日.

“泰勒·多佛致奥拉维尔·埃利亚松”，第30期，2015年9月11日.

过程：GSD设计研究论坛刊物. 第1辑，第1期，2016年3月4日. KATE CAHILL, JUSTIN HENCEROTH, CARLY JAMES, JANE ZHANG编.

过程：GSD设计研究论坛刊物. 第1辑，第2期，2016年4月14日. KATE CAHILL, JUSTIN HENCEROTH, CARLY JAMES, JANE ZHANG编.

Very Vary Veri. 第2期，2016. SIMON BATTISTI, ALI KARIMI, ERIN OTA, LUKAS PAUER, ETIEN SANTIAGO编.

2015—2016 展览

主要展览

解剖住居：一个关于住宅的展览

2015 年 8 月 24 日 - 10 月 18 日
策展人：MEGAN PANZANO（建筑设计指导）；Daniel V. Rauchwerger; Matthew Gin；策展研究：Patrick Herron

本展览囊括了 GSD 关于住宅的讨论，并重点展示了过去 50 年间的设计和研究作品。

城市设计绿色奖：Madrid Río— Burgos & Garrido, Porras La Casta, Rubio & Álvarez-Sala, and West 8

2016 年 1 月 19 日 - 3 月 6 日
教师策展人：RAHUL MEHROTRA（城市规划及设计教授）；
策展研究：Nupoor Monani；
策展研究及展览设计：Daniel V. Rauchwerger

“Madrid Rio”展示了建筑、景观、城市设计和规划对于马德里的潜在转化。

Platform 8：一个设计与研究的索引

2016 年 3 月 21 日 - 5 月 13 日
教师策展人：ZANETA HONG（景观建筑学讲师）

“Platform 8”包括了哈佛设计研究生院在过去一学年内的优秀设计作品。

实验墙

砰砰砰！住宅政策与致命警民冲突的地理

2015 年 8 月 31 日 - 10 月 18 日
GSD 非裔美国学生联盟（GSD AASU），“绘图于缺口”委员会；Marcus Mello（项目协调人）；Lindsay Woodson（项目协调人）；Dana McKinney（AASU 主席）；Héctor Tarrido-Picart（夏季学者）

GSD 非裔美国学生联盟组织的这场展览检视了 1968 年《住房平权法案》的演变进程，并揭露了这一法案对于弱势群体，特别是全美范围内的黑人社区的不良影响。

+360 种天气

2015 年 10 月 26 日 - 2016 年 2 月 18 日
策展人：SILVIA BENEDITO（景观建筑学助理教授），Alexander Häusler；合作者：Velania Cervino, Joe Liao, Ziyi Zhang, Ken Chongsuwat

“+360 种天气”展现了 16 世纪被称为“多瑙河学派”的景观绘画圈子，并强调了 21 世纪多瑙河流域被环境压力、基础设施过度建设、能量需求与市政期许所塑造的河流边界。

给当代中东的 12 条教义

2016 年 3 月 6 日 - 5 月 13 日
Ramzi Naja，毕业设计导师：MACK SCOGIN；Faisal Al Mogren，毕业设计导师：PETER ROWE；Ali Karimi，毕业设计导师：CHRISTOPHER C. M. LEE；Weaam Al Abdallah，毕业设计导师：SILVIA BENEDITO，ANITA BERRIZBEITIA；Wen Wen，毕业设计导师：JORGE SILVETTI；Noor Boushehri，毕业设计导师：SUSAN SNYDER；Rawan AlSaffar，指导教师：RANIA GHOSN；Nada Tarkhan，指导教师：HOLLY SAMUELSON；Myrna Ayoub，指导教师：PAUL NAKAZAWA；Dana Sheikh Soleiman，指导教师：ROBERT PIETRUSKO；Aziz Barbar，指导教师：ANDREW WITT；Sama ElSaket，指导教师：NABEEL HAMDI

这个展览收集了关注当前中东状况的 12 份学生作业。这些学生作业从不同的尺度、不同的视角并用不同的材质研究中东，试图对这一区域生发出一种批判性的、非统一化的集体理解。

FRANCES LOEB 图书馆

平凡之诗：在 Alison 和 Peter Smithson 夫妇的罗宾汉花园（1972 年）中的生活

2015 年 8 月 31 日 - 11 月 2 日
策展人：Daniel V. Rauchwerger

本展览是“解剖住居：关于住宅的展览”的一个从属部分，关注的对象是 Alison 和 Peter Smithson 夫妇 1972 年在东伦敦完成的住宅项目——罗宾汉花园。

Exuma 的可持续未来

2015 年 11 月 9 日 - 12 月 20 日
Mariano Gomez Luque, Rob Daurio, Suryani Dewa Ayu. 指导教师：GARETH DOHERTY（景观建筑学助理教授）

这是为 Exuma 群岛以及巴哈马地区所做的为时数年的生态规划项目，由巴哈马政府、巴哈马国家基金和哈佛大学设计研究生院合作进行。

九宫格

2016 年 1 月 25 日 - 3 月 20 日
Caio Barboza, Sofia Blanco Santos, Daniel Hemmendinger. 指导教师：K. MICHAEL HAYS（Eliot Noyes 建筑理论教授，学术活动副院长）

本展览展现了 GSD 校友、建筑师、教授约翰·海杜克（MArch '53）发展出的九宫格练习。九宫格练习于 1950 年代初在德克萨斯大学奥斯汀分校首次被提出。由于九宫格曾经影响了一批建筑师，本展览重现了与九宫格有关的教学语境，审视并强调了海杜克作为教授对建筑教学的贡献。

事关室内

2016 年 3 月 28 日 - 5 月 13 日
教师策展人：KIEL MOE（建筑和能源副教授，设计研究硕士项目主任）

如今，建筑的室内在新的层面上体现着重要性。室内挑战着建筑预设的边界，比如传统的“内”与“外”的二元对立。本项目同样提出了许多建筑领域尚未充分研究的主题，探索了将室内与物质同时考虑的极速发展的认识论，同时寻找开发它们潜能的新颖手法。

系主任的墙

非城市器官

2015 年 9 月 7 日 - 10 月 18 日
Clifford Wong 住宅竞赛一等奖：Jyri Eskola (MArch I AP '16), Shaoliang Hua (MArch II '15), Radhya Adiyavaman (MLA II '15)

目前在中国农民的土地所有权问题被忽视，导致人与“土地”的联系丧失。为使中国乡村重新获得能动性、生产力和经济独立性，本毕业设计提出了不同于当今中国城市发展的另一种解决办法。

闸北新道：为上海设计一个新世界中心

2016 年 1 月 25 日 - 3 月 23 日
Kyriaki Kasabalis, Michael Keller, Kitty Tinhung Tsui，与 Dingliang Yang 合作。指导教师：JOAN BUSQUETS（Martin Bucksbaum 城市规划与设计实践教授）

这个小组的获奖设计作品名叫“闸北新道：为上海设计一个新世界中心”，它的特点是将铁路站台抬高，并设计了非平衡的剖面配置。平面也强调了大尺度的公园、广场和半私密的开放空间，以及将南北两头相连的人行漫步道。同时，东侧和西侧的塔楼为这一区域提供了重新想象的窗口。

斯洛文尼亚 Skuta 山上的庇护所

2016 年 4 月 1 日 - 5 月 13 日
Spela Videcnik 和 Rok Oman（Ofis Arhiteckti 建筑师事务所），Frederick Kim，Katie MacDonald，Erin Pellegrino

这个位于斯洛文尼亚境内阿尔卑斯山区 Skuta 山脉的山顶住宅，是为登山客提供的一个庇护所，可容纳八位登山客。建筑由三个模块组成，由直升飞机运输到场地上，然后当场建造。

KIRKLAND路40号画廊

策展人：Jiyoo Jye，Vero Smith，Scott Valentine

无可估量

2015 年 9 月 25 日 - 10 月 7 日
WorkingGSD

组装（Baugruppe）GSD

2015 年 10 月 9 日 - 10 月 21 日
Julian Funk, Giancarlo Montano, Elizabeth Pipal, Chris Soohoo, Dana Wu

追寻金子

2015 年 11 月 6 日 - 11 月 18 日
Alica Meza, Althea Northcross

云时间狂想

2015 年 11 月 20 日 - 12 月 2 日
Anthony Morey

转瞬即逝的框架

2016 年 2 月 12 日 - 2 月 24 日
Daniel Carlson, Alexander Timmer

城市化的痕迹 / 立体照相机

2016 年 2 月 26 日 - 3 月 9 日
Sonja Vangjeli, Dana Kash, Eunice Wong

叙利亚的空间

2016 年 3 月 17 日 - 3 月 30 日
Myrna Ayoub, Ramzi Naja

我清楚地看到了我所看到的

2016 年 4 月 1 日 - 4 月 13 日
Whitney Hansley, Allison Green, Brian Palmiter, Courtney Sharpe

光巢

2016 年 4 月 15 日 - 5 月 9 日
Aziz Barbar, Akshay Goyal

GSD 设计实验室

ANTOINE PICON（G. Ware Travelstead 建筑和技术历史教授、研究主任）；Anne Mathew（主任、研究管理）；Nony Rai（研究协调）

设计实验室整合理论与实践知识，并生产创新的和实验性的研究，让设计发挥改变社会的能动性。

城市形态实验室

主任调研员：ANDRES SEVTSUK（城市规划助理教授）；相关人员：Michael Mekonnen

城市形态实验室关注城市设计、规划和房地产研究。它为研究城市形态开发新的软件应用，利用前沿的空间分析和数据处理技术，来分析城市空间的开发模式如何影响城市的社会、环境和经济质量，并为当代的城市挑战开发创新的设计与政策。

能量、环境和设计

实验室主任：KIEL MOE（建筑与能源副教授）；JANE HUTTON（景观建筑学副教授）

能量、环境和设计实验室从各个设计尺度探索奇异的能量设计。从在细胞尺度上被忽视的热理学参数，到地球尺度上的能量分析，21 世纪的能量设计原则急需新的智慧框架、研究方法和实践。材料、建筑、景观、城市和城市化都与能源等级制度有关，而完全理解这些关系正是当今能源设计议题的基础。

几何实验室

研究主任：PRESTON SCOTT COHEN（Gerald M. McCue 建筑学教授）；教师：ANDREW WITT（建筑实践教授），CAMERON WU（建筑学副教授），HANIF KARA（建筑技术实践教授），GEORGE LEGENDRE（建筑实践副教授），PANAGIOTIS MICHALATOS（建筑技术副教授），MARIANA IBAÑEZ（建筑学副教授），CHUCK HOBERMAN（建筑学讲师）

几何实验室是新成立的研究小组，旨在研究有关建筑几何与计算机设计的核心问题。关注建筑领域的先进几何形式，这个实验室的研究范围包括数字建构、可建性、结构几何、性能、基础设施优化、形式研究和设计中的几何历史研究。实验室的目的是提供、传播新知识，从各个尺度上生成可以广泛应用的解决大问题的办法，并探索其在文化人文层面上的含义。

公平城市实验室

研究主任：TONI L. GRIFFIN（城市规划实践教授）

公平城市实验室研究城市的公平性以及公平城市的概念。它检验设计与规划如何对城市、社区和公共区域的公平或不公平状况施加影响。

材料过程与系统小组

研究主任：MARTIN BECHTHOLD（Kumagai 建筑技术教授）；教师：PANAGIOTIS MICHALATOS（建筑学副教授），LEIRE ASENSIO VILLORIA（建筑学讲师）

材料过程与系统小组（MaP+S）是由 Martin Bechthold 教授创立并领导的一个研究小组，主要分析、开发并利用建筑的创新材料技术。这个小组的前身是设计机器人小组。MaP+S 将材料视为设计研究的起点，尤其关注计算机数控（CNC）的建造过程，以及在纳米级材料上的小尺度工作。实验室目前的工作包括开发陶瓷材料系统、机器人 3D 打印或陶土质材料，以及一系列与设计机器人学有关的研究。

互动环境和人工物品实验室

研究主任：ALLEN SAYEGH（建筑技术实践副教授）；研究教师：BRADLEY CANTRELL（景观建筑技术副教授）；研究员：Edith Ackermann（高级研究员），Stefano Andreani（研究员），Jock Herron（高级研究员）

互动环境和人工物品实验室将数字、虚拟和物质世界当作不可分隔的整体来研究。它了解数字信息无孔不入的本质，从我们的身体到我们栖身的城市语境，再到支持城市的基础设施，数字信息无处不在。

社会能动性实验室

研究主任：MICHAEL HOOPER（城市规划副教授）；研究员：Brian Goldberg, Andy Gerhart, Andrew Perlstein, Lily Canan Reynolds

社会能动性实验室研究个人、机构和组织影响城市中社会关系的方式。该实验室有许多与此主题相关的资助研究项目，当前的项目包括对非洲亚撒哈拉地区、海地、蒙古和加拿大原住民社区城市变迁的研究。

城市理论实验室

实验室主任：NEIL BRENNER（城市理论教授）；教师研究员：ROBERT PIETRUSKO（景观建筑学和城市规划副教授）；博士后：Martín Arboleda（城市研究基金博士后）；实验室研究经理：Daniel Ibañez

40 多年前，亨利·列斐伏尔提出了社会完全城市化的激进理论。在他看来，这要求我们分析城市化的过程而非城市的既定形态。城市理论实验室在列斐伏尔理论的基础上，研究 21 世纪资本主义影响下的社会空间形成。我们认为在 21 世纪城市化进程下，必须全面颠覆并重新发明既有的城市知识。

GSD 各研究中心及自主研究项目

绿色建筑和城市中心

创始人 / 主任：ALI MALKAWI（建筑技术教授）；联合主任：RICHARD FREEMAN（哈佛大学法学院劳工和工作生活项目教师主任、伦敦经济性能研究中心人力市场高级研究员）

哈佛大学绿色建筑和城市中心希望改变当前的建造工业。利用与研究成果直接相关的设计本位策略，得出新的过程、系统和产品。通过强调创新和跨学科合作，中心希望为建成环境带来全面的改变，例如创造并维护可持续、高性能的建筑和城市。

住宅研究联合中心

主任：CHRISTOPHER HERBERT；高级副主任：Pamela Baldwin；高级研究员和重建未来模型项目主任：Kermit Baker

该联合中心致力于强化对住宅问题的理解，并对政策加以指导。通过它的研究、教育和大众宣传项目，该中心帮助政府、商业和市政部门的领导做出能最有效满足城市和社区要求的决策。通过研究生和实践课程，以及研究和实习的机会，联合中心训练并启发下一代的住宅领域领跑者。

阿迦汗伊斯兰建筑项目

SIBEL BOZDOGAN（城市规划及设计讲师）；HANIF KARA（建筑技术实践教授）；RAHUL MEHROTRA（城市设计和规划教授）

GSD 和 MIT 的阿迦汗伊斯兰建筑项目旨在研究伊斯兰艺术和建筑、城市、景观设计和保护。GSD 的项目注重将这一知识应用于解决当今的设计问题。

健康和场所自主研究

LEIRE ASENSIO VILLORIA（建筑学讲师）；ANN FORSYTH（城市规划硕士项目主任、城市规划教授）；DAVID MAH（景观建筑学教授）；PETER ROWE（Raymond Garbe 建筑与城市设计教授、哈佛大学杰出服务教授）

这个项目研究如何在未来创造更健康的城市，尤其关注中国城市。项目聚集了来自哈佛大学设计研究生院与哈佛 T.H.Chan 公共卫生学院的专家，旨在创建一个论坛平台，探讨在极速城市化和世界人口老龄化背景下如何理解城市所面临的诸多问题。

转变城市交通

DIANE E. DAVIS（城市规划和设计系主任、Charles Dyer Norton 区域规划与城市化教授）；Lily Song（助理研究员）；Antya Waegemann（项目助理）

“转变城市交通”（TUT）是由 Diane E.Davis 领导的研究项目，旨在帮助我们了解成功的交通政策在什么时间、什么地点、以什么方法达到成功。TUT-POL 目前在八个城市开展案例研究，包括洛杉矶、墨西哥城、纽约、巴黎、旧金山、首尔、斯德哥尔摩和维也纳。在这些城市中，政治领导是当地利用和实施重要的、改革性的、创新的交通政策的中心力量。

Zofnass 可持续基础设施项目

ANDREAS GEORGOULIAS（建筑学讲师、高级研究助理）；SPIRO N. POLLALIS（设计技术与管理教授）

Zofnass 可持续基础设施项目旨在发展并推广量化基础设施可持续性的方法、过程与工具。它的目标是推广基础设施项目的可持续手段，并拓展关于可持续基础设施的知识。

GSD 课程 2015 年秋季

视觉研究与交流

气象狂想：关于氛围、感官与公共空间设计
SILVIA BENEDITO

景观表现 III：地景和生态过程
BRADLEY CANTRELL, DAVID MAH

关联城市建模
EDUARDO RICO CARRANZA, ENRIQUETA LLABRES VALLS

纸张或塑料：重建超市景观中的货架空间
TEMAN EVANS, TERAN EVANS

给设计师的图纸：表达、连接和表现的技术
EWA HARABASZ

视觉研究
EWA HARABASZ

景观表现 I
ZANETA HONG, SERGIO LOPEZ-PINEIRO

给设计师的交流课
EMILY WAUGH

数字媒体 II
ANDREW WITT

公共投影：投影作为在公共空间中的表达和交流工具
KRZYSZTOF WODICZKO

建筑中的投影表现
CAMERON WU

设计理论

设计状态 13 讲：该领域的现在与未来
PAOLA ANTONELLI

景观作为城市、景观作为基础设施的理论：原则、实践与前景
PIERRE BÉLANGER

跨学科艺术实践
SILVIA BENEDITO

教学技巧
PRESTON SCOTT COHEN

环境的概念
DILIP DA CUNHA

分析空隙：开洞的形式与空间
GRACE LA

向风格的功能学习
FARSHID MOUSSAVI, JAMES KHAMSI

旧建筑保护：技术与技巧
ROBERT SILMAN

文化、保护与设计
SUSAN SNYDER, GEORGE THOMAS

艺术、设计与公共区域研讨课
KRZYSZTOF WODICZKO

历史与理论

重新概念化城市：柏林作为实验室
EVE BLAU

景观建筑史 I：景观建筑学文本性与实践
EDWARD EIGEN

建筑、文本与语境 III：塔与球：建筑与现代性
K. MICHAEL HAYS, HILDE HEYNEN, BRYAN NORWOOD

建筑、文本与语境 I
K. MICHAEL HAYS, ERIKA NAGINSKI

行走：行走的艺术及文化
JOHN HUNT

植物与动物的景观设计史：当代遗迹
MARK LAIRD

东亚地区的城市化
PETER ROWE

权威与发明：中世纪的艺术与建筑
CHRISTINE SMITH

建造城市体验：从雅典卫城到波士顿中心
CHRISTINE SMITH

北美建成环境研究：1580 年至今
JOHN STILGOE

北美海岸与景观：从大发现时期到现代
JOHN STILGOE

社会经济研究

土地的空间政治：一个比较视角
SAI BALAKRISHNAN

设计的城市 I
EVE BLAU, NEIL BRENNER, JOAN BUSQUETS, FELIPE CORREA, ALEX KRIEGER, RAHUL MEHROTRA, PETER ROWE

城市布景：城市形态与伊斯坦布尔的公共生活
SIBEL BOZDOGAN

城市语境下的政策制定(在哈佛大学肯尼迪政府学院)
JAMES CARRAS

分析方法：量化
ANN FORSYTH

健康空间
ANN FORSYTH

交通政策与规划(哈佛大学肯尼迪政府学院)
JOSE GOMEZ-IBANEZ

未来城市中的设计、发展与民主
STEPHEN GRAY

城市发展的决定干预：对于策略设计的实践指导
NABEEL HAMDI

社区行动规划：原则与实践
NABEEL HAMDI

城市规划分析方法：量化
MICHAEL HOOPER

土地利用与环境法
DAVID KARNOVSKY

房地产金融及公私参与者的开发基础（哈佛大学肯尼迪政府学院）
EDWARD MARCHANT

结构设计 I
PATRICK MCCAFFERTY

美国住宅与城市化
JENNIFER MOLINSKY, JAMES STOCKARD

当代建造案例
MARK MULLIGAN

建筑及其文本（1650—1800）
ERIKA NAGINSKI

市场与市场失败的案例（哈佛大学肯尼迪政府学院）
ALBERT NICHOLS

东京研究海外研讨课：日本病症
KAYOKO OTA

房地产金融与开发
RICHARD PEISER

现代住宅与城市区化：概念、案例和比较
PETER ROWE

房地产、规划和城市设计田野调查：芝加哥鹅岛新社区开发，以及马萨诸塞州里维尔的滨水空间、以公共交通为导向的开发（TOD）及娱乐再开发项目
RICHARD PEISER

建成环境的空间分析
ANDRES SEVTSUK

发展中国家的城市管理与规划政策
ENRIQUE SILVA

市场分析与城市经济
RAYMOND TORTO

科学与技术

创新实践：与他人一起寻找、建造和引领新概念（哈佛大学工程与应用科学学院）
BETH ALTRINGER

改变自然及建成的海岸空间
STEVEN APFELBAUM, KATHARINE PARSONS

极小、微小、极大：适应性材料实验室
MARTIN BECHTHOLD, JAMES WEAVER

科学与工程的创新：会议课程（哈佛大学工程与应用科学学院）
PAUL BOTTINO

建造实验室
SALMAAN CRAIG

植物的自然与文化
PETER DEL TREDICI

生态、技术、科技 III：生态初探
PETER DEL TREDICI, ERLE ELLIS, CHRISTOPHER MATTHEWS

生态、技术、科技 I
ROSETTA ELKIN, MATTHEW URBANSKI

非正式机器人/设计与建造新范式
CHUCK HOBERMAN

东京研究海外研讨课：日本的结构和材料
MITS KANADA

棕地实践：棕地的再生与再利用：研究、中和与设计实践
NIALL KIRKWOOD

建造模拟
ALI MALKAWI

建筑声学（模数）
BEN MARKHAM

景观建设诗学
ALISTAIR MCINTOSH

计算机设计初探
PANAGIOTIS MICHALATOS

建筑能量
KIEL MOE

水工程（哈佛大学工程与应用科学学院）
CHAD VECITIS

材料实践作为研究：数字设计与建造
LEIRE ASENSIO VILLORIA

阳光下的建筑（模数）
DANIEL WEISSMAN

机电视觉
ANDREW WITT

电脑视野（哈佛大学工程与应用科学学院）
TODD ZICKLER

职业实践

城市设计轨迹：对实践的展望
STEPHEN GRAY

景观建筑学实践
JANE HUTTON

项目完成创新
MARK R. JOHNSON

当代实践框架
PAUL NAKAZAWA

初级与高级研究

生态、基础设施、权力
PIERRE BÉLANGER

城市设计研讨
EVE BLAU, CARLES MURO

景观、生态和城市学研讨
GARETH DOHERTY

景观建筑学硕士生毕业设计提案准备
GARETH DOHERTY, ROSETTA ELKIN

建筑学硕士独立毕业设计
EDWARD EIGEN

南佛罗里达的沉浮：以迈阿密海滩为例
ROSETTA ELKIN

废物建筑
ANDREAS GEORGOULIAS, LEIRE ASENSIO VILLORIA

城市规划硕士(MUP)、城市设计硕士(MAUD或MLAUD)独立毕业设计准备
MICHAEL HOOPER

博士项目研讨课
PETER ROWE

MArch II 研讨课
JORGE SILVETTI

景观建筑学硕士(MLA)独立毕业设计
设计博士独立毕业设计

设计课

建筑核心I：投射
ANDREW HOLDER, MARIANA IBAÑEZ, MEGAN PANZANO(协理), CRISTINA PARRENO ALONSO, CAMERON WU

建筑核心III：整合
JENNIFER BONNER, JEFFRY BURCHARD, JONATHAN LOTT (协理), JOHN MAY, RENATA SENTKIEWICZ, ELIZABETH WHITTAKER

景观建筑学I：第一学期核心课
LUIS CALLEJAS, GARY HILDERBRAND (协理), ZANETA HONG, JANE HUTTON (协理), ALISTAIR MCINTOSH

景观建筑学III：第三学期核心课
JAVIER ARPA, FIONN BYRNE, BRADLEY CANTRELL, SERGIO LOPEZ-PINEIRO, DAVID MAH, CHRIS REED (协理)

第一学期城市规划核心课
SAI BALAKRISHNAN, ANA GELABERT-SANCHEZ, ANDRES SEVTSUK, ROBERT PIETRUSKO, KAIROS SHEN

城市设计元素
ANITA BERRIZBEITIA, FELIPE CORREA (协理), CARLOS GARCIAVELEZ, CARLES MURO, MICHAEL MANFREDI, ROBERT PIETRUSKO

二元论：住宅和宫殿
IÑAKI ÁBALOS

“英美人希望所有人都衣着考究”，或时尚品牌建筑
EMANUEL CHRIST, CHRISTOPH GANTENBEIN

城市黑洞：利马大都会圈的建设与遗产
JEAN PIERRE CROUSSE

马丁·路德·金路：建造美国黑人的主街
DANIEL D'OCA

里斯本故事：气氛和技法之间的建筑
RICARDO BAK GORDON

莱茵河上的都会码头：斯特拉斯堡—克尔
HENRI BAVA

没有内容的建筑15
KERSTEN GEERS, DAVID VAN SEVEREN

裸眼：美杜莎及其他故事
EELCO HOOFTMAN, BRIDGET BAINES

把大三岛变成日本最宜居岛屿：东京境外设计课
伊东丰雄

美术馆城市中的建筑复刻
SHARON JOHNSTON, MARK LEE

未来光明，我们不必身披阴影
BERNARD KHOURY

材料性能：纤维技术与建筑变形
ACHIM MENGES

教育的功能：21世纪的学校
FARSHID MOUSSAVI, JAMES KHAMSI

弗纳斯湖：应对景观项目的动态途径
JOÃO NUNES, JOÃO GOMES DA SILVA

气象建筑
PHILIPPE RAHM

不精确的热带
CAMILO RESTREPO OCHOA

莫斯科的未来：堵在路上
MARTHA SCHWARTZ 以及来自STRELKA媒体、建筑与设计中心的教师

冰山小巷
LOLA SHEPPARD, MASON WHITE

膳食设计：最后一道菜
重松象平，CHRISTINE CHENG

东纽约的开放空间系统
KEN SMITH

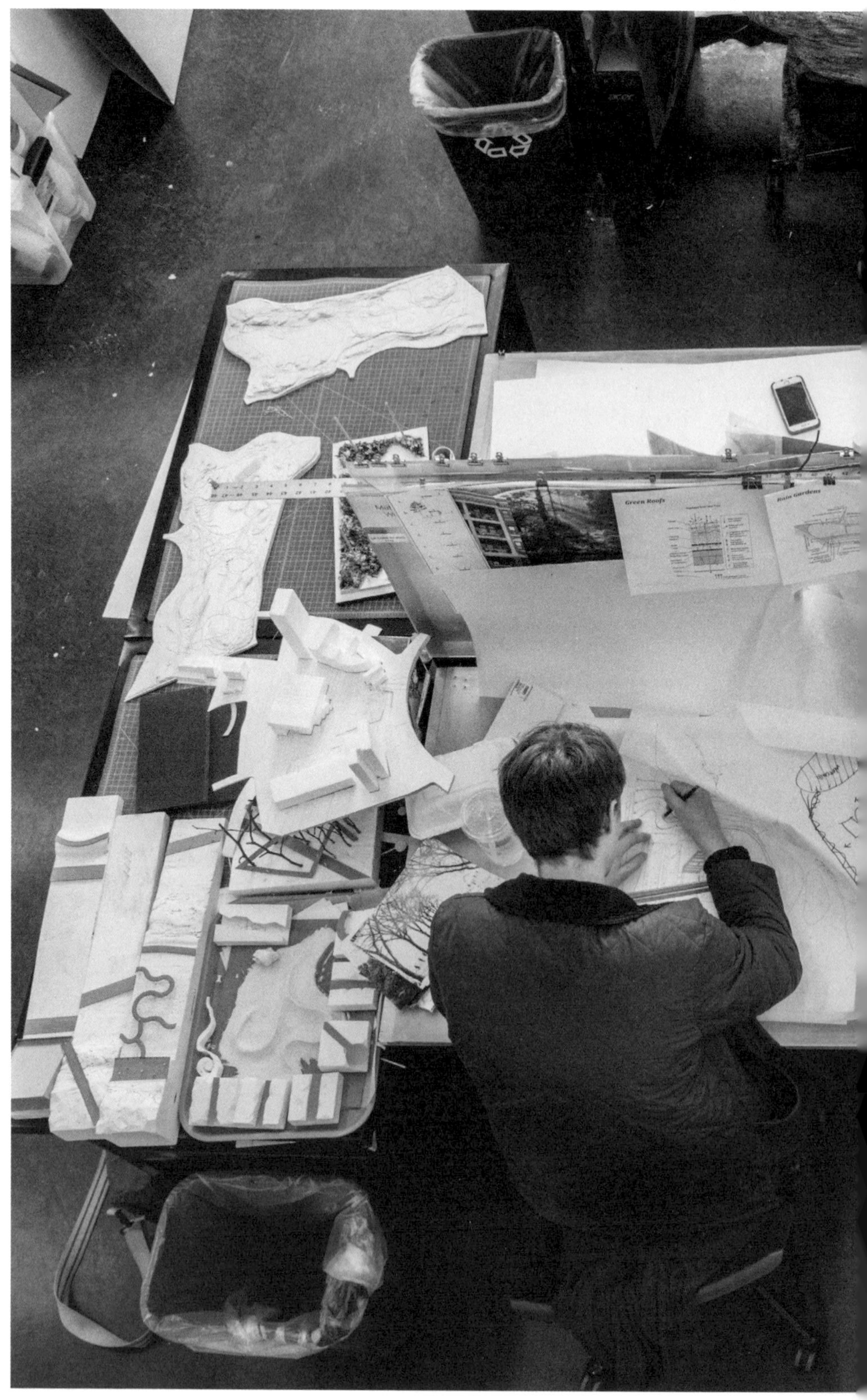

↑ Matthew Wong 和 Ernest Haines，2016 年 5 月 6 日

Permeable Pavement

2016 春季

视觉研究与沟通

沉浸式景观：博弈论表现技法
ERIC DE BROCHE DES COMBES

景观表现 II
FIONN BYRNE, DAVID MAH

给设计师的绘画课：技巧、方法与概念
EWA HARABASZ

场所的诗学：设计师的批判性写作
ALASTAIR GORDON

数字设计与建造：景观与生态手法
DAVID MAH

互动环境：Bergamo eMotion
ALLEN SAYEGH

圆锥与可发展表面
CAMERON WU

设计理论

景观建筑学理论
ANITA BERRIZBEITIA

城市网格：城市设计的开放形式
JOAN BUSQUETS

作为拉美城市的景观
LUIS CALLEJAS

设计美国城市：市政期待与城市形态
ALEX KRIEGER

城市的类型与概念
CHRISTOPHER C. M. LEE

政治景观（鹿特丹境外研讨课）
NIKLAS MAAK

从长期问题看当今建筑
RAFAEL MONEO

保护性设计的实地工作
MARK MULLIGAN

建筑潜能
CARLES MURO

健康建筑：权力、技术与医院
MICHAEL MURPHY, ALAN RICKS

技术哲学
ROBERT SILMAN

社会环境互动设计
JOSE LUIS VALLEJO, BELINDA TATO

历史与理论

高级房地产金融
FRANK APESECHE

建立并引导房地产企业及企业精神
FRANK APESECHE

电影理论，视觉思维
GIULIANA BRUNO

屏幕：媒体考古学与视觉艺术研讨课
GIULIANA BRUNO

话语与方法：保护、毁坏及策划短暂性
NATALIA ESCOBAR CASTRILLON, K. MICHAEL HAYS

变迁的领域 1930—1970：剑桥现代建筑与景观
CAROLINE CONSTANT

景观建筑史 II：设计、表现及使用
SONJA DÜMPELMANN

超级景观，超级体育
SONJA DÜMPELMANN

建筑、文本与语境 II
ED EIGEN, ERIKA NAGINSKI

勒·柯布西耶：主题/对话/数字
K. MICHAEL HAYS, ANTOINE PICON

公共财产：建筑与房地产的交点
CATHERINE INGRAHAM

当代中国建筑与城市规划的相关主题
李翔宁

乡村 VS. 城郊：环境史研讨课（鹿特丹境外研讨课）
SEBASTIEN MAROT

室内、环境与氛围
KIEL MOE, ANTOINE PICON

废墟美学：一个建筑概念的历史片段
ERIKA NAGINSKI

中国现代建筑与城市
PETER ROWE

建造神圣空间
CHRISTINE SMITH

权力与场所：建成环境中的文化与冲突
SUSAN SNYDER, GEORGE THOMAS

美国视觉环境的现代化 1890—2035
JOHN STILGOE

社会经济研究

城市化与国际发展
SAI BALAKRISHNAN

环境规划与可持续发展
ANN FORSYTH

给规划师的城市设计课
DAVID GAMBLE

设计的城市 II：项目、过程与结果
STEPHEN GRAY

公平城市设计
TONI GRIFFIN

创造房地产项目：法律视角
MICHAEL HAROZ

市场与市场失败
CHRISTOPHER HERBERT

公民权利后的城市不平等（哈佛大学文理学院）
ELIZABETH HINTON

可负担住宅与混合收入住宅的开发、融资和管理
EDWARD MARCHANT

冲突的空间
MARIANNE POTVIN

交通规划与开发
PAUL SCHIMEK

公共与私人开发
LAURA WOLF-POWERS

城市规划中的经济开发
DONALD ZIZZI

科学与技术

设计幸存者：愿望性的设计体验课（哈佛大学工程与应用科学学院）
BETH ALTRINGER

结构设计 2
MARTIN BECHTHOLD

机械海岸：反馈水文学
BRADLEY CANTRELL

大型建筑、呼吸建筑、呼吸墙体的热工形变
SALMAAN CRAIG

植物设计的诗学
DANIELLE CHOI, KIMBERLY MERCURIO

建造系统
BILLIE FAIRCLOTH

跨学科设计实践
ANDREAS GEORGOULIAS, HANIF KARA

城与镇的生态学
RICHARD T.T. FORMAN

能量技术测量（哈佛大学工程与应用科学学院）
DAVID KEITH

生态、技巧、技术 IV
NIALL KIRKWOOD, ALISTAIR MCINTOSH

景观建筑学中的结构
ALISTAIR MCINTOSH

数字结构与材料分配
PANAGIOTIS MICHALATOS

日本创新建构
MARK MULLIGAN

测绘：地理表现和假设
ROBERT PIETRUSKO

生态、技巧、技术 II
THOMAS RYAN, LAURA SOLANO

建筑中的环境系统
HOLLY SAMUELSON

结构表面
ANDREW WITT

职业实践

实践作为项目
FLORIAN IDENBURG

建筑实践与职业道德的问题
CARL SAPERS, MARYANN THOMPSON

初级与高级研究

MAUD、MLAUD 或 MUP 学位独立毕业设计
SAI BALAKRISHNAN

生命循环设计
MARTIN BECHTHOLD

对话与方法 II
NEIL BRENNER

城市理论实验室研究实习：全球城市的“主动景观”
NEIL BRENNER

剩余住宅：南美的共居模型
FELIPE CORREA

MLA 独立毕业设计
GARETH DOHERTY

MArch 独立毕业设计
EDWARD EIGEN

艺术、设计和公共领域最终项目工作坊
FRIDA ESCOBEDO

植被城市：城市雨棚投影
GARY HILDERBRAND

动态城市中的生活：绘制孟买住宅的流动景观
RAHUL MEHROTRA

什么是毕业设计？有关毕业设计方式与方法的对话
MOHSEN MOSTAFAVI, JONATHAN LOTT, JOHN MAY

视觉化（哈佛大学工程与应用科学学院）
HANSPETER PFISTER

REAL：建成环境的基因组：测量不可见
ALLEN SAYEGH

景观建筑学研究方法
ASHLEY SCHAFER

设计研究硕士毕业作品

设计课

建筑核心 II：情境
JENNIFER BONNER, JEFFRY BURCHARD（协理），TOMÁS DEPAOR, MAX KUO, GRACE LA（协理），PATRICK MCCAFFERTY

建筑核心 IV：关联
LUIS CALLEJAS, ANDREW HOLDER, MARIANA IBAÑEZ, JEANNETTE KUO（协理），CARLES MURO（协理），BELINDA TATO

景观建筑学 II
NADIR ABDESSEMED, SILVIA BENEDITO（协理），ANITA BERRIZBEITIA（协理），ERIC DE BROCHE DES COMBES, DANIELLE CHOI, PETER DEL TREDICI, JILL DESIMINI, MARTHA SCHWARTZ

景观建筑学 IV
PIERRE BÉLANGER（协理），FIONN BYRNE, PETER DEL TREDICI, SERGIO LOPEZ-PINEIRO, NICHOLAS PEVZNER, ROBERT PIETRUSKO

城市规划核心 II
DANIEL D'OCA（协理），STEPHEN GRAY, KATHY SPIEGELMAN

重庆的"普通城市"：寻找驯服的超级结构
JOAN BUSQUETS

现成建筑
PRESTON SCOTT COHEN

雅加达：延伸的大都会中的集合空间模式
FELIPE CORREA

墨西哥尤卡坦州梅里达的住宅：城市与领地
DIANE E. DAVIS, JOSE CASTILLO

南安普顿码头
MICHEL DESVIGNE, INESSA HANSCH

第三自然：伦敦的类型学想象
CRISTINA DÍAZ MORENO, EFRÉN GARCÍA GRINDA

迈阿密的沉浮：城市适应性设计
ROSETTA ELKIN

前线城市
ADRIAAN GEUZE, DANIEL VASINI

木头、城市化：从细胞到领域
JANE HUTTON, KIEL MOE

工作环境 2：玻璃工场
FLORIAN IDENBURG

（重新）规划报废品……重新思考废品建筑
HANIF KARA, LEIRE ASENSIO VILLORIA

对东京周边乡村行为者网络的再设计
贝岛桃代，塚本由晴

重置首尔：为了"Kool"和日常而设计
NIALL KIRKWOOD

鹿特丹境外设计课：智能乡村
REM KOOLHAAS

哦，耶路撒冷：永恒中心 / 普遍边缘
ALEX KRIEGER

城市与工厂：重新思考发展城市中的工业空间
CHRISTOPHER C. M. LEE

极端城市主义 IV：超高密度研究——孟买 Dongri
RAHUL MEHROTRA

等等
MACK SCOGIN

瓜拉尼地区 III
JORGE SILVETTI

匡溪艺术学院教育社区表演艺术中心
BILLIE TSIEN, TOD WILLIAMS

GSD领导层

MOHSEN MOSTAFAVI
院长；Alexander & Victoria Wiley 设计教授

PATRICIA J. ROBERTS
执行院长

K. MICHAEL HAYS
学术活动副院长；Eliot Noyes 建筑理论教授

LAUREN BACCUS
人力资源主任

W. KEVIN CAHILL
建筑服务处设备管理

STEPHEN MCTEE ERVIN
信息技术助理院长

RENA FONSECA
教育与国际项目执行主任

MARK GOBLE
财务办公室主任

BETH KRAMER
发展与校友关系副院长

THERESA A. LUND
院长办公室主任

JACQUELINE PIRACINI
学术服务助理院长

BENJAMIN PROSKY
交流传播助理院长

LAURA SNOWDON
学生院长 & 注册助理院长

MELINDA STARMER
教师规划主任

ANN BAIRD WHITESIDE
信息服务助理院长 & Frances Loeb 图书馆管理员

建筑学

IÑAKI ÁBALOS
建筑系主任；住宅建筑教授

GRACE LA
建筑学硕士项目主任；建筑学教授

景观建筑学

ANITA BERRIZBEITIA
景观建筑系主任；景观建筑学教授

BRADLEY CANTRELL
景观建筑学硕士项目主任；景观建筑学技术副教授

城市规划与设计

DIANE E. DAVIS
城市规划与设计系主任；Charles Dyer Norton 区域规划与城市学教授

FELIPE CORREA
城市设计项目主任；城市设计副教授

ANN FORSYTH
城市规划硕士项目主任；城市规划教授

设计研究硕士

PIERRE BÉLANGER
设计研究硕士项目主任；景观建筑学副教授

KIEL MOE
设计研究硕士项目主任；建筑与能源副教授

设计工程硕士

MARTIN BECHTHOLD
设计工程项目主任；Kumagai 建筑技术教授

WOODWARD YANG
设计工程项目主任；哈佛大学工程与应用科学学院 Gordon McKay 电气工程与计算机科学教授

设计学博士与哲学博士

MARTIN BECHTHOLD
设计学博士项目主任；Kumagai 建筑技术教授

ERIKA NAGINSKI
博士项目主任；建筑史教授

ANTOINE PICON
研究主任；G. Ware Travelstead 建筑历史与技术教授

师资

NADIR ABEDESSMED
景观建筑学讲师

CARLOS GARCIAVELEZ ALFARO
城市规划与设计评图教师

BETH ALTRINGER
工程与应用科学学院创新与设计讲师

ALAN ALTSHULER
城市规划与设计教授

FRANK APESECHE
哈佛房地产中心执行主任；建筑 & 城市规划与设计讲师

STEVEN APFELBAUM
景观建筑学讲师

JAVIER ARPA
景观建筑设计课评图教师

MICHAEL AZIZ
工程与应用科学学院 Gene and Tracy Sykes 材料与能源技术教授

BRIDGET BAINES
景观建筑设计课评图教师

RICARDO BAK GORDON
建筑设计评图教师

SAI BALAKRISHNAN
城市规划助理教授

HENRI BAVA
景观建筑设计课评图教师

FRANCESCA BENEDETTO
景观建筑设计课评图教师

SILVIA BENEDITO
景观建筑学助理教授

IMOLA BERCZI
建筑指导教师

EVE BLAU
城市形态与设计的历史及理论兼任教授

JENNIFER BONNER
建筑助理教授

SIBEL BOZDOGAN
城市规划与设计讲师

NEIL BRENNER
城市理论、城市规划与设计教授

GIULIANA BRUNO
Emmet Blakeney Gleason 建筑视觉与环境研究教授

JEFFRY BURCHARD
建筑设计评图教师

JOAN BUSQUETS
Martin Bucksbaum 城市规划与设计实践教授

FIONN BYRNE
Daniel Urban Kiley 研究员；景观建筑学讲师

LUIS CALLEJAS
建筑与景观建筑学讲师

JAMES CARRAS
肯尼迪政府学院公共政策兼任讲师

JOSE CASTILLO
城市规划与设计评图教师

NATALIA ESCOBAR CASTRILLON
建筑、城市规划与设计指导教师

MARTHA CHEN
城市规划与设计客座讲师

CHRISTY CHENG
建筑设计评图教师

DANIELLE CHOI
景观建筑学设计课评图教师

EMANUEL CHRIST
建筑设计评图教师

PRESTON SCOTT COHEN
建筑学 Gerald M. McCue 教席教授

CAROLINE CONSTANT
景观建筑学客座教授

SALMAAN CRAIG
环境技术讲师

JEAN PIERRE CROUSSE
城市规划与设计客座副教授

DILIP DA CUNHA
城市规划与设计讲师

ERIC DE BROCHE DES COMBES
景观建筑学讲师

TIM DEKKER
景观建筑学讲师

PETER DEL TREDICI
景观建筑学实践副教授

TOMÁS DEPAOR
建筑设计评图教师

JILL DESIMINI
景观建筑学助理教授

MICHEL DESVIGNE
景观建筑学设计课评图教师

DANIEL D 'OCA
城市规划与设计评图教师

WILLIAM DOEBELE
城市规划与设计 Frank Backus Williams 教席教授

GARETH DOHERTY
景观建筑学助理教授；高级研究员

SONJA DÜMPELMANN
景观建筑学副教授

EDWARD EIGEN
景观建筑学与建筑副教授

ROSETTA ELKIN
景观建筑学助理教授

ERLE ELLIS
景观建筑学客座教授

FRIDA ESCOBEDO
建筑学讲师

TEMAN EVANS
建筑学讲师

TERAN EVANS
建筑学讲师

SUSAN FAINSTEIN
高级研究员

BILLIE FAIRCLOTH
建筑学讲师

RICHARD T.T. FORMAN
景观生态领域高级环境研究教授

PETER GALISON
景观建筑系客座教授

DAVID GAMBLE
城市规划与设计讲师

CHRISTOPH GANTENBEIN
建筑设计评图教师

EFRÉN GARCÍA GRINDA
建筑设计评图教师

KERSTEN GEERS
建筑设计评图教师

ANA GELABERT-SANCHEZ
城市规划与设计评图教师

ANDREAS GEORGOULIAS
建筑学讲师；高级研究员

ADRIAAN GEUZE
景观建筑设计课评图教师

JOSE GOMEZ-IBANEZ
城市规划与公共政策 Derek Bok 教席教授

ALASTAIR GORDON
景观建筑学讲师

STEPHEN GRAY
城市设计助理教授

TONI GRIFFIN
城市规划实践教授

NABEEL HAMDI
城市规划与设计 John T. Dunlop 教席教授

STEVEN HANDEL
景观建筑学客座教授

INESSA HANSCH
景观建筑设计课评图教师

EWA HARABASZ
景观建筑学、城市规划与设计、建筑学讲师

MICHAEL HAROZ
城市规划与设计讲师

CHARLES HARRIS
景观建筑学荣誉教授

K. MICHAEL HAYS
建筑理论 Eliot Noyes 教席教授

CHRISTOPHER HERBERT
城市规划与设计讲师；住宅研究联合中心管理主任

HILDE HEYNEN
建筑学讲师

GARY HILDERBRAND
景观建筑学实践教授

ELIZABETH KAI HINTON
哈佛大学文理学院历史学助理教授，非洲与非裔美国人研究助理教授

CHUCK HOBERMAN
建筑学讲师

ANDREW HOLDER
建筑学助理教授

ZANETA HONG
景观建筑学讲师

EELCO HOOFTMAN
景观建筑设计课评图教师

MICHAEL HOOPER
城市规划副教授

ERIC HÖWELER
建筑学助理教授

CHRISTOPHER HOXIE
建筑学讲师

JOHN DIXON HUNT
景观建筑学客座教授

JANE HUTTON
景观建筑学助理教授

MARIANA IBAÑEZ
建筑学副教授

FLORIAN IDENBURG
建筑实践副教授

CATHERINE INGRAHAM
建筑客座教授

伊东丰雄
丹下健三教席建筑设计评图教师

MARK R. JOHNSON
建筑学讲师

SHARON JOHNSTON
建筑设计评图教师

JORRIT DE JONG
肯尼迪政府学院公共政策讲师

贝岛桃代
John T. Dunlop 教席建筑学客座教授

MITS KANADA
建筑学讲师

HANIF KARA
建筑技术实践教授

DAVID KARNOVSKY
城市规划与设计讲师

JEROLD KAYDEN
Frank Backus Williams 教席城市规划与设计教授

STEPHANIE KAYDEN
哈佛医学院、哈佛陈曾熙公共卫生学院助理教授

JAMES KHAMSI
建筑指导教师

BERNARD KHOURY
城市规划与设计评图教师

NIALL KIRKWOOD
景观建筑学教授

REM KOOLHAAS
建筑与城市设计实践教授

ALEX KRIEGER
城市设计实践教授

JEANNETTE KUO
建筑实践助理教授

MAX KUO
建筑设计评图教师

MARK LAIRD
景观建筑学讲师

CHRISTOPHER C. M. LEE
城市设计实践副教授

MARK LEE
建筑设计评图教师

李翔宁
建筑学客座教授

GEORGE LEGENDRE
建筑实践副教授

ENRIQUETA LLABRES VALLS
景观建筑学讲师

SERGIO LOPEZ-PINEIRO
景观建筑学讲师

JONATHAN LOTT
建筑设计评图教师

NIKLAS MAAK
John T. Dunlop
讲席住房与城市化讲师

DAVID MAH
景观建筑学讲师

ALI MALKAWI
建筑技术教授；哈佛大学绿色建筑与城市中心创办主任

MICHAEL MANFREDI
城市规划与设计评图教师；住房专家

EDWARD MARCHANT
城市规划与设计讲师

BEN MARKHAM
建筑学讲师

SEBASTIEN MAROT
建筑学讲师

CHRISTOPHER MATTHEWS
景观建筑学讲师

JOHN MAY
建筑设计评图教师

PATRICK MCCAFFERTY
建筑学讲师

GERALD MCCUE
John T. Dunlop 教席住房研究荣誉教授

ALISTAIR MCINTOSH
景观建筑学讲师

RAHUL MEHROTRA
城市设计与规划教授

ALEJANDRA MENCHACA
建筑学讲师

ACHIM MENGES
建筑学客座教授

KIMBERLY MERCURIO
景观建筑学讲师

PANAGIOTIS MICHALATOS
建筑学讲师

JENNIFER MOLINSKY
城市规划与设计讲师

RAFAEL MONEO
Josep Lluis Sert 教席建筑学教授

CRISTINA DÍAZ MORENO
建筑设计评图教师

TOSHIKO MORI
Robert P. Hubbard
教席建筑实践教授

FARSHID MOUSSAVI
建筑实践教授

MOHSEN MOSTAFAVI
哈佛设计研究生院院长，Alexander and Victoria Wiley 设计教授

MARK MULLIGAN
建筑实践副教授

CARLES MURO
建筑与城市设计评图教师

MICHAEL MURPHY
建筑学讲师

PAUL NAKAZAWA
建筑实践副教授

NICHOLAS NELSON
景观建筑学讲师

ALBERT NICHOLS
城市规划与设计讲师

BRYAN NORWOOD
建筑学指导教师

JOÃO NUNES
景观建筑学客座教授

太田佳代子
建筑学讲师

MEGAN PANZANO
建筑设计评图教师

CRISTINA PARRENO ALONSO
建筑设计评图教师

KATHARINE PARSONS
景观建筑学讲师

RICHARD PEISER
Michael D. Spear 教席房地产开发教授

NICHOLAS PEVZNER
景观建筑学设计课评图教师

HANSPETER PFISTER
哈佛工程与应用科学学院王安计算机科学教授

PABLO PEREZ-RAMOS
景观建筑学讲师

ROBERT PIETRUSKO
景观建筑学、城市规划助理教授

SPIRO N. POLLALIS
设计技术与管理学教授

MARIANNE POTVIN
城市规划与设计指导教师

GEETA PRADHAM
城市规划与设计讲师

PHILIPPE RAHM
建筑设计评图教师

CHRIS REED
景观建筑学实践副教授

DOUG REED
景观建筑学讲师

CAMILLO RESTREPO OCHOA
建筑设计评图教师

ALAN RICKS
建筑学讲师

EDUARDO RICO CARRANZA
景观建筑学讲师

PETER ROWE
Raymond Garbe 建筑与城市设计教授、哈佛大学杰出服务教授

THOMAS RYAN
景观建筑学讲师

HOLLY SAMUELSON
建筑学助理教授

CARL SAPERS
建筑学客座教授(荣誉退休)

ALLEN SAYEGH
建筑技术实践副教授

ASHLEY SCHAFER
景观建筑学访问副教授

PAUL SCHIMEK
城市规划与设计讲师

JEFFREY SCHNAPP
建筑系客座教授、文理学院罗曼语及文学系教授

MARTHA SCHWARTZ
景观建筑学实践教授

MACK SCOGIN
Kajima 建筑实践教授

EDUARD SEKLER
Osgood Hooker 视觉艺术教授(荣誉退休);建筑学教授(荣誉退休)

ANDRES SEVTSUK
城市规划助理教授

重松象平
建筑设计评图教师

KAIROS SHEN
城市规划与设计顾问

LOLA SHEPPARD
建筑学访问副教授

ROBERT SILMAN
建筑学讲师

ENRIQUE SILVA
城市规划与设计讲师

JOÃO GOMES DA SILVA
景观建筑设计课评图教师

JORGE SILVETTI
Nelson Robinson Jr. 建筑学教授

CHRISTINE SMITH
Robert C. and Marian K. Weinberg 建筑史教授

KEN SMITH
景观建筑设计课评图教师

SUSAN SNYDER
建筑学讲师

LAURA SOLANO
景观建筑实践副教授

KATHY SPIEGELMAN
城市规划与设计评图教师

CARL STEINITZ
Alexander and Victoria Wiley 景观建筑学与城市规划教授(荣誉退休)

JOHN STILGOE
Robert and Lois Orchard 景观发展史教授

JAMES STOCKARD
住宅研究讲师

BELINDA TATO
建筑设计评图教师

GEORGE THOMAS
建筑学讲师

MARYANN THOMPSON
建筑实践教授

RAYMOND TORTO
城市规划与设计讲师

BILLIE TSIEN
John C. Portman 设计评图教师

塚本由晴
John T. Dunlop 建筑客座副教授

MATTHEW URBANSKI
景观建筑实践副教授

JOSE LUIS VALLEJO
建筑设计评图教师

DAVID VAN SEVEREN
建筑设计评图教师;Charles Eliot 景观建筑实践教授

DANIEL VASINI
景观建筑设计课评图教师

CHAD VECITIS
工程与应用科学学院环境工程副教授

LEIRE ASENSIO VILLORIA
建筑学讲师

ALEXANDER VON HOFFMAN
城市规划与设计讲师

JAMES VOORHIES
建筑学讲师

CHARLES WALDHEIM
John E. Irving 景观建筑学教授;城市化办公室主任

BING WANG
房地产和建成环境实践副教授

EMILY WAUGH
景观建筑学讲师

JAMES WEAVER
适应性材料高级研究科学家,哈佛医学院,Wyss 研究所

DANIEL WEISSMAN
建筑学讲师

ELIZABETH WHITTAKER
建筑实践助理教授

JAY WICKERSHAM
建筑实践副教授

TOD WILLIAMS
John C. Portman 设计评图教师

ANDREW WITT
建筑实践副教授

KRZYSZTOF WODICZKO
艺术、设计与公共领域住校教授

ANNA LAURA WOLF-POWERS
城市规划与设计讲师

CAMERON WU
建筑学副教授

TODD ZICKLER
工程与应用科学学院 William and Ami Kuan Danoff 电气工程与计算机科学教授

DONALD ZIZZI
城市规划与设计讲师

LOEB 学者

JOHN PETERSON
策划人

SALLY YOUNG
项目协理

2015—2016 学者

NEHA BHATT
规划师、智能增长倡导者（华盛顿特区）

LILIANA CAZACU
建筑师、历史建筑保护者（罗马尼亚锡比乌）

JANELLE CHAN
亚洲社区发展公司执行主任（马萨诸塞州波士顿市）

KIMBERLY DRIGGINS
规划师、社区开发者（华盛顿特区）

ALEJANDRO ECHEVERRI
建筑师、规划师、城市设计师（哥伦比亚麦德林市）

SHANE ENDICOTT
"联合村庄"创办负责人（俄勒冈州波特兰市）

ARIF KHAN
城市规划师、社区组织者、灾难援助管理者（纽约市）

BRETT MOORE
建筑师，人道庇护所、基础设施及重建顾问（澳大利亚维多利亚市）

EUNEIKA ROGERS-SIPP
社区开发者、社会影响设计师、艺术家（佐治亚州亚特兰大市）

基金与奖项

Wheelwright 奖
ANNA PUIGJANER

Veronica Rudge
城市设计绿色奖
MADRID RÍO

哈佛GSD学生基金、奖项与旅行项目

Druker 旅行基金
Kyriaki Thalia Kasabalis (MAUD '16)

城市规划杰出领导奖
Paul Andrew Lillehaugen (MUP '16)

城市设计杰出领导奖
William J. Rosenthal (MAUD '16)

城市规划学术优秀奖
Nathalie Maria Janson (MUP '16)

城市设计学术优秀奖
Michael Keller (MAUD / MLA I AP '16)

城市设计优秀奖
Kyriaki Thalia Kasabalis (MAUD '16)

项目本位城市规划优秀奖
Shani Adia Carter (MUP '16); Kathryn Hanna Casey (MUP '16); Warren E. A. Hagist (MUP '16)

城市规划与设计系，城市规划毕业设计奖
Francisco Lara Garcia (MUP '16)

城市规划与设计系，城市设计毕业设计奖
Yinan Wang (MAUD '16)

美国规划师学会杰出学生奖
Paige Elizabeth Peltzer (MUP '16)

Howard T. Fisher
地理信息科学奖
Elena Chang (MUP '16); Elliot Kilham (MUP '16); Russell Philip Koff (MUP '16); Alexander John Mercuri (MUP '16); Sarah Madeleine Winston (MUP '16)

Ferdinand Colloredo-Mansfeld 房地产研究杰出成就奖
Dongmin Chung (MDes '16)

UD 上海 2015 上海高铁站国际学生城市设计竞赛
Kyriaki Thalia Kasabalis (MAUD '16), Michael Keller (MAUD / MLA I AP '16), Kitty Tin Hung Tsui (MAUD '16)

Pollman 房地产与城市开发基金
Can Cui

Plimpton-Poorvu 设计奖
Anna Hermann (MArch I '17), Felipe Oropeza, Jr. (MArch I '17)

Dimitris Pikionis 奖
Eliyahu Keller (MDes '16)

The Daniel L. Schodek 技术与可持续性奖
Zeina Koreitem (MDes AP '16); David George Kennedy (MDes '16); Jacob Wayne Mans (MDes '16); Benjamin Lee Peek (MDes '16)，小组毕业设计

项目奖 (MDes)
Josselyn Francesca Ivanov (MDes AP '16)

AIA Henry Adams 奖牌
Nancy Nichols (MArch I '16)

AIA Henry Adams 认证
Iman Fayyad (MArch I '16)

Alpha Rho Chi 奖牌
Alexander Timmer (MArch I '16)

Araldo A. Cossutta 年度设计优秀奖
Elizabeth McEniry (MArch I / MLA I AP '18)

Clifford Wong 奖
Liang Wang (MAUD '16)，Lu Zhang (MAUD '16)

苏黎世联邦理工学院交换项目
Kathryn Sonnabend (MArch I '17)，Douglas Harsevoort (MArch I '18)

建筑系教师设计奖
MArch I: Iman Fayyad (MArch I '16)
MArch II: Sofia Blanco Santos (MArch II '16)

Julia Amory Appleton 旅行基金
John Kirsimagi (MArch I '16)

John E. Thayer 奖
Alexander Timmer (MArch I '16)

James Templeton Kelley 奖项
MArch I: Joshua Feldman (MArch I '16)
MArch II: Sofia Blanco Santos and Caio Barboza (MArch II '16)

Kevin V. Kieran 奖
Caio Barboza (MArch II '16)

Renzo Piano 建造工作坊 Peter Rice 实习生项目
Royce Perez (MArch I AP '17)

Takenaka 夏季实习
Johanna Faust (MArch I '17)

Charles Eliot 景观建筑学旅行基金
Thomas Nideroest (MLA II '16)

Jacob Weidenman 奖
Michael Keller (MAUD / MLA I AP '16)

Peter Walker and Partners 景观建筑学基金
Foad Vahidi (MLA I '16)

景观建筑学毕业设计奖
Leif Estrada (MDes / MLA I AP '16)

美国景观建筑师协会奖项
奖状： Christianna Bennett (MLA I AP '16); Devin Dobrowolski (MLA I '16); Ambrose Luk (MLA I '16)
荣誉证书： Bruce Cannon Ivers (MLA II '16); Ruichao Li (MLA I AP '16); Elaine Stokes (MLA I AP '16)

Norman T. Newton 奖
Natasha Polozenko (MLA II '16)

Penny White 学生项目资助
Oliver Curtis (MDes '17); Alberto Embriz de Salvatierra (MLA I AP, MDes '17); Ellen Epley (MLA I '17); Kent Hipp (MLA II '17); Jia Joy Hu (MLA I AP '17); Justin Kollar (MArch I AP / MUP '17); Qi Xuan (Tony) Li (MLA I '17); Sophie Maguire (MLA I '17); Kira Sargent (MLA I '17); Julia Smachylo (DDes '19); Jonah Susskind (MLA I '17); Jane Zhang (MDes '17)

Olmsted 学者
Azzurra Cox (MLA I '16)

Peter Rice 奖
Manuel Martínez Alonso (MDes '17)

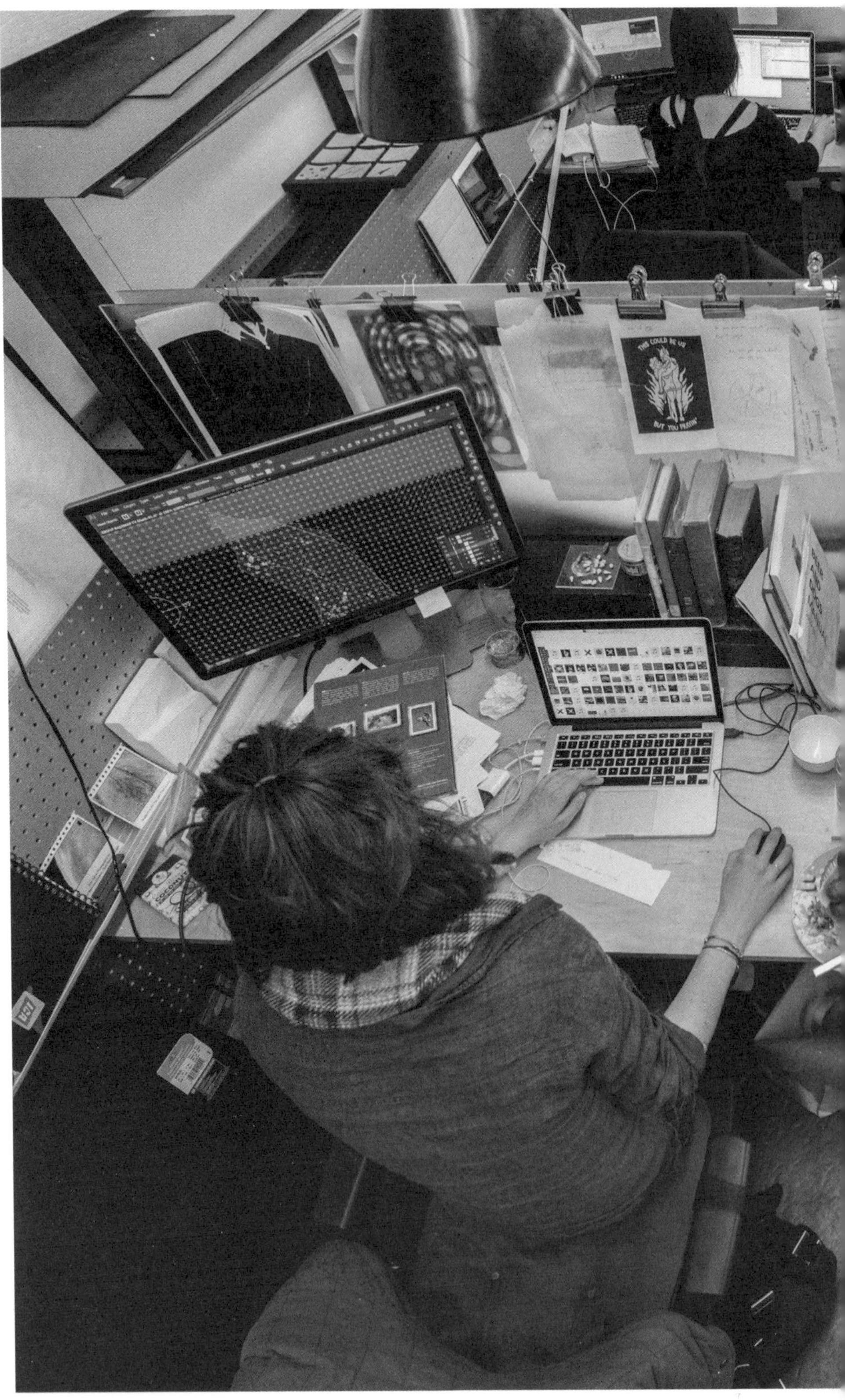

↑ Sophia Geller，2016 年 4 月 28 日

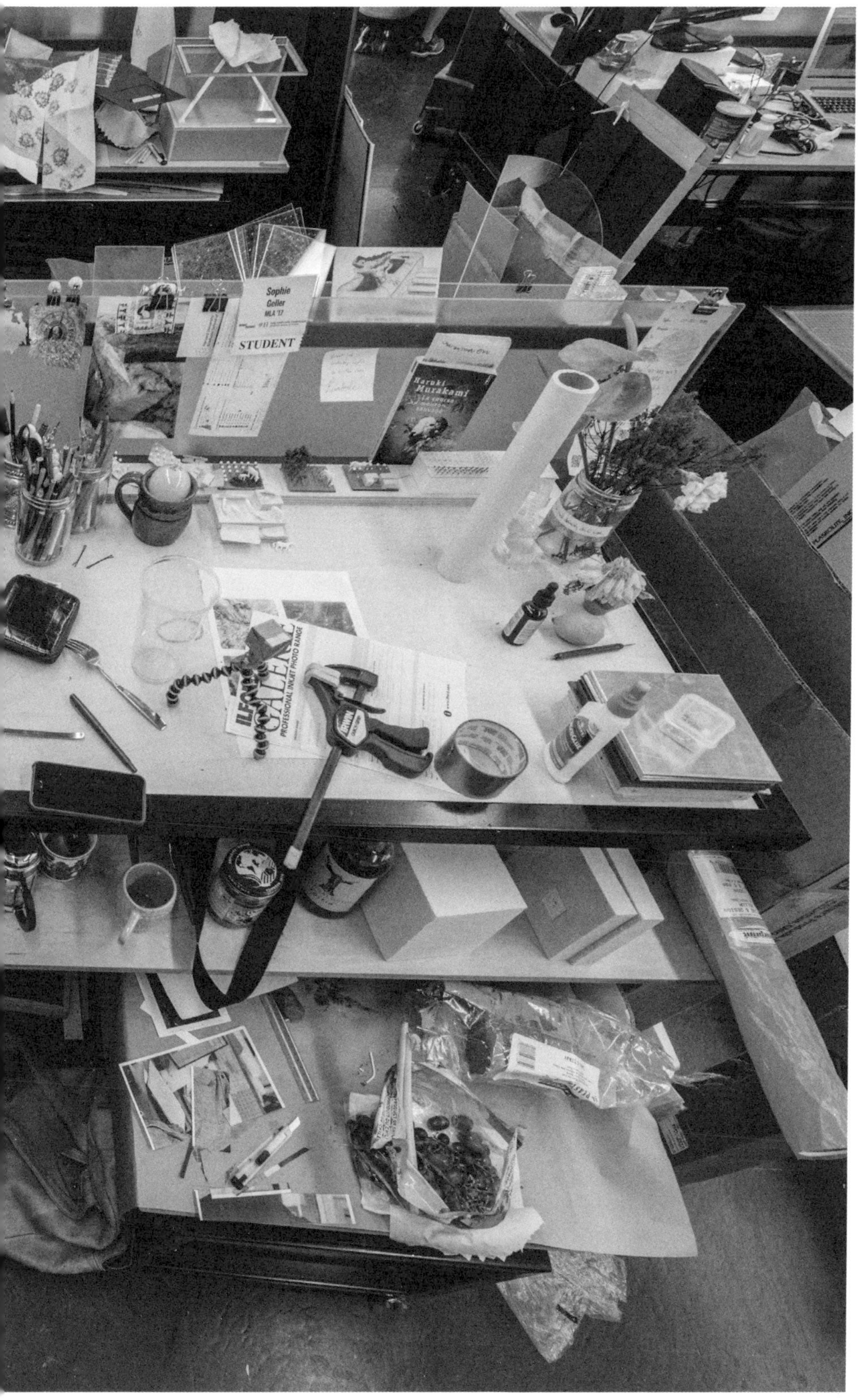
Sophie
Geller
MLA '17
STUDENT
Haruki
Murakami
PROFESSIONAL INKJET PHOTO RANGE

职工

JOSEPH AMATO
维护技工

KATHLEEN ANDERSON
执行教育职员助理

ELIZABETH ANTONELLIS
研究管理协理

MERIDITH APFELBAUM
就业服务顾问

ALLA ARMSTRONG
学术项目财务经理

JOHN ASLANIAN
学生事务与招生主任

PAMELA BALDWIN
教师事务副院长

KERMIT BAKER
住宅设计联合中心重建研究项目主任

CLAIRE BARLIANT
传播执行编辑

KATE BAUER
院长执行助理

LAUREN BACCUS
人力资源副院长

LAUREN BEATH
会计助理

TODD BELTON
网页开发

JENNA BJORKMAN
绿色建筑与城市中心管理协理

SHANTEL BLAKELY
公共项目经理

SUSAN BOLAND
网络管理

DAN BORELLI
展览主任

EDWARD BREDENBERG
学术项目管理主任 &
执行院长

KEVIN CAHILL
设备经理

HEIDI CARRELL
住宅研究联合中心传播与外展服务经理

MAGGIE CARTER
发展协理

JAMES CHAKNIS
住宅研究联合中心传播与外展服务协理

JOSEPH CHART
开发部高级主要馈赠品管理员

TOM CHILDS
运营主管

JOANNE CHOI
Frances Loeb 图书馆职员助理

ANNA CIMINI
计算机资源职员助理

CARRA CLISBY
传播发展与捐赠者关系副主任

SEAN CONLON
教务主任

ANNE CREAMER
就业服务协理

TRAVIS DAGENAIS
传播专家

CAITLIN DECOSTA-KUPSC
学术预约与工资助理

SARAH DICKINSON
研究协助服务图书管理员

STEPHEN ERVIN
信息技术副院长

JEFFREY FITTON
绿色建筑与城市外展与实践经理

ANGELA FLYNN
住宅研究联合中心职员助理

RENA FONSECA
执行教育及国际项目主任

NICOLE FREEMAN
发展副主任

JENNIFER GALA
执行教育及国际项目副主任

HEATHER GALLAGHER
财务助理

ERICA GEORGE
学生活动与外展项目协理

KEITH GNOZA
财务助理主任、学生服务助理主任

MARK GOBLE
财务主管

MERYL GOLDEN
职业与社区服务主任

SANTIAGO GOMEZ
学生服务职员助理

DESIREE GOODWIN
图书馆助理

SARA GOTHARD
景观建筑学、城市规划与设计项目协理

HAL GOULD
计算机资源处用户服务经理

LINDSEY GRANT
广告活动经理

NORTON GREENFELD
发展信息系统经理

ARIN GREGORIAN
学术项目财务助理

HYEYON GRIMBALL
学术项目会计助理

DEBORAH GROHE
建筑服务职员助理

GAIL GUSTAFSON
录取主任

MARK HAGEN
WINDOWS 系统管理员

TESSALINA HALPERN
学生服务职员助理

RYANNE HAMMERL
学生服务职员助理

CHRISTOPHER HANSEN
数字建构技术专家

BARRY HARPER
建筑服务职员助理

CHRISTOPHER HERBERT
住宅研究联合中心管理主任

THOMAS HEWITT
管理及学术项目研究助理

JOHANN HINDS
计算机资源技术支持

TIMOTHY HOFFMAN
教师规划协理

TAYLOR HORNER
建筑部门经理

SARAH HUTCHINSON
学术项目执行助理、执行院长

RYAN JACOB
建筑系项目协理

MAGGIE JANIK
传播多媒体制作人

BETH KAPLAN
校友联络处助理主任

JOHANNA KASUBOWSKI
设计资源图书管理员

KAREN KITTREDGE
财务副主任

JEFFREY KLUG
职业发展主任

SARAH KNIGHT
年度基金与校友关系协理

HELEN KONGSGAARD
城市化办公室研究助理

ARDYS KOZBIAL
馆藏与外展图书管理员

BETH KRAMER
发展与校友关系副院长

ELIZABETH LA JEUNESSE
住宅研究联合中心研究助理

MARY LANCASTER
住宅研究联合中心高级财务经理

ASHLEY LANG
景观建筑学、城市规划与设计部门经理

AMY LANGRIDGE
执行教育财务经理

KEVIN LAU
指导技术小组和图书馆负责人

BURTON LEGEYT
数字建构技术专家

IRENE LEW
住宅研究联合中心研究助理

ANNA LYMAN
院长办公室外联管理主任

SONALI MATHUR
数据统计处研究助理

BOB MARINO
绿色建筑与城市中心财务与资助经理

EDWIN MARTINEZ
计算机资源技术支持

ELLEN MARYA
住宅研究联合中心研究助理

ANNE MATHEW
研究管理处主任

DANIEL MCCUE
住宅研究联合中心研究经理

BETH MILLSTEIN
发展副主任

MARGARET MOORE DE CHICOJAY
执行教育项目经理

ROCIO MOYANO-SANCHEZ
住宅研究联合中心研究助理

JANESSA MULEPATI
景观建筑学、城市规划与设计协理

JANINA MUELLER
设计数据管理员

MICHELLE MULIRO
人力资源和工资协理

GERI NEDERHOFF
录取主任、多元化招聘经理

CAROLINE NEWTON
院长办公室内务管理主任

KETEVAN NINUA
发展与校友关系职员助理

CHRISTINE O'BRIEN
传播会计助理

TREVOR O'BRIEN
建筑服务助理经理

BARBARA PERLO
执行教育项目经理

JOHN PETERSON
LOEB 基金项目策划人

JACQUELINE PIRACINI
学术服务副院长

LISA PLOSKER
人力资源助理主任

DAVID BRAD QUIGLEY
校友关系与年度捐赠主任

NONY RAI
研究管理处协理

PILAR RAYNOR JORDAN
学术项目财务助理

ALIX REISKIND
数字自主图书管理员

PATRICIA J. ROBERTS
执行院长

MEGHAN SANDBERG
出版协理

JOCELYN SANDERS
发展部高级捐赠管理员

MADELIN SANTANA
执行教育项目经理

RONEE SAROFF
传播数字内容与策略助理主任

JENNIFER SIGLER
传播主编

GOSIA SKLODOWSKA
绿色建筑与城市中心录取副主任

MATTHEW SMITH
计算机资源媒体服务经理

LAURA SNOWDON
录取服务助理院长、学生院长

JOHN SPADER
住宅研究联合中心高级研究助理

SUSAN SPAULDING
建筑服务协理

WHITNEY STONE
募捐协理

AMBER STOUT
发展助理

DAVID STUART-ZIMMERMAN
展览协理

JEN SWARTOUT
高级研究项目项目经理

AIMEE TABERNER
学术项目管理主任

ELLEN TANG
财务资助助理主任

ELIZABETH THORSTENSON
高级研究项目项目协理

KATHAN TRACY
发展与重要馈赠主任

JENNIFER VALLONE
会计助理

EDNA VAN SAUN
教师规划项目协理

RACHEL VROMAN
数字建构实验室经理

ANTYA WAEGEMANN
职工助理

LIZ WALAT
财务规划与分析主任

ANN BAIRD WHITESIDE
信息服务助理院长、Frances Loeb 图书馆管理员

SARA WILKINSON
人力资源主任

ABBE WILL
住宅研究联合中心研究分析员

KELLY TEIXEIRA WISNASKAS
学生服务特殊项目经理

SALLY YOUNG
Loeb 基金项目协理

INES ZALDUENDO
特别馆藏收纳员 & 索引图书管理员

KATHRYN ZIRPOLO
绿色建筑与城市中心中心协理

GSD 学生 2015—2016

建筑学硕士

Clare Adrien
Chantine Akiyama
Cari Alcombright
Miriam Alexandroff
Majda AlMarzouqi
Ahmad Altahhan
Nastaran Arfaei
Alice Armstrong
Emily Ashby
Cheuk Fan Au
Rekha Auguste-Nelson
Sofia Balters
Peiying Ban
Esther Bang
Patrick Baudin
Sasha Bears
Sandra Bonito
Taylor Brandes
Benjamin Bromberg Gaber
Jacob Bruce
Oliver Bucklin
Jeffrey Burgess
Nathan Buttel
Yaqing Cai
Daniel Carlson
Maria Carriero
Stanislas Chaillou
Ruth Chang
Abigail Chang
YuanTung Chao
Caroline Chao
Yu Chen
Shiyang Chen
Joanne Cheung
Sean Chia
Chieh Chih Chiang
Carol Chiu
Shani Cho
Sukhwan Choi
Kai-hong Chu
Yewon Chun
Stephanie Conlan
Matthew Conway
Allison Cottle
Carly Dickson
Claire Djang
Eliana Dotan
Anna Falvello Tomas
Valeria Fantozzi
Evan Farley
Johanna Faust
Iman Fayyad
Joshua Feldman
Martin Fernandez
Paul Fiegenschue
Julian Funk
Arianna Galan Montas
Bennett Gale
Justin Gallagher
Yuan Gao
Ya Gao
John Going
Marianna Gonzalez
Christian Gonzalez
Chris Grenga
Jia Gu
Yun Gui
Yuqiao Guo
Fabiola Guzman Rivera
Michael Haggerty
Taylor Halamka
Benjamin Halpern
David Hamm
Rebecca Han
Whitney Hansley
Douglas Harsevoort
Spencer Hayden
Benjamin Hayes
Chen He
Christina Hefferan
Anita Helfrich
Anna Hermann
Carlos Hernandez-Tellez
Patrick Herron
Kelley Hess
Olivia Heung
Kevin Hinz
Kira Horie
Yousef Hussein
Jihoon Hyun
Tomotsugu Ishida
Shi Yu Jiang
Suthata iranuntarat
Chase Jordan
Young Eun Ju
Hyeyun Jung
Mazyar Kahali
Sarah Kantrowitz
Ali Karimi
Danielle Kasner
Andrew Keating
Thomas Keese
Gerrod Kendall
Shaina Kim
Mingyu Kim
Jason Kim
Insu Kim
Haram Kim
Frederick Kim
John Kirsimagi
Arion Kocani
Yurina Kodama
Wyatt Komarin
Lindsey Krug
Claire Kuang
Hyojin Kwon
Daniel Kwon
Hoi Ying Lam
Jungwoo Lee
Jamie Lee
Elizabeth Lee
Madeline Lenaburg
Naomi Levine
Ethan Levine
Yixin Li
Keunyoung Lim
Shao Lun Lin
Yanchen Liu
Kirby Liu
Gregory Logan
Anna Kalliopi Louloudis
Fan Lu
Yan Ma
Sicong Ma
Radu-Remus Macovei
Emily Margulies
Caleb Marhoover
Casey Massaro
Naureen Mazumdar
Lauren McClellan
Elizabeth McEniry
Patrick McKinley
Dana McKinney
Thomas McMurtrie
Marcus Mello
Aaron Menninga
Michael Meo
Steven Meyer
Dasha Mikic
Farhad Mirza
Chit Yan Paul Mok
Giancarlo Montano
Yina Moore
Niki Murata
James Murray
Khorshid Naderi-Azad
Paris Nelson
Yina Ng
Jing Yi Ng
Phi Nguyen
Bryant Nguyen
Duan Ni
Nancy Nichols
Xuanyi Nie
Matthew Okazaki
Felipe Oropeza
Kimberly Orrego
Davis Owen
Meric Ozgen
Sophia Panova
Jee Hyung Park
Andy Park
Maia Peck
Haibei Peng
Yen Shan Phoaw
David Pilz
Luisa Pineros Sanchez
Elizabeth Pipal
Philip Poon
Alexander Porter
Hannah Pozdro
Irene Preciado Arango
Jiayu Qiu
See Hong Quek
Yi Ren
Jonathan Rieke
Julia Roberts
Cara Roberts
Benzion Rodman
Matthew Rosen
Lane Rubin
Stuart Ruedisueli
Ivan Ruhle
Anne Schneider
Jennifer Shen
Yiliu Shen-Burke
Emma Silverblatt
Scott Smith
Lance Smith
David Solomon
Humbi Song
Kathryn Sonnabend
Christopher SooHoo
Morgan Starkey
Karen Stolzenberg
Constance Storie Johnson
LeeAnn Suen
Mahfuz Sultan
Adelene Tan
Noelle Tay
Lilian Taylor
Bijan Thornycroft
Alexander Timmer
Tianze Tong
Chun Ting Tsai
Ho Cheung Tsui
Rex Tzen
Samantha Vasseur
Isabelle Verwaay
Khoa Vu
Ping Wang
Jacob Welter
Wen Wen
Emily Wettstein
Madelyn Willey
Georgia Williams
Enoch Wong
Hanguang Wu
Dana Wu
Andrey Yakovlev
Bryan Yang
Jung Chan Yee
Tzyy Haur Yeh
Carolyn Yi
Hyunsuk Yun
Yu Kun Snoweria Zhang
Huopu Zhang
Guowei Zhang
Eric Zuckerman

建筑学硕士AP

William Adams
Aleksis Bertoni
Patrick Burke
Andres Camacho
Jaewoo Chon
Collin Cobia
Jyri Eskola
Lauren Friedrich

Carly Gertler
Yoonjin Kim
Justin Kollar
Daniela Leon
Yi Li
Raffy Mardirossian
Paruyr Matevosyan
Patrick Mayfield
Chong Ying Pai
Royce Perez
Chang Su
Xuezhu Tian
Long Chuan Zhang
Shaowen Zhang
Yufeng Zheng
Yubai Zhou

建筑学硕士 II

Nada AlQallaf
Sara Arfaian
Myrna Ayoub
Tam Banh
Caio Barboza
James Barclay
Mohamad Berry
Sofia Blanco Santos
Xiang Chang
Michael Charters
Konstantinos Chatzaras
Ji Hyuk Choi
Michael Clapp
Jose Pablo Cordero
Erin Cuevas
Niccolo Dambrosio
Ximena de Villafranca
Cameron Delargy
Sama El Saket
Alejandro Fernandez-Linares Garcia
Wei-Che Fu
Mikhail Grinwald
Zhuang Guo
Elena Hasbun
Daniel Hemmendinger
Feijiao Huo
Tamotsu Ito
Taehyun Jeon
Xin Ji
Michael Johnson
Joshua Jow
Chrisoula Kapelonis
Ranjit Korah
Dayita Kurvey
Christian Lavista
Junyoung Lee
Man Lai Manus Leung
Hongjie Li
Yatian Li
Yi Li
Changyue Liu
Mengdan Liu
Timothy Logan
Ping Lu
Yuxiang Luo
Feifan Ma
Katherine MacDonald
Hana Makhamreh
Jana Masset
Zachary Matthews
Christopher Meyer
Yuyangguang Mou
Andrew Nahmias
Ramzi Naja
Erin Ota
Poap Panusittikorn
Fani-Christina Papadopoulou
Erin Pellegrino
Zhe Peng
Konstantina Perlepe
Michael Piscitello
Demir Purisic
Sizhi Qin
Daniel Quesada Lombo
Andrejs Rauchut
Christopher Riley
Marysol Rivas Brito
Leonardo Rodriguez
Zahra Safaverdi
Juan Sala
Ruben Segovia
Harsha Sharma
Joshua Smith
Stefan Stanojevic
Xin Su
Stephen Sun
Haotian Tang
Jeronimo Van Schendel Erice
Joseph Varholick
Cangkai Wang
Fan Wang
Tiantian Wei
Wei Xiao
Junko Yamamoto
Haoxiang Yang
Yujun Yin
Ni Zhan
Boya Zhang
Xi Zhang
Meng Zhu

景观建筑学硕士

Emily Allen
Jonathan Andrews
Madeleine Aronson
Maria Arroyo
Naoko Asano
Rachel Bedet
Larissa Belcic
Michelle Benoit
Emily Blair
Lanisha Blount
Lee Ann Bobrowski
Sarah Bolivar
Jessica Booth
Andrew Boyd
Laura Butera
Johanna Cairns
Sarah Canepa
Alexander Cassini
Jenna Chaplin
Jiawen Chen
Su-Yeon Choi
Timothy Clark
Kelly Clifford
Ashelee Collier
Emmanuel Coloma
Leandro Couto de Almeida
Azzurra Cox
Tiffany Dang
Devin Dobrowolski
Emily Drury
Ellen Epley
Enrico Evangelisti
Siobhan Feehan
Gideon Finck
Hannah Gaengler
Yufan Gao
Ana Garcia
Sophia Geller
Emma Goode
Ernest Haines
Jeremy Hartley
Mark Heller
Aaron Hill
Rayana Hossain
InHye Jang
Geunhwan Jeong
Diana Jih
Dana Kash
Yong Uk Kim
Bradley Kraushaar
Sirinya Laochinda
Yanick Lay
Xiaoshuo Lei
Charlotte Leib
Qi Xuan Li
Xinhui Li
Yuanjie Li
Annie Liang
Christopher Liao
Rebecca Liggins
Ho-Ting Liu
Ambrose Luk
Nicholas Lynch
Sophie Maguire
Alison Malouf
Alica Meza
Nathalie Mitchell
Althea Northcross
Ivy Pan
Nina Phinouwong
Maria Robalino
Lauren Robie
Gabriella Rodriguez
Louise Roland
Ann Salerno
Kira Sargent
Jennifer Saura
Elizabeth Savrann
Rachel Schneider
David Schoen
Keith Scott
Max Sell
Mengfan Sha
Yun Shi
Michelle Shofet
Vipavee Sirivatanaaksorn
Chella Strong
Jonah Susskind
Shanasia Sylman
Zixuan Tai
Diana Tao
Carly Troncale
Carlo Urmy
Foad Vahidi
Marisa Villarreal
Gege Wang
Hui Wang
Lu Wang
Na Wang
Yifan Wang
James Watters
Daniel Widis
Sarah Winston
Ahran Won
Eunice Wong
Matthew Wong
Malcolm Wyer
Zehao Xie
Han Xu
Yuan Xue
Xin Zhao

景观建筑学硕士 AP

Alexander Agnew
Weaam Alabdullah
Nada AlQallaf
Rawan Alsaffar
Christianna Bennett
Sourav Biswas
Elise Bluell
Gandong Cai
Shimin Cao
Mengqing Chen
Yijia Chen
Alberto Embriz-Salgado
Leif Estrada
Matthew Gindlesperger
Jianwu Han
Gary Hon
Jia Hu
Mark Jongman-Sereno
Thomas Keese
Michael Keller
Gyeong Kim

Lyu Kim
Lou Langer
Ruichao Li
Yifei Li
Xun Liu
Chen Lu
Alexandra Mei
Mailys Meyer
Mary Miller
Timothy Nawrocki
Yuqing Nie
Wenyi Pan
Linh Pham
Yuxi Qin
Christopher Reznich
Yue Shi
Soo Ran Shin
Andrea Soto Morfin
Elaine Stokes
Andrew Taylor
Sonja Vangjeli
Yujia Wang
Emily Wettstein
Sonny Meng Qi Xu
Tzyy Haur Yeh
Yujun Yin
Andrew Younker
Dandi Zhang
Xi Zhang
Ziwei Zhang

景观建筑学硕士II

Taylor Baer
Chenyuan Gu
Robert Hipp
Bruce Ivers
Qiyi Li
Andrew Madl
Christopher Merritt
Tyler Mohr
Thomas Nideroest
Jing Pan
Natasha Polozenko
Antonia Rudnay
Samantha Solano
Izgi Uygur
Boxia Wang
John Wray IV
Xiaodi Yan
David Zielnicki

建筑学硕士（城市设计方向）

Clayton Adkisson
Lori Ambrusch
Jiachen Bai
Hovhannes Balyan
Jesica Bello
Yao Bo
Marios Botis
Nathalia Camacho
Difei Chen
Shiyu Chen
Mikela De Tchaves
Moises Garcia Alvarez
Rodrigo Guerra
Christopher Haverkamp
Adam Himes
Elizabeth Hollywood
Yang Huang
Seunghoon Hyun
Vasileios Ioannidis
Juan Diego Izquierdo Hevia
David Jimenez
Taro Kagami
Natalia Kagkou
Kyriaki Kasabalis
Michael Keller
Jeffrey Knapke
Elaine Kwong
Shiqing Liu
Shiyao Liu
Chenghao Lyu
Siwen Ma
Yasamin Mayyas
Paul Miller
Chi Yoon Min
Hyun-sik Mun
Qun Pan
Nishiel Patel
Chao Qi
Dai Ren
William Rosenthal
Gaby San Roman Bustinza
Juan Santa Maria
Dana Shaikh Solaiman
Jianwei Shi
Caroline Smith
Man Su
Claudia Tomateo
Daniel Toole
Tin Hung Tsui
Magdalena Valenzuela
Liang Wang
Yinan Wang
Yutian Wang
Ran Wei
Hayden White
Xiaohan Wu
Mengchen Xia
Teng Xing
Ruoyun Xu
Jessy Yang
Yiying Yang
Ting Yin
Ziming Yuan
Lu Zhang
Miao Zhang
Pu Zhang
Xiao Zhang
Yuting Zhang
Bin Zhu
Chang Zong
Long Zuo

景观建筑学硕士（城市设计方向）

Zhuo Cheng
Gabriella Rodriguez
Janice Tung
Zehao Xie

城市规划硕士

Andrew Alesbury
Faisal Almogren
Cory Berg
Maira Blanco
Isabel Margarit Cantada
Omar Carrillo Tinajero
Shani Carter
Kathryn Casey
Cesar Castro
Elena Chang
Sohael Chowfla
Carissa Connelly
Katherine Curiel
Matthew Curtin
Omar De La Riva
Megan Echols
Omar Farroukh
Daniel Foster
Clara Fraden
Peimeizi Ge
Marco Gorini
Fernando Granados Franco
Carolyn Grossman
Arjun Gupta Sarma
Warren Hagist
Mark Heller
Tamara Jafar
Nathalie Janson
Jessica Jean-Francois
Howaida Kamel
Miriam Keller
Elliot Kilham
Mina Kim
Russell Koff
Justin Kollar
Francisco Lara-Garcia
Samuel LaTronica
Sarah Leitson
Alexander Lew
Paul Lillehaugen
Stephany Lin
John McCartin
Dana McKinney
Meghan McNulty
Marcus Mello
Andres Mendoza Gutfreund
Alexander Mercuri
Cara Michell
Katherine Miller
Yvonne Mwangi
Paige Peltzer
Lucy Perkins
Nina Phinouwong
Jack Popper
Angelica Quicksey
Andres Quinche
Rebecca Ramsey
Carlos Felipe Reyes
Aline Reynolds
Erica Rothman
Illika Sahu
Edgardo Sara Muelle
Jennifer Saura
Emma Schnur
David Schoen
Hanna Schutt
Laurel Schwab
Courtney Sharpe
Apoorva Shenvi
Jorge Silva
Brodrick Spencer
Alyson Stein
Andrew Stokols
Kevin Symcox
Antara Tandon
Carmen Jimena Veloz Rosas
Anna White
Sarah Winston
Lindsay Woodson

设计研究硕士

Amira Abdel-Rahman
Annapurna Akkineni
Rawan Alsaffar
Spyridon Ampanavos
Tairan An
Jolin Ang
Rabih Anka
Pedro Aparicio
Aziz Barbar
George Bartulica
Megan Berry
Hernan Bianchi Benguria
Noor Boushehri
Adria Boynton
Jordan Bruder
Jihyeun Byeon
Mary Kate Cahill
Andrea Carrillo Iglesias
Marielsa Castro
Xin Chen
Tiffany Cheng
Xu Chi

HyoJeong Choi
Dongmin Chung
Oliver Curtis
Kritika Dhanda
Gerardo Diaz
Hao Ding
Peng Dong
Alexander Duffy
Farzaneh Eftekhari
Alberto Embriz-Salgado
Genevieve Ennis
Peter Erhartic
Leif Estrada
Yuan Fang
Carla Ferrer Llorca
Clemens Finkelstein
Francesca Forlini
Cristobal Fuentes
Palak Gadodia
Maria Letizia Garzoli
Cody Glen
Marcus Goodwin
Akshay Goyal
Mikhail Grinwald
Boya Guo
Liang Hai
Jacob Hamman
Dave Hampton
Huishan He
Justin Henceroth
Shanika Hettige
Yujie Hong
Gregory Hopkins
Elad Horn
Xinyun Huang
Lisa Joelle Jahn
Carlyn James
Tian Jiang
Xiong Jiang
Yiyi Jiang
Jiyoo Jye
Amir Karimpour
Apoorv Kaushik
Eliyahu Keller
David Kennedy
Andrew Kim
Haeyoung Kim
Seung Kyum Kim
Justin Kunz
Boram Lee
Jolene Wen Hui Lee
Jungwoo Lee
Namju Lee
Zongye Lee
Arthur Leung
Danlu Li
Hanwei Li
Lezhi Li
Yi Li
Yunjie Li
Zhiwei Liao
Karen Lin
Mariana Llano
Joyce Lo
Xuan Luo
Leeor Maciborski
Namik Mackic
Qurat-ul-ain Malick
Jacob Mans
Andrea Margit
Megan Marin
Manuel Martinez Alonso
Alkistis Mavroeidi
Ana Mayoral Moratilla
Daryl McCurdy
Evangeline McGlynn
Eric Melenbrink
Aaron Mendonca
Amanda Miller
Helen Miller
Guan Min
Tanuja Mishra
Thomas Montelli
Anthony Morey
Gabriel Munoz Moreno
Vivek Muralidhar
Oscar Natividad Puig
Rebecca Nolan
Stephen Nowak
Erin Ota
Javier Ors Ausin
Jacqueline Palavicino
Michail Papavarnavas
Dale Park
Roma Patel
Benjamin Peek
Benjamin Perdomo
Adam Pere
Jane Philbrick
Yu Ling Pong
Yu Qiao
Jake Rudin
Ambieca Saha
Olga Semenovych
Rodrigo Senties
Santiago Serna
Kevin Sievers
Razan Sijeeni
Keebaik Sim
Michael Sinai
Aman Singhvi
Vero Smith
Eli Sokol
Young Joo Song
Youngjin Song
Bryan Spatzner
Anthony Stahl
Joseph Steele
Elnaz Tafrihi
Nada Tarkhan
Ashley Thompson
Christine Tiffin
Shreejaya Tuladhar
Alejandro Valdivieso
Scott Valentine
Enol Vallina Fernandez
Phillip van Alstede
Cong Wang
Rufei Wang
Xueshi Wang
Karno Widjaja
Lindsay Woodson
Jung Hyun Woo
Longfeng Wu
Jia Yi Xia
Qi Xiong
Andrew Yam
HyeJi Yang
Dan Zhang
Jinjin Zhang
Xin Zhao

设计研究硕士
AP

Josselyn Ivanov
Yoonjee Koh
Zeina Koreitem

设计研究博士

Ozlem Altinkaya Genel
Nicole Beattie
Joelle Bitton
Ignacio Cardona
Somayeh Chitchian
Daniel Daou
Ali Fard
Wendy Fok
Yun Fu
Jose Garcia del Castillo Lopez
Mariano Gomez Luque
Jonathan Grinham
ChengHe Guan
Saira Hashmi
Vaughn Horn
Xiaokai Huang
Kristen Hunter
Daniel Ibanez
Aleksandra Jaeschke
Ghazal Jafari
Nikolaos Katsikis
Miguel Lopez Melendez
Yingying Lu
Taraneh Meshkani
Sarah Norman
Dimitris Papanikolaou
Daekwon Park
Pablo Perez Ramos
Carolina San Miguel
Julia Smachylo
Jihoon Song
Juan Ugarte
Bing Wang
Dingliang Yang
Arta Yazdanseta
Nari Yoon
Jeongmin Yu
Jingyi Zhang

哲学博士

Fallon Michele Samuels Aidoo
Matthew Allen
Amin Alsaden
Maria Atuesta
Katarzyna Balug
Aleksandr Bierig
Christine Elizabeth Crawford
Brett Michael Culbert
John Dean Davis
Igor Ekstajn
Samaa Elimam
Tamer Elshayal
Natalia Escobar
Matthew Gin
Lisa Anne Haber-Thomson
Ateya Khorakiwala
Diana Louise Lempel
Manuel Lopez Segura
Bryan Norwood
Morgan Ng
Jason Nguyen
Sabrina Osmany
Sun Min Park
Marianne Potvin
Katherine Prater
Etien Santiago
Peter Sealy
Justin Stern
Adam Tanaka
Marrikka Trotter
Rodanthi Vardouli
Dimitra Vogiatzaki
Eldra D. Walker
Delia Duong Ba Wendel

On(e)
要(一)点
Heavy
重物
Variations
展示的
差异
the

坐落在哥伦比亚麦德林的一座文化建筑的轻质大跨度屋顶；碳纤维材料实验；中层塔楼的纺锤结构；麻省剑桥的医院与开敞空间的关系——所有这些模型通过材料的物理重量或是概念模式来表达轻的概念。其中的一门建筑设计课鼓励学生用破碎的蛋壳搭建一片场地；一门景观建筑研讨课上，学生们通过 Rhino 中的 egg-crate 命令建造了薄而易碎的壳体。一座塔楼的比例看起来笨重，但是设计者借助弧面玻璃达成了轻质的效果。循环体系模型似乎总是很轻，而暂时不必考虑建筑的体量。请用纤细的、易碎的、空灵的、轻盈的方式来阅读以下作品。

轻
Lightness

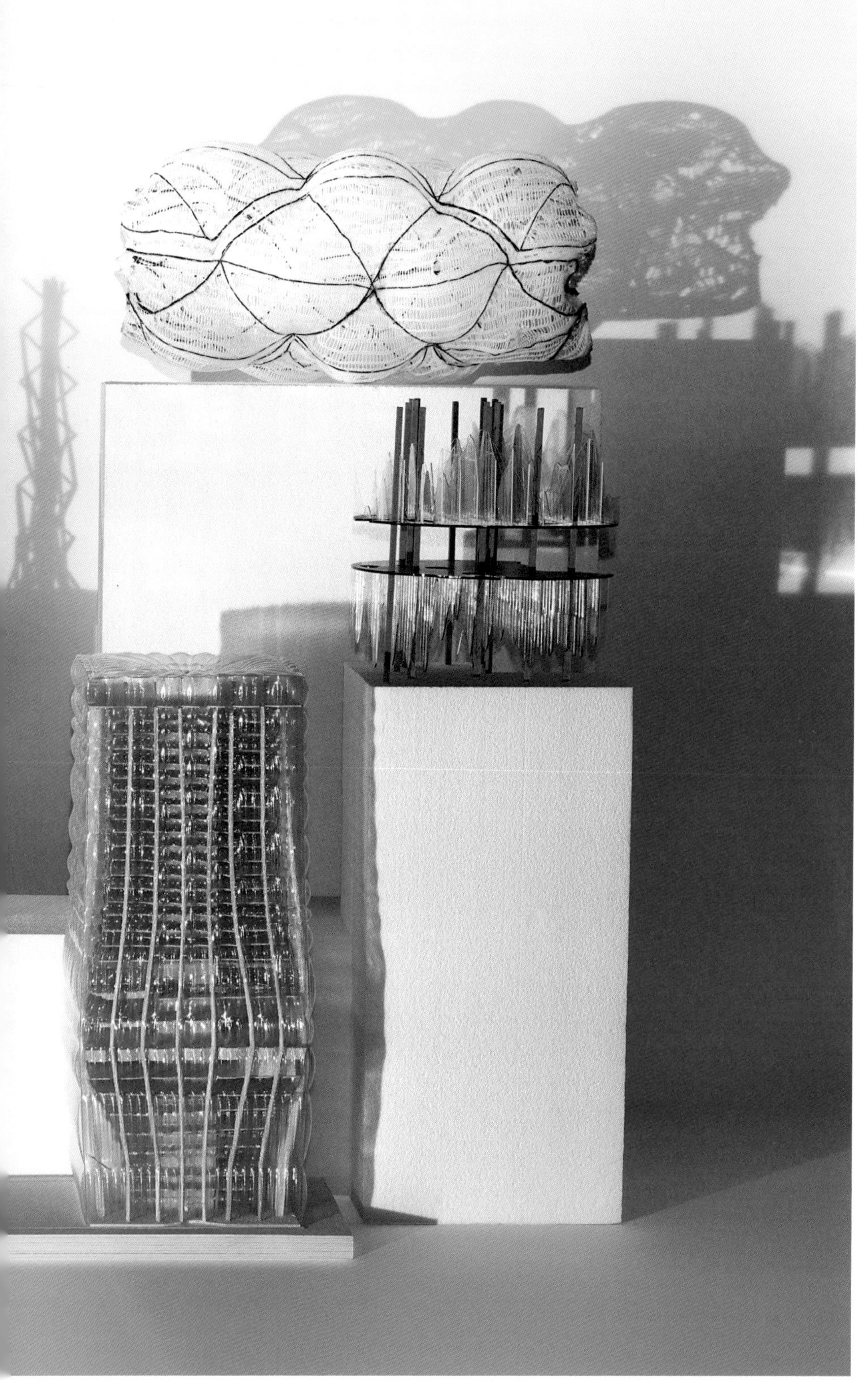

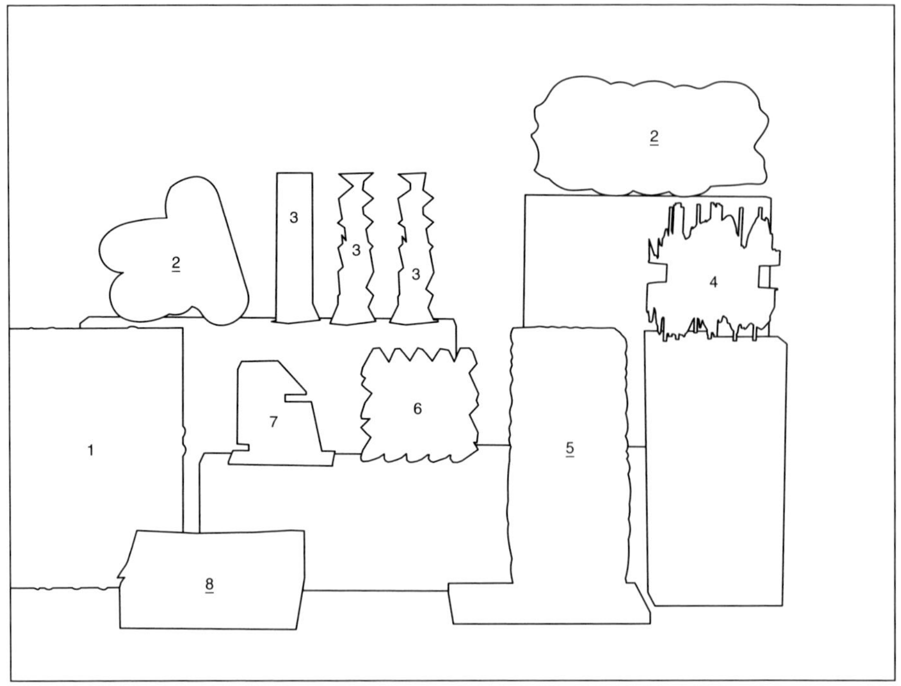
2
2
3
3
3
4
1
7
6
5
8

1 蛋壳
Johanna Faust
MArch I, 2017
等等
指导教师：Mack Scogin

2 纤维 Fibrous p. 240
Yuan Gao
MArch I, 2017
Demir Purisic, Zahra Safaverdi, Joseph Varholick
MArch II, 2017
材料性能：纤维技术与建筑变形
指导教师：Achim Menges

3 结构构件
Steven Meyer
MArch I, 2018
建筑核心设计课程 III：整合
指导教师：Jennifer Bonner

4 水平面
Caroline Chao, Taylor Halamka, Christina Hefferan
MArch I, 2019
测绘：地理表现和假设
指导教师：Robert Pietrusko

5 形成真空 Vacuum Formed p. 242
Elizabeth McEniry
MArch I / MLA I AP, 2019
建筑核心设计课程 III：整合
指导教师：Jonathan Lott

6 十字正交结构
Christopher Liao
MLA I, 2018
景观表现课程 I
指导教师：Zaneta Hong, Sergio Lopez-Pineiro

7 环流系统
Shao Lun Lin
MArch I, 2018
建筑核心设计课程 III：整合
指导教师：Jeffry Burchard

8 永不停止 No Stop p. 244
James Murray
MArch I, 2017
不精确的热带
指导教师：Camilo Restrepo Ochoa

Fibrous

Yuan Gao
MArch I, 2017

Demir Purisic, Zahra Safaverdi, Joseph Varholick
MArch II, 2017

材料性能：
纤维技术与建筑变形

指导教师
Achim Menges

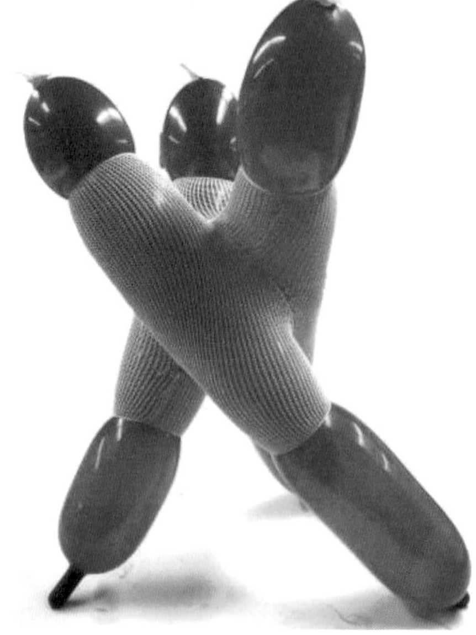

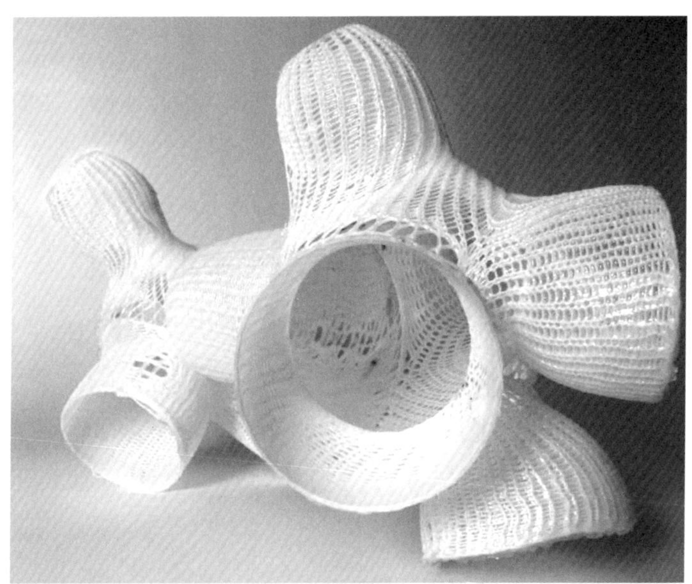

本设计课程探索了材料在建筑设计中的新角色。以高级纤维复合材料为例，它可以从预先设定的模具中脱离，得出设计。本页展示的成果体现了纤维系统特有的形变特征。

Elizabeth McEniry
MArch I / MLA I
AP, 2019

建筑核心设计课程
III：整合

指导教师
Jonathan Lott

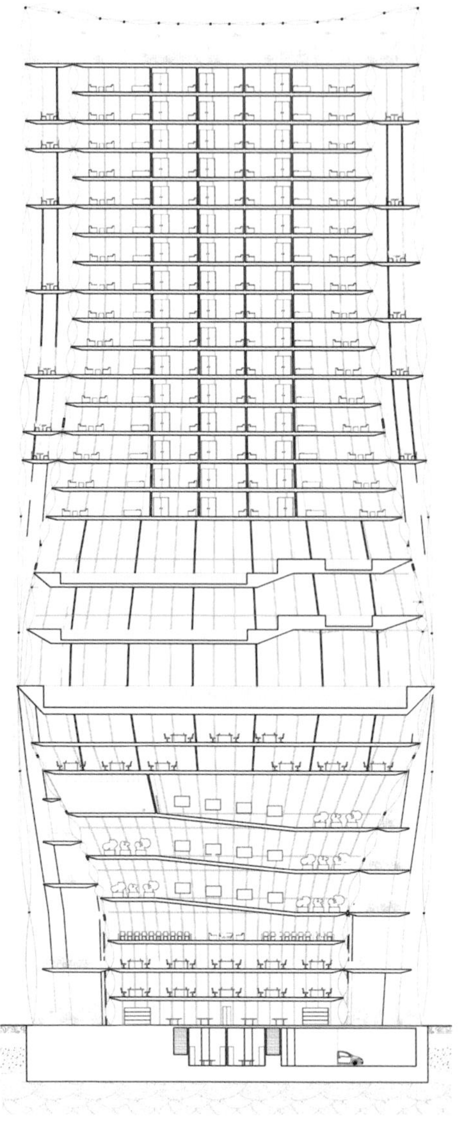

建筑核心设计课程的第三学期，我们请到了建筑表皮工程师马克 · 西蒙斯（Marc Simmons）为学生的作品提供建议。这个设计使用了双内腔的凸面玻璃表皮，这个表皮使得不同的楼层和功能之间得以联通。该方案以一个厚重而图案化的立面挑战了大进深的平面。

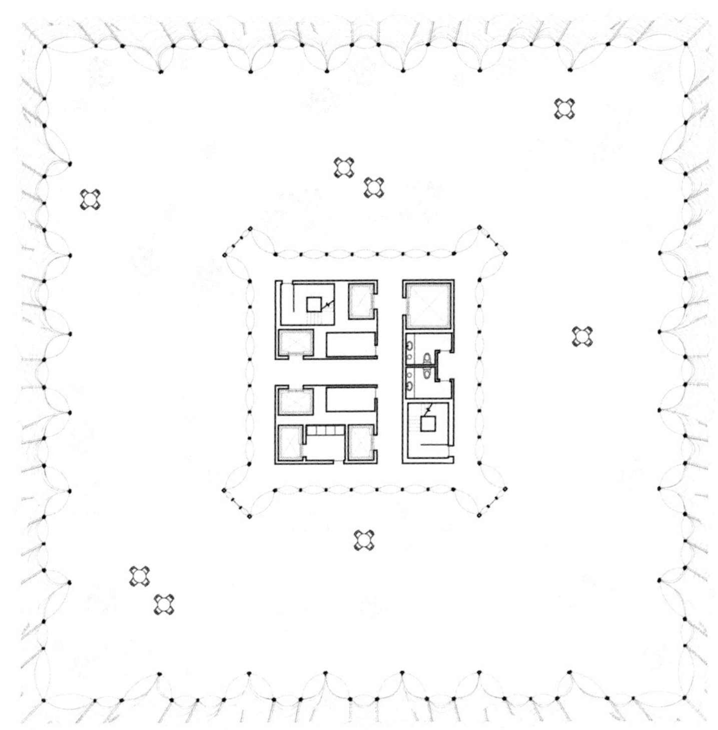

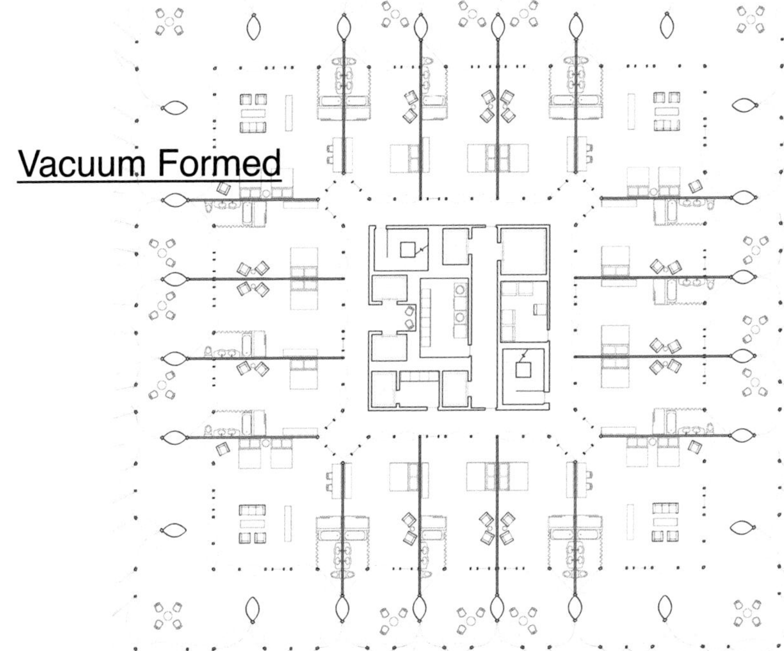
Vacuum Formed

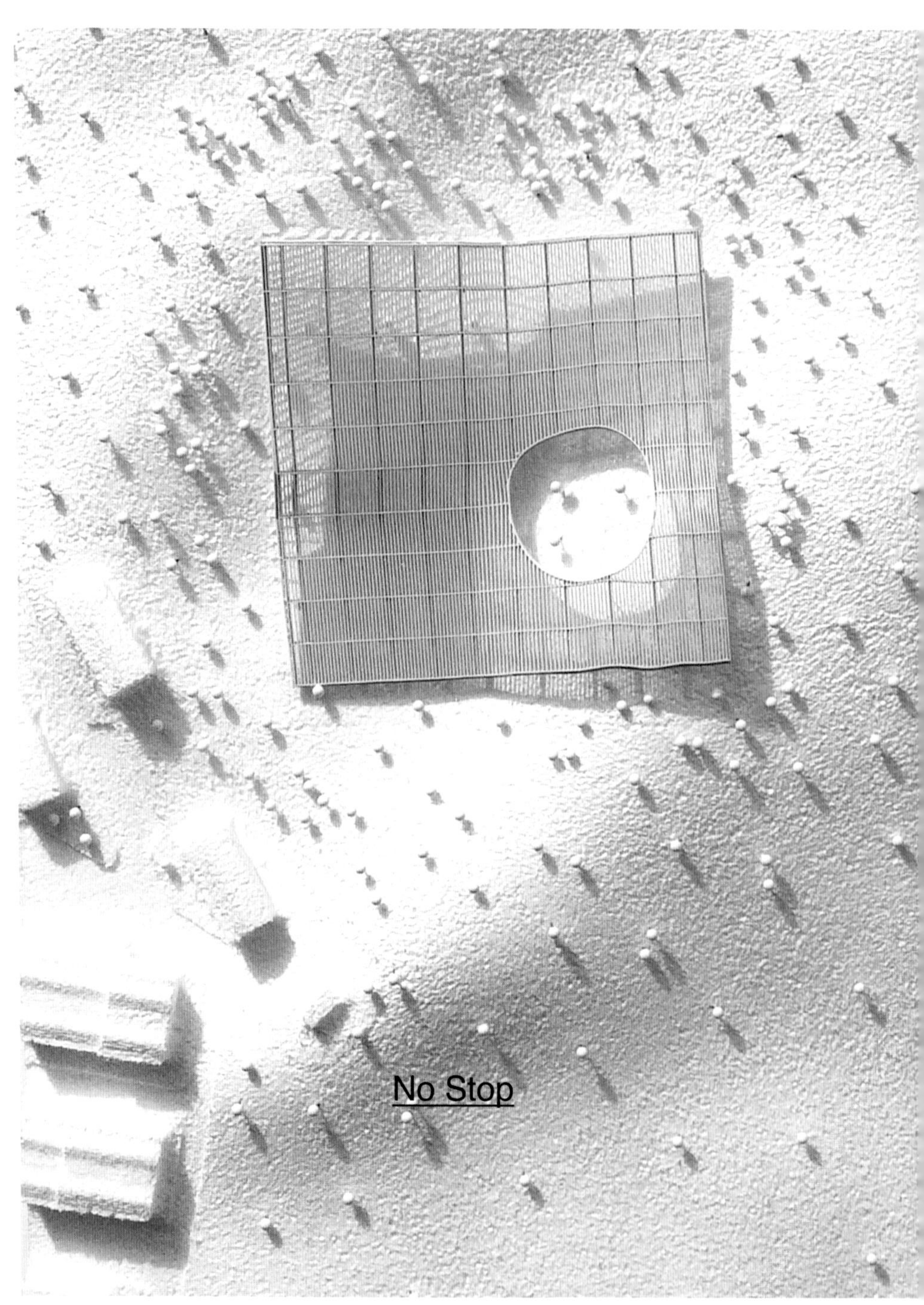
No Stop

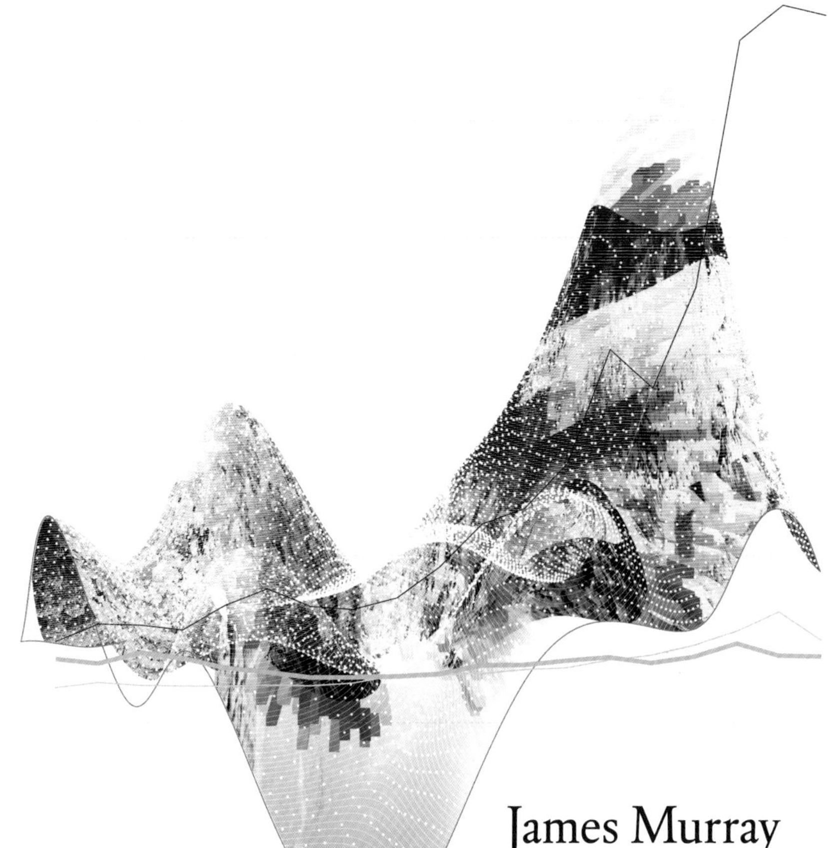

James Murray
MArch I, 2017

不精确的热带

只有满足一定纬度条件的地方才是真正的热带。
在形容建筑、空间和日常经验时，“热带”这个说法往往不是精确的。
本设计课程受到哥伦比亚麦德林的启发，试图挑战热带状况的模糊性。
它根据麦德林独特的地理、气候、多样性和物质文化，重新定义了热带空间。

指导教师

Camilo Restrepo Ochoa

粉色和蓝色的静物

史上第一幅静物是建筑。建筑是第一个旅行建筑师（traveler-*cum*-architect）外出旅行时放在十字路口的一堆石头——他通过物品的排列占领一个地点，确认自己曾经到过那里，然后继续前行，希望有所作为。静物或许是石头上的那个记号，那时建筑和书写还没有分开（元书写）。威廉·华兹华斯在《有关墓志铭的短文》中写道："墓志铭的前提是一座纪念碑，因为墓志铭必须刻在纪念碑上。"此处的纪念碑并非某种评价，它承载着一种迟滞的实质性，使它成为一个静物；纪念碑不是指它的可用性，而是它的物性、它的顽固、它内在意义的缺失，一如黑格尔的金字塔等待着象形文字的铭刻。如果金字塔是静物画里的水果，那么沙漠就像静物画里带褶皱的布。

赫尔墨斯是第一个旅行建筑师，他建造了一座纪念碑。诸神亲自用石头将他困入了石冢，让他成为"被禁锢的生命"（Stilled Life）。（在这个意义上，勒·柯布西耶的朗香教堂就是一幅精致异常的赫尔墨斯式的静物。一堆老教堂留下的石头遗址被白墙包裹，向四个地平线致敬，同时又与"声音景观"共鸣，整座建筑与我们这些仰慕者无关，而只与它本身的存在有关。）作为一种本源性的展演，华兹华斯的纪念碑和赫尔墨斯的石冢让我们能够理解静物必要的消极性（许多当代建筑师都想要用生机繁盛的种种设计来驯服这种消极性)。必然存在于碑文之先的纪念碑并非具备某种特定的意义，而是某种潜能，某种非语义学的物质性，某种没有指向性的结构。在碑文之前必须存在一种结构或是一个系统(亦或一个学科？)，这样这些文字才可能成型，并有所依据。在文字的铭刻之前，建筑必须是某种存在。

与其说静物表现了镌刻的文字，不如说静物就是镌刻这个过程本身的展演。

K. Michael Hays
学术事务副院长，
建筑理论 Eliot Noyes 教席教授

五幅一点透视图在此处浮现。框定它们的照片也是一点透视，暗示了一种一点透视上的一点透视。一点透视是学生在 2015 年秋季学期的以下自选设计课中主动选择的表现手法：“冰山小巷”“膳食设计：最后一道菜”“没有内容的建筑 15：霓虹灯帕拉第奥”和“不精确的热带”。这些效果图将没有透视的材料组合在一起，（有意地）使图像看上去扁平，通过极少的阴影处理，让这种审美效果更加强烈。似乎，设计者们不约而同的努力是出于对表现风格的某种反应。这些效果图更贴近于密斯式的一点透视，而与时下流行的照片现实主义的作图手法截然不同。与密斯不同的是，充斥于图纸中的不是线条，而只有扁平的材质。

在这五幅一点透视下面，是七个建筑和城市设计的方案模型，这些模型表现着各个一点透视效果图的出处和场景。一个建筑设计课程也面临了一点透视，不过不是通过图纸，而是通过一点透视完成的剖切模型。无论是参考旧的技巧，还是发明新的手法，两者都正中要点。

ROAD

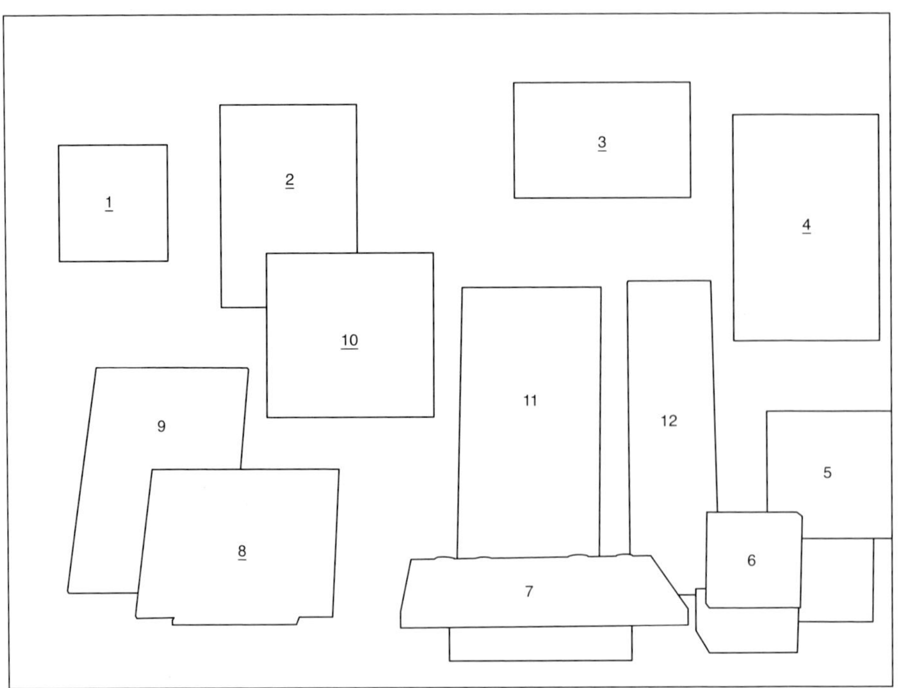
1
2
3
4
10
11
12
9
5
8
6
7

1 食物 Food p. 254

Christopher Riley
MArch II, 2017
膳食设计：最后一道菜
指导教师：重松象平, Christine Cheng

2 药房 Dispensary p. 256

Maia Peck
MArch I, 2017
没有内容的建筑 15：霓虹灯帕拉第奥
指导教师：Kersten Geers, David Van Severen

3 内部 Domestic p. 258

Konstantina Perlepe
MArch II, 2016
不精确的热带
指导教师：Camilo Restrepo Ochoa

4 遮篷 Canopy p. 260

Sara Arfaian
MArch II, 2017
没有内容的建筑 15：霓虹灯帕拉第奥
指导教师：Kersten Geers, David Van Severen

5 边缘

Yaqing Cai
MArch I, 2017
冰山小巷
指导教师：Lola Sheppard, Mason White

6 覆盖

Collin Cobia
MArch I AP, 2017
瓜拉尼地区 III
指导教师：Jorge Silvetti

7 流体

Irene Preciado Arango Valeria Fantozzi, Meriç Özgen
MArch I, 2018
建筑核心设计课程 IV：关联
指导教师：Belinda Tato

8 室内 Interior p. 262

Ya Gao, Danielle Kasner, Naureen Mazumdar
MArch I, 2018
建筑核心设计课程 IV：关联
指导教师：Jeannette Kuo

9 原型

Sasha Bears, Yousef Hussein, Elizabeth McEniry
MArch I, 2018
建筑核心设计课程 IV：关联
指导教师：Luis Callejas

10 回廊 Cloister p. 264

Dai Ren
MAUD, 2016
冰山小巷
指导教师：Lola Sheppard, Mason White

11 林肯路

Patrick Mayfield
MArch I AP, 2016
毕业设计：从水到盐
导师：Kiel Moe

12 混合

Gary Lin, Marcus Mello, James Zhang
MArch I, 2018
建筑核心设计课程 IV：关联
指导教师：Belinda Tato

本设计课程是一个系列设计课程的第三个也是最后一个学期，该系列课程探索膳食（此处膳食与食物或营养有关）、建筑和城市之间的关系。本页所示项目试图通过设计一座工厂及其相关功能空间来探索这些关系。这座工厂既强调个人空间，又强调集体空间。

Christopher Riley
MArch II, 2017

膳食设计：最后一道菜

指导教师

重松象平,
Christine Cheng

Dispensa

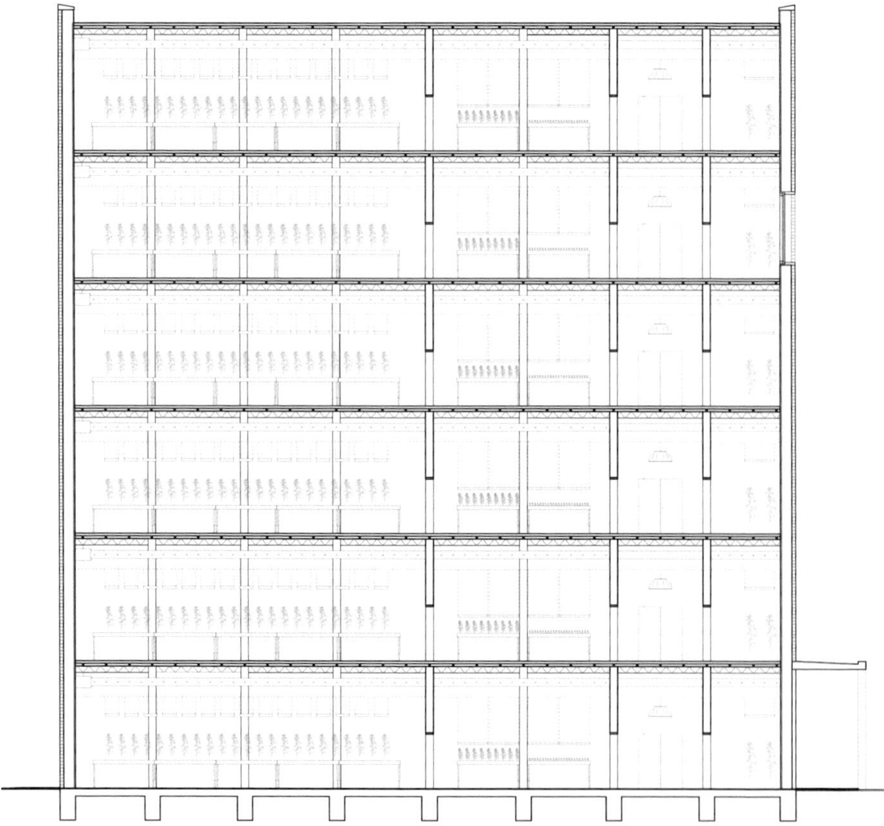

Maia Peck
MArch I, 2017

没有内容的建筑 15：霓虹灯帕拉第奥

指导教师
Kersten Geers,
David Van Severen

本设计课程属于研究美国建筑的先例和尺度的系列课程的一部分。它探究了新帕拉第奥主义。帕拉第奥主义强烈地影响了早期的美国建筑；拉斯维加斯的赌城大道就是放大版的帕拉第奥主义：一种霓虹灯版帕拉第奥。这个项目位于纽约州罗切斯特的郊区，是一间售卖医用大麻的药房。

本设计课程以一种模糊的方式将建筑作为体验热带的工具。这里建筑和热带空间被重新定义，热带不再有关休闲、白沙滩和椰子壳里的鸡尾酒一类的陈词滥调。入选的项目着重于表现建筑的内部空间。

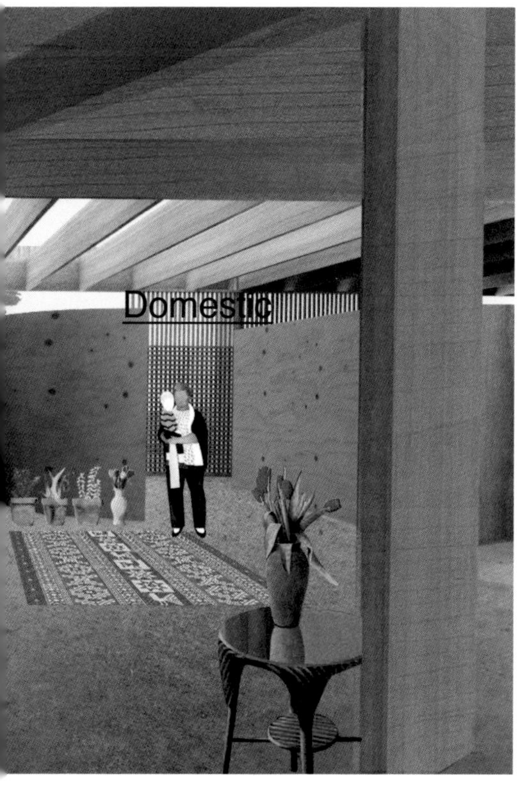

Konstantina Perlepe MArch II, 2016

不精确的热带

指导教师
Camilo Restrepo Ochoa

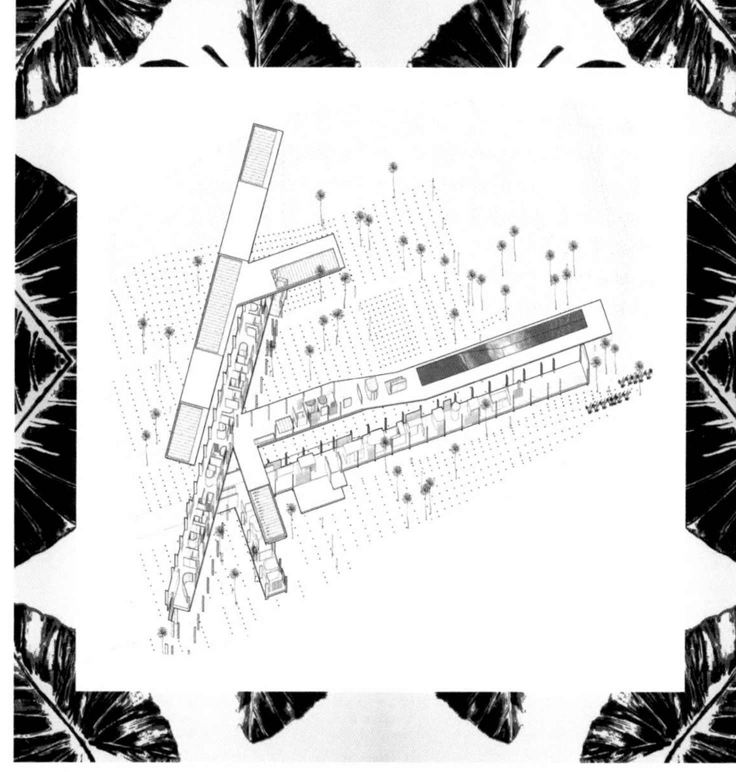

Sara Arfaian
MArch II, 2017

没有内容的建筑 15：霓虹灯帕拉第奥

指导教师

Kersten Geers,
David Van Severen

“霓虹灯帕拉第奥”设计课程探索了很多美国建筑的先例，而其中罗马建筑几乎无处不在。本页的设计是对于这些先例的戏仿，它通过遮篷这种微妙的手法来区分空间、限定功能，规定停歇的节奏。

Canopy

10 km

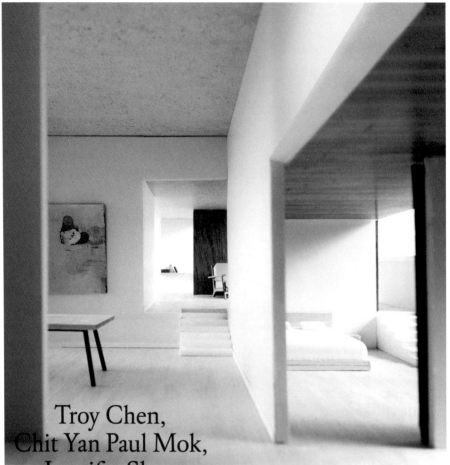

Troy Chen, Chit Yan Paul Mok, Jennifer Shen
MArch I, 2018

建筑核心设计课程 IV：关联

指导教师
Jeannette Kuo

Interior

建筑核心设计课程系列的第四学期“关联”将住宅作为城市结构的中心要素以及个体与集体空间的基本协调场地。本项目希望通过住宅设计寻找一种新的居住方式。

Ya Gao,
Danielle Kasner,
Naureen Mazumdar
MArch I, 2018

建筑核心设计课程 IV：关联

指导教师

Jeannette Kuo

每年都会有四万座冰山从格陵兰的冰川上脱离下来，滑入大海，漂浮在冰冻的极地海港。它们漂过戴维斯海峡，沿着拉布拉多洋流（Labrador Current）向纽芬兰圣约翰斯进发，在漂浮的过程中，它们缓慢地融化。只有 400~800 座冰山能够漂到纽芬兰这么靠南的地方。这个年度循环使纽芬兰东部海岸有了一个“冰山小巷”的昵称。本设计课程关注此区域包括旅游和能源产业在内的诸多城市元素。

Dai Ren
MAUD, 2016

冰山小巷

指导教师

Lola Sheppard, Mason White

从类似于鹅卵石的光滑铸件，到罗伯特·史密斯森（Robert Smithson）的“非定点”（Non-sites）中那些粗糙零碎的材料，“重物”无处不在。《平台》的编辑们在 GSD 的工作室里发现了许多岩石：作为模型基地的岩石，作为水泥骨料的岩石，塑料泡沫处理成的岩石。此处收录的博士学术文章细读了《佩雷的勒兰西圣母教堂的粗糙水泥表面》一文里“无数灰色和白色的斑点”。一门建筑设计课程在南美洲的瓜拉尼地区使用了重物，这门设计课程与“废墟美学：一个建筑理念的史海钩沉”这门历史理论研讨课正好配对。另外一个建筑毕业设计探究了非现代的设计手法，提出了“溯因式建筑”的主张，炙烤重物，使它升温，用火来揭示整体团块。

重物 Heavy Matter

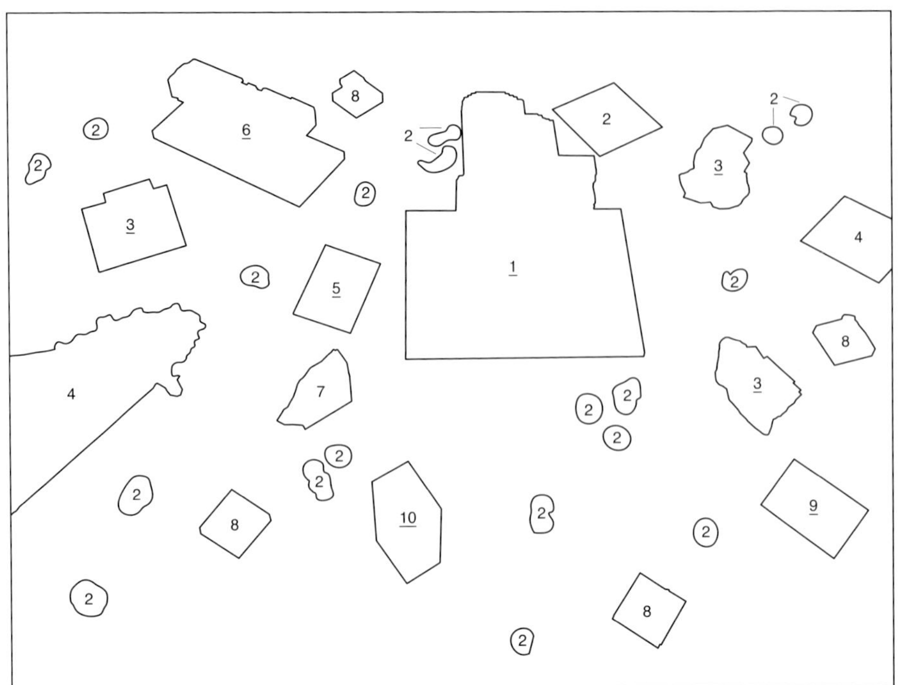
8
2
2
2
6
2
2
3
2
3
4
1
2
2
5
8
3
4
7
2
2
2
2
2
2
9
2
10
8
2
2
8
2

1 水泥 Cement
p. 272

Alexander Timmer
MArch I, 2016
毕业设计：溯因式建筑
导师：Kiel Moe

2 嘉年华

Carol Jin Jin Chiu
MArch I, 2017
等等
指导教师：Mack Scogin

3 基石 Bedrock
p. 274

Aaron Menninga
MArch I, 2016
毕业设计：图底
导师：Kiel Moe

4 瓦解

Emily Wettstein
MArch I / MLA I AP, 2016
毕业设计：枢纽腹地
导师：Iñaki Ábalos

5 钢筋混凝土 Reinforced Concrete
p. 276

Etien Santiago
博士候选人
佩雷的勒兰西圣母教堂的粗糙表面
导师：Antoine Picon

6 模板 Formwork
p. 282

Collin Cobia
MArch I AP, 2017
瓜拉尼地区 III
指导教师：Jorge Silvetti

7 沥青

Tyler Mohr
MLA II, 2016
莫斯科的未来：堵在路上
指导教师：Martha Schwartz

8 小石头

Martin Fernandez
MArch I, 2019
建筑核心设计课程 II：情境
指导教师：Tomás dePaor

9 铺地节点 Paving Joints
p. 284

Nina Phinouwong
MLA I / MUP, 2016
南安普顿码头
指导教师：Michel Desvigne, Inessa Hansch

10 弹坑 Crater
p. 286

Taylor Baer, Andrew Madl, Izgi Uygur
MLA II, 2017
测绘：地理表现和假设
指导教师：Robert Pietrusko

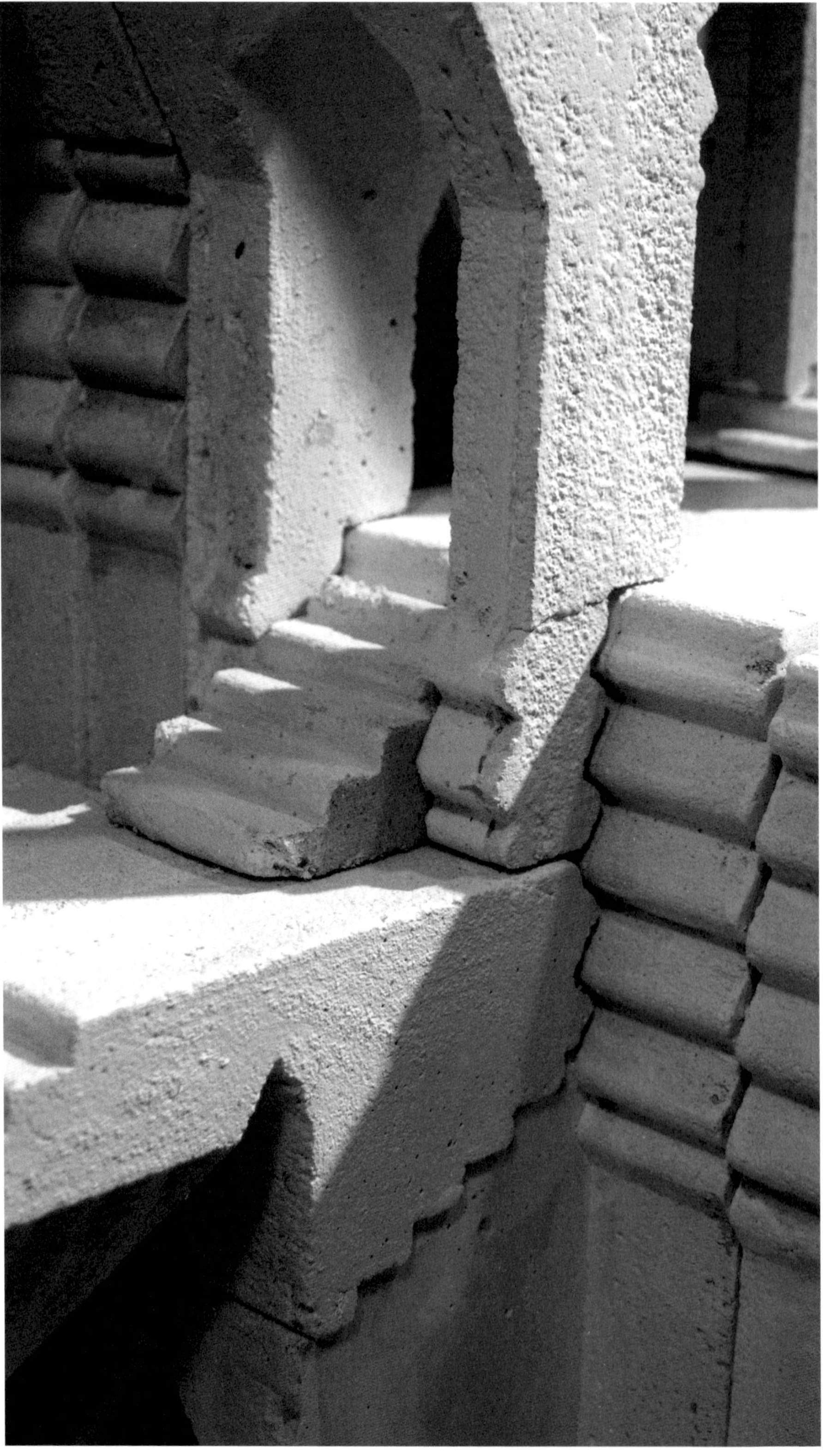

此毕业设计使用开放热力学(特别是火的热力学)来说明团块由于能量流动而被迫汇合的过程。设计的目标是压缩设计到建造的反馈回路,从而允许更加直接的设计创新。

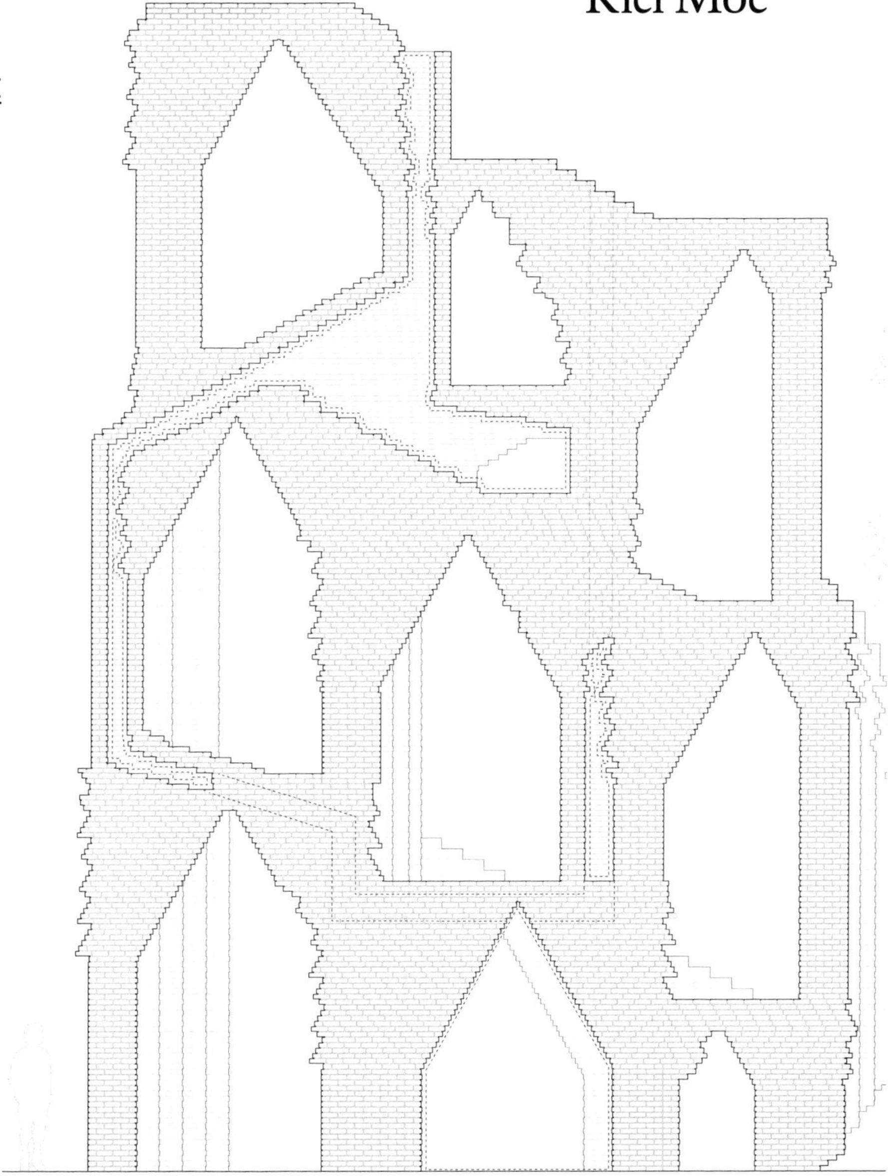

Alexander Timmer
MArch I, 2016

毕业设计
溯因式建筑

导师
Kiel Moe

ment

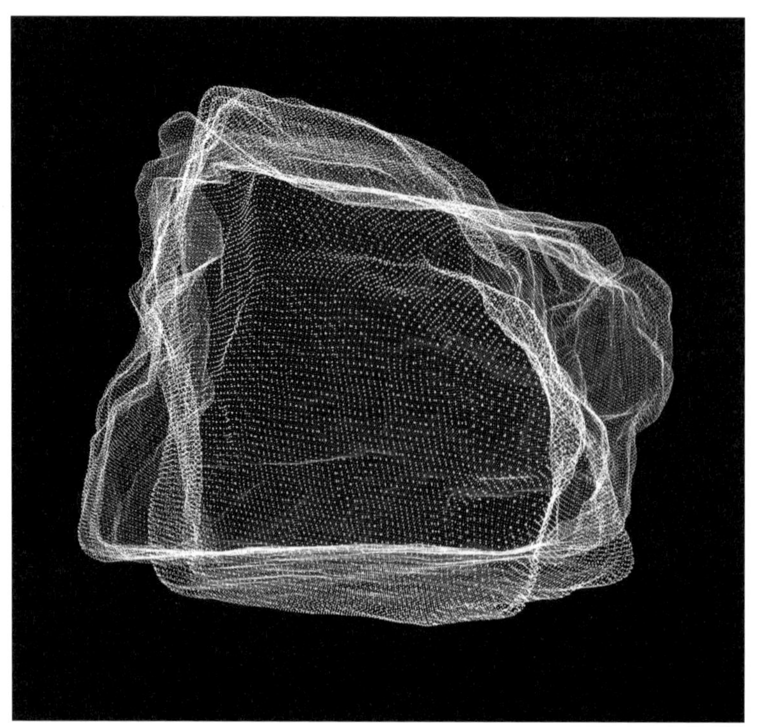

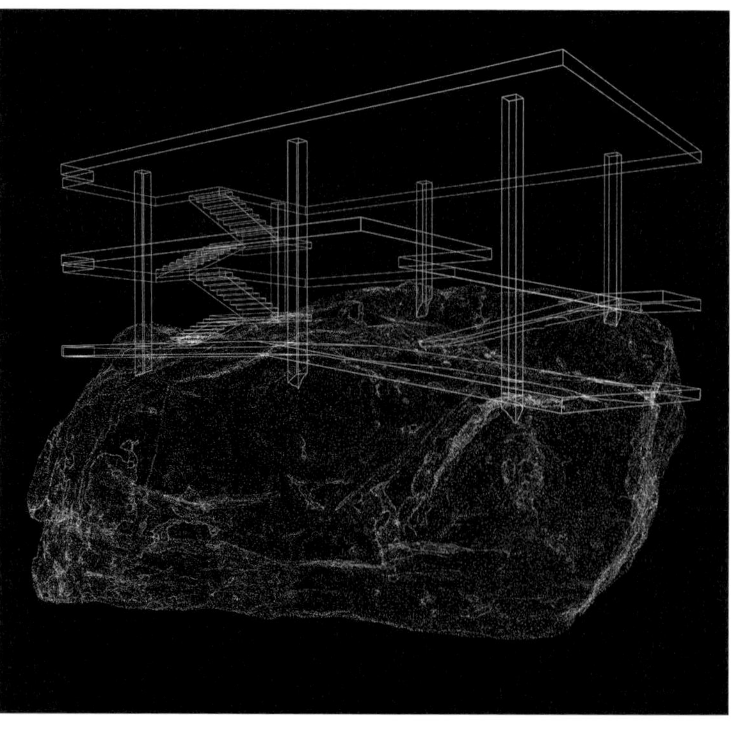

Aaron Menninga
MArch I, 2016

毕业设计
图底

建筑设计最基本的驱动力可以被理解为建筑对地面的测量和接触。本页的毕业设计展现了场地信息收集的一系列方式，以及这些信息对建筑表现和建造的影响。

导师
Kiel Moe

Bedrock

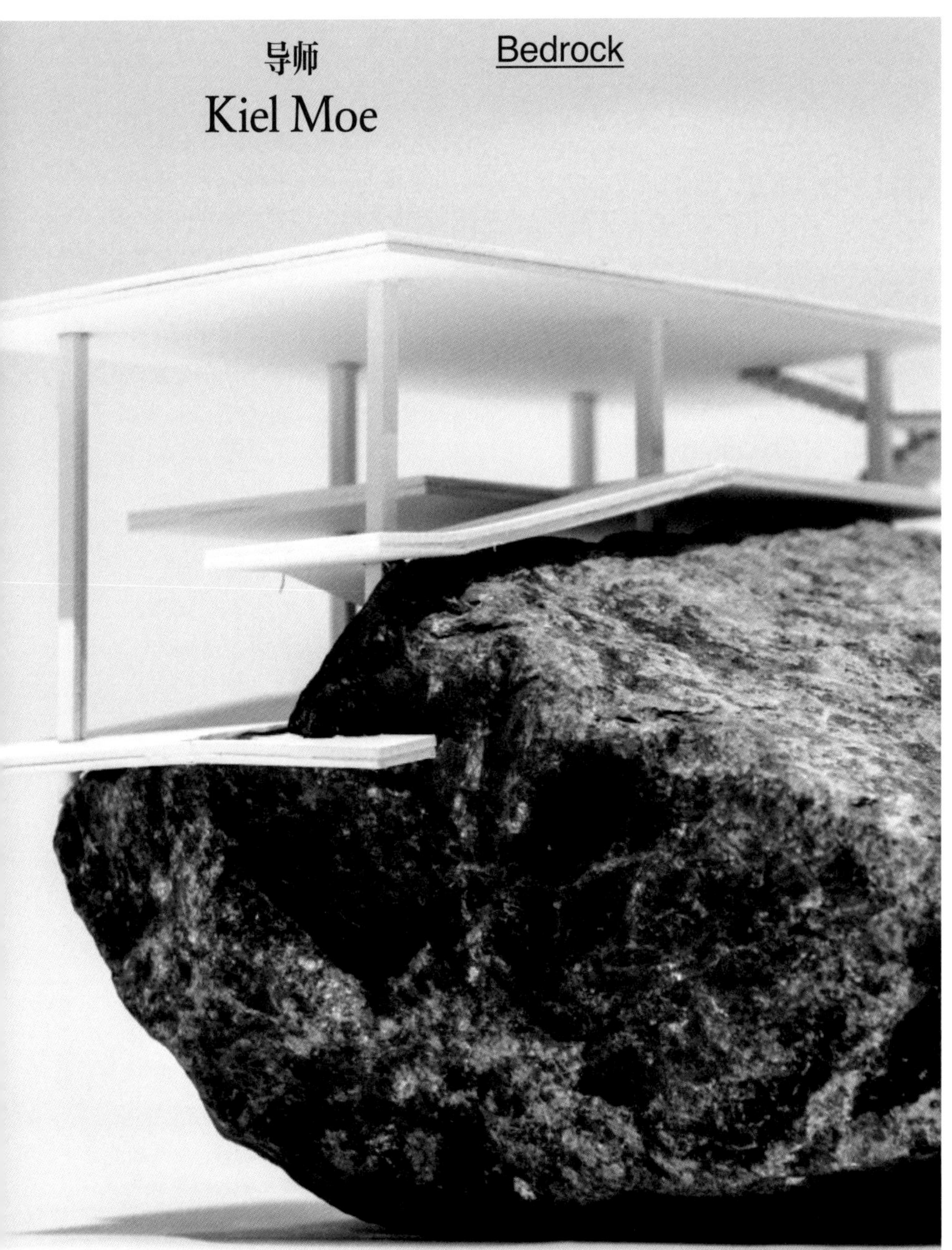

Etien Santiago 博士候选人

佩雷的勒兰西圣母教堂的粗糙表面

导师 Antoine Picon

勒兰西圣母教堂(Notre-Dame du Raincy)坐落于法国巴黎的东北部。它的正门旁边是斑驳的混凝土墙，和其他任何混凝土墙别无二致。混在灰色颗粒状水泥中的是一片星罗棋布的鹅卵石、小石块和破碎的贝壳。它们的颜色各不相同，有灰红色、靛蓝色、深红褐色、焦橙色和骨色。不远不近地观看，我们的眼睛很难聚焦到这个材料的某处；它驳杂的表面有一种近乎视觉噪音的效果。无数灰色与白色的斑点充满了我们的视野，如此繁杂、稠密而多样，以至于它们看上去像是在以不同的频率振动，一如被切断讯号的电视机屏幕。近距离观看，水泥看上去甚至有些柔软，就像它还仍然是包裹着这些骨料的泥浆。小小的气泡在泥浆流动的时候被困在其中，形成的压痕像是遗失的石块。但是，触碰混凝土给人的感觉却截然不同，坚硬而粗糙如同砂纸，甚至比那还糟：它那凹凸不平的表面会磨痛我们的手指。触碰水泥会有类似触摸粉末的感觉，一碰就瓦解成细碎的颗粒。我们可以触碰到一些凸起的线条，并立刻发现这是木模板的节点。每块材料都有自己独特的颜色和纹理；它们的连接处相当粗糙，我们可以很容易地想象垂直倾倒混凝土的样子，紧邻的瀑布一般的泥浆在向下倾泻的过程中，被定格在了某一个瞬间。

乍看之下，勒兰西圣母教堂的建筑材料极为普通，与充斥在我们的建成环境中的粗糙水泥表面别无二致。但是这块混凝土由于它在历史上的特殊地位而十分特别，最重要的一点是，它为现代主义审美做出了根本性的贡献。我们知道这块混凝土大约是在 1922 年 4 月 30 日(这天这座教堂铺设了第一块石头)到 1923 年 6 月 17 日(凡尔赛的主教在这天为教堂的建成而剪彩①)之间浇筑的。我们还知道，1874 年出生于比利时伊克塞勒(Ixelles)的法国建筑师奥古斯特 · 佩雷(Auguste Perret)主持了这座建筑的设计和施工管理，并决定将混凝土作为建筑材料，且不加任何装饰。② 我们还拥有一些有关建筑最后如何成形的技术过程的信息。但是，仅就这些信息，我们还是无法触碰到这个问题的核心。最值得注意的是，在一座具有纪念性的公共建筑上，粗糙的混凝土被故意暴露在外。在那个时代，这个革命性的理念还从未有过先例。

Reinforced Concrete

钢筋混凝土是将水泥(或石灰)、水、沙和小石子组成的混合泥浆倒入内部插有钢筋的模具后干燥成形的产物。它是 19 世纪的发明，由来自不同国家的创新者共同完成。这些发明家来自北美、英国、法国和德国，他们在各自的国家独立研究并通过专门的实验和出版物互通信息。③ 正如建筑史学家 Réjean Legault 所解释的那样，在钢筋混凝土发明之后，它的具体定义和使用规则一直都是争论的焦点。④ 一群不相干的业余发明家、专业科学家、建筑工人、土木工程师和建筑师都曾经用他们独特的方式为这种新材料的用法做出贡献。⑤每群实验者都对钢筋混凝土是什么、如何能够变成他们工作的一部分有自己的意见。各个行业内部也在讨论着钢筋混凝土到底有什么用。我们现在已经习以为常的观念——钢筋混凝土和木材、铁和砖一样，属于基本的建筑材料——曾经在19世纪末20世纪初经历过激烈的讨论。⑥那时，不论是在专业出版物中，还是在建材市场上，关于钢筋混凝土的各种理念百家争鸣。

尽管在1922年以前，关于钢筋混凝土有许多不同理念和定位，但是在那之前，几乎所有的倡导者都同意一个不曾明说的前提：粗糙而简朴的混凝土是永远也不可能成为文明世界里高等

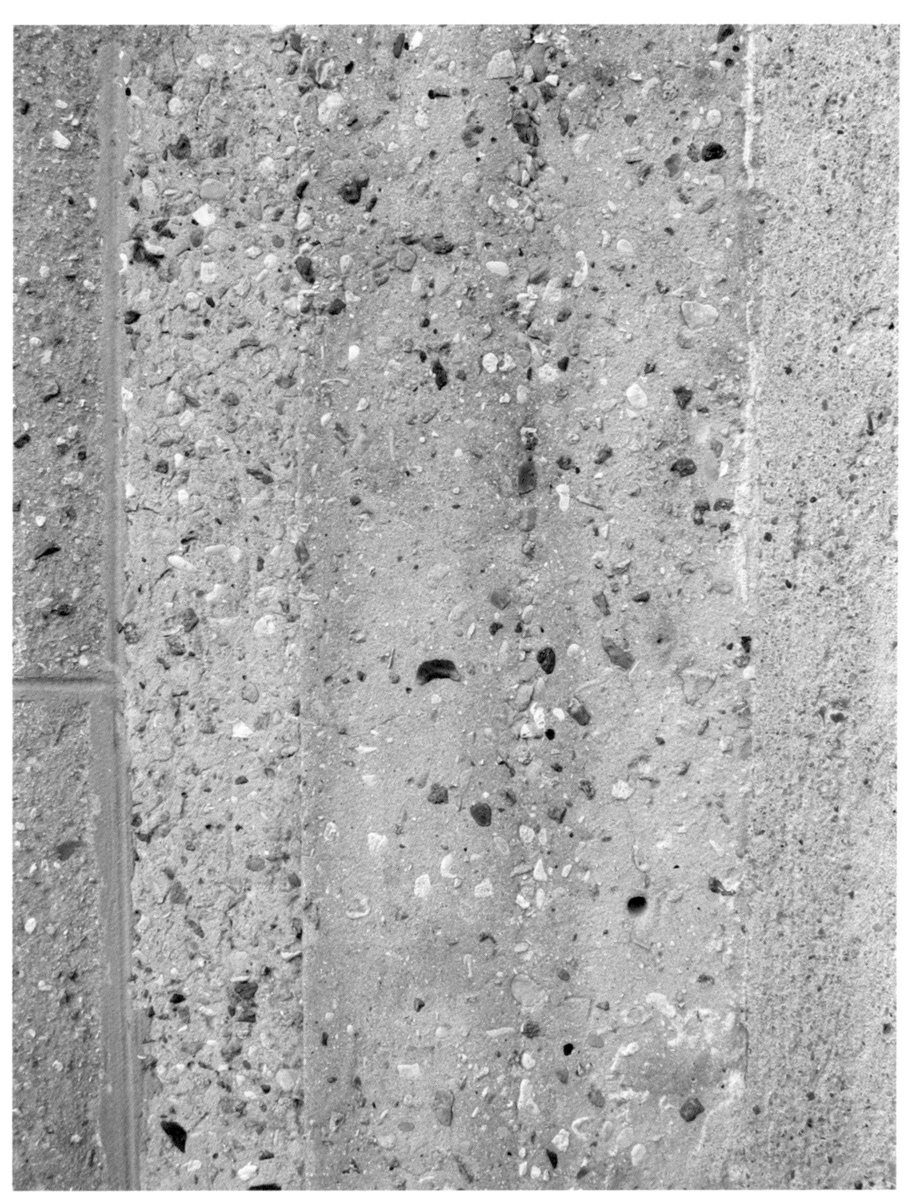

勒兰西圣母教堂东立面上裸露的现浇混凝土。该教堂于1922年由奥古斯特·佩雷(Auguste Perret)设计。摄影:Etien Santiago

场所的外包材料的。⑦ 事实上，在那个年代这么使用混凝土是如此的不可思议，以至于在那之前没有什么人讨论过相关的问题。即使最支持混凝土的技术领跑者，也同意建筑需要有哪怕是最低限度的装饰，他们绝不会考虑将混凝土作为建筑的外完成面。

不同的设计师通过不同的方式坚持着这个前提。1862 年，建筑师路易 - 奥古斯都 · 布瓦洛（Louis-Auguste Boileau）完成了位于 Le Vésinet 的新哥特教堂圣 · 玛格丽特教堂（Sainte-Marguerite），并为建筑开拓了新的疆域——这座位于巴黎以西的教堂的外墙材料使用了混凝土，而非石材或砖。为了模仿石匠建造优雅的传统工艺，他将水泥砂浆平整地涂抹在混凝土墙外侧，并刻上假的石缝，以模仿层层叠叠的石块。（这个项目因为它室内的铁质结构更为人所熟知，铁更能体现它所使用的新材料。⑧）比布瓦洛年轻一代的建筑师阿纳多尔 · 德 · 鲍多（Anatole de Baudot），在著名的巴黎山上设计了圣 · 让蒙马特教堂（Saint Jean de Montmartre），由于使用了可见的混凝土（ciment armé ，一种细骨料的钢筋混凝土，由工程师保罗 · 科坦桑〈Paul Cottancin〉研制）而引起了广泛的争议。⑨在他同时期的文章和课程中，鲍多将他的同辈建筑师们骂得狗血淋头，他认为，他们有意将混凝图掩藏在其他材料后面、或是用混凝图模仿其他材料的做法是十分可笑的。⑩ 与圣 · 玛格丽特教堂一样，圣 · 让教堂也借用了哥特建筑的原则，但是它将混凝土作为整体审美的一部分。它平面尖拱券与相交曲线的设计语言构成了抽象的结构装饰。结合他的导师维奥莱 - 勒 - 杜克（Eugene Viollet-le-Duc）的教诲，鲍多改变并装饰了混凝土的表面，试图让它们更值得欣赏——这与中世纪石匠在称重的石头上镌刻装饰的做法类似。⑪ 在圣 · 让教堂中使用的混凝土使用了另一种抹灰，用漆涂上了扁平的图案，或贴上了小的陶土马赛克（由陶艺家亚历山大 · 比戈〈Alexandre Bigot〉制作），这些手法创造了一种熠熠生辉的刺绣一般的效果。⑫

1904 年，也就是圣 · 让教堂完成的同一年，30 岁的奥古斯特 · 佩雷正在完成他位于巴黎市中心的富兰克林路 25 号的工作室和住宅建筑。在这栋建筑中，佩雷与他同为建筑师的弟弟古斯塔夫 · 佩雷使用了混凝土梁柱结构体系——当时在住宅建[illegible]体系非常罕见。然而，他[illegible]多对于诚实地展示混凝土的呼吁，上了釉并用稍有渐变的石砖将混凝土包裹了起来。和圣 · 让教堂的装饰一样，这些瓷砖也是比戈烧制的。富兰克林路大楼用两种不同的装饰瓷砖制造了一个梁柱结构的外表面，在花叶内饰前方稍微外凸，但是他并没有展示真正的结构。他在 1914 年与姐夫塞巴斯蒂安 · 弗伊拉（Sébastien Voiral）合写的未发表的文章中写道：

> ……这种材料［钢筋混凝土］可以吸收湿气，它的颜色有可能会显得悲伤。裸露混凝土的立面只适合有特定功能的工业建筑。混凝土必须要被石砖和瓷砖包裹，例如在纪念性建筑中，应该用大理石包裹。⑬

无论设计师们的目的是否在于将大理石处理为其他材料的样子——装饰它的表面，使其不受天气侵蚀，亦或是隐藏它“悲伤”的色彩——1922 年以前，业界的共识是普通的混凝土不适用于正式的建筑。从 1922 年开始，钢筋混凝土的施工经历了许多次转折，关于如何利用混凝土的激烈论战穿插其中，但是很长一段时间以来，业界一致认为，用于正式建筑的混凝土外表面需要装饰或某种仔细的处理。⑭

我们必须抛弃我们对于浇筑混凝土的当代审美，并用生活在 1923 年之前的人们的眼光看混凝土，去想象，看到一座由清水混凝土建造的教堂对他们来说是多么激进。⑮ 1924 年发表的一篇关于勒兰西圣母教堂的文章，代表了当时大众的观点："我们出于本能地反对用钢筋混凝土建造教堂！我们对于混凝土的顾虑最好的佐证，就是所有那些关于切割、雕刻岩石以建造不朽教堂的诗歌。"⑯ 另一位评论者被勒兰西圣母教堂的形式所吸引，同时又反感它的材料，他敦促读者在"在奇妙的柱群中"敬仰悬挑的神坛，这样就可以"立刻忘却钢筋混凝土给人带来的反感"。⑰ 可见，他并没有将这个材料当成未来的建筑材料。一篇发表于 1923 年 *L'illustration* 中的文章用很大的篇幅抒发了大众对勒兰西圣母教堂的混凝土的反感：

> 另外，我们的记者很难将这些凝固的糊状物与优雅的材料联系起来，对他们来说这些糊状物只适用于工厂或机库，这个现代工业的副产品根本没有资格被用于教堂。⑱

正如我们所注意到的，佩雷本人在建造勒兰西圣母教堂的八年前也坚持建筑师应该用其他材料装饰混凝土结构的表面，特别是在例如教堂这样的"纪念性建筑上"。⑲ 尽管他强烈地意识到了将混凝土暴露在雨中的风险，也意识到了混凝土可能造成不好看的外观，但是他在设计勒兰西圣母教堂的时候还是无视了这些顾虑。

几十年间，无论从佩雷的职业生涯的角度，还是在更大范围上的现代主义建筑设计的角度，历史学家们都忽略了这个戏剧性的转折。在勒兰西圣母教堂之后，佩雷开始继续设计类似的作品，傲然展示着裸露的混凝土结构，并用混凝土砌块和其他材料填充其间。一群法国的年轻建筑师非常认真地模仿了他的风格，但是欧洲其他地区的建筑师则从来没有敢于将裸露的混凝土使用在具有高尚功能的建筑上。重要的案例有：鲁道夫 · 施泰纳（Rudolf Steiner）在瑞士多纳赫（Dornach）设计的第二歌德堂（Second Geotheanum，1925）；多米尼库斯 · 伯姆（Dominikus Böhm）在德国主教镇（Bischofsheim）设计的基督君王教堂（Christ-the-king Church，1926）；卡尔 · 莫瑟（Karl Moser）在巴塞尔设计的圣安东尼教堂（church of Saint Antonius，1926—1927）；保罗 · 图尔农（Paul Tournon）在巴黎设计的圣神教堂（Église du Saint Esprit，1928—1935）；当然还包括勒 · 柯布西耶的马赛公寓（1945）。

这一系列作品共同将粗糙的混凝土表面变成了现代主义建筑审美的同义词，而佩雷的勒兰西圣母教堂则是其中最早的一个强有力的声明。

① 来自教堂外墙上的铭文。

② Karla Britton, *Auguste Perret* (London: Phaidon, 2001)：第 89 页。关于佩雷和勒兰西圣母教堂，另可参考：Simon Texier, “Église Notre-Dame-de-la-Consolation, Le Raincy,” in *Les frères Perret: l'oeuvre complète*, ed. Maurice Culot et al. (Paris: Éditions Norma, 2000), 126. Jean-Louis Cohen, Joseph Abram, and Guy Lambert, eds., *Encyclopédie Perret* (Paris: Monum Éditions du Patrimoine, 2002). Roberto Gargiani, *Auguste Perret 1874–1954: Teoria e opere* (Milan: Electa, 1993).

③ Cyrille Simonnet, *Le Béton: histoire d'un matériau* (Marseille: Éditions Parenthèses, 2005); *Gwenaël Delhumeau, L'invention du béton armé: Hennebique 1890–1914* (Paris: Norma, 1999); Peter Collins, *Concrete: The Vision of a New Architecture* (London: Faber and Faber, 1959; repr., Montreal: McGill-Queen' s University Press, 2004); and Aly Ahmed Raafat, *Reinforced Concrete and the Architecture It Creates* (PhD Diss., Columbia University, 1957)

④ 见 Rejean Legault 的《现代建筑的设备：新材料和建筑的现代性，法国 1889—1934》(博士学位论文，麻省理工大学，1997 年）的第一章：第 20-68 页。

⑤ Adrian Forty, *Concrete and Culture: A Material History* (London: Reaktion Books, 2012), 16.

⑥ Legault：《现代建筑设备》，第 64 页。据 Legault 所说，“由于钢筋混凝土本身的粗糙性，它挑战了建筑师对于建筑材料的定义。”同上，第 68 页。

⑦ 同上，第 125 页。

⑧ 布瓦洛在教会建筑中使用铁，这引起了他与建筑师维奥莱 - 勒 - 杜克的公开分歧。见 Bernard Marrey, ed., *La querelle du fer: Eugène Viollet-le-Duc contre Louis Auguste Boileau* (Paris: Linteau, 2002).

⑨ Simonnet, *Le Béton*：第 133 页。

⑩ Anatole de Baudot, *L'architecture: le passé, le présent* (Paris: H. Laurens, 1916), 2.

⑪ 很多作者都总结了维奥莱 - 勒 - 杜克对鲍多的影响，以及他的追随者对于材料和装饰的理性，例如 Legault：《建筑现代设备》，第 10-11 页和 21-30 页。

⑫ 先例有位于 Rungis 的 l' Assomption 圣母院，设计者是 Édouard Bérard，1909 年建成。这个建筑平淡地展示了混凝土的制作手法，虽然这些混凝土被图上了漆，见 Jean-Charles Cappronnier, Frédéric Fournis, Alexandra Gérard, and Pascale Touzet, “L' art sacré entre les deux guerres: aspects de la Première Reconstruction en Picardie,” In *Situ* (Dec. 2009): 21。可见于 http://insitu.revues.org/6151.

⑬ Auguste Perret and Sebastien Voirol, “Le style sans ornements,”，此为未发表的手稿，在 Christophe Laurent, Guy Lambert, and Joseph Abram, eds., *Auguste Perret: Anthologie des écrits, conférences et entretiens* (Paris: Le Moniteur, 2006) 第 83 页中被重新发表。另见编辑对这段文字的注解（同上：第 75 页）。正如编辑们所揭示的那样，弗伊拉很快就在 1914 年 4-6 月刊的 *Montjoie!* 中以自己之名发表了这篇文章的缩减版。他在其中重申了类似的论点，见：“Où en sont les architectes?” *Montjoie!* 2, no. 4-5-6 (April-May-June 1914): 12.

⑭ 从 1900 年到 1920 年，关[illegible]土难看的表面并把它变成可用的建筑材料，在大西洋两侧都经过了激烈的讨论。一个美国人在 1914 年发表的文章中，认为混凝土与工业的气氛有关，他写道：“最常见的批评是混凝土的表面看起来单一，因而没有美感。”作者随后提出了多种处理混凝土的手法，希望能使混凝土的表面更可接受：“在现代使用混凝土的早期，人们致力于消除混凝土表面由于多种处理造成的不均匀的颜色，并除去表面的凹凸，使其看上去尽量平整，而这种单调的表面是令人反感的。”Paul Chesterton：《混凝土施工中的装饰》，《水泥世界》(*Cement World*) 第 7 期（1914 年 2 月）：第 33 页。另见 Simonnet, *Le Béton*：第 179 页。

⑮ 当人们看到勒兰西圣母教堂的时候，很多建筑评论家认为它真的“没有完成”，也就是还没建成。Simon Texier, “Les matériaux ou les parures du béton,” in *Églises parisiennes du XXe siècle: architecture et décor* (Paris: Action Artistique de la Ville de Paris, 1996), 81.

⑯ “Une église en béton armé,” *La Construction Moderne* 39, no. 254–256 (March 2, 1924): 185.

⑰ “La Nouvelle Église du Raincy,” Bulletin de Gagny, 重印于 *Union Paroissiale du Raincy* II, no.

8 (September 1923): 12. 这本小册子藏于巴黎的佩雷档案馆，535 AP 414/02, at the Cité de l' Architecture et du Patrimoine。

⑱ Le Semainier, "Courrier de Paris: Controverse," *L'Illustration* (July 28, 1923), 在佩雷档案馆中可以找到：535 AP 550。

⑲ 佩雷曾经用大理石板包裹钢筋混凝土结构的香榭丽舍剧场（Théâtre des Champs Elysées）的外表面，并用涂漆的石膏板装饰内表面。大理石的凹凸显示了它们下面的混凝土结构，将混凝土以另一种方式呈现了出来。

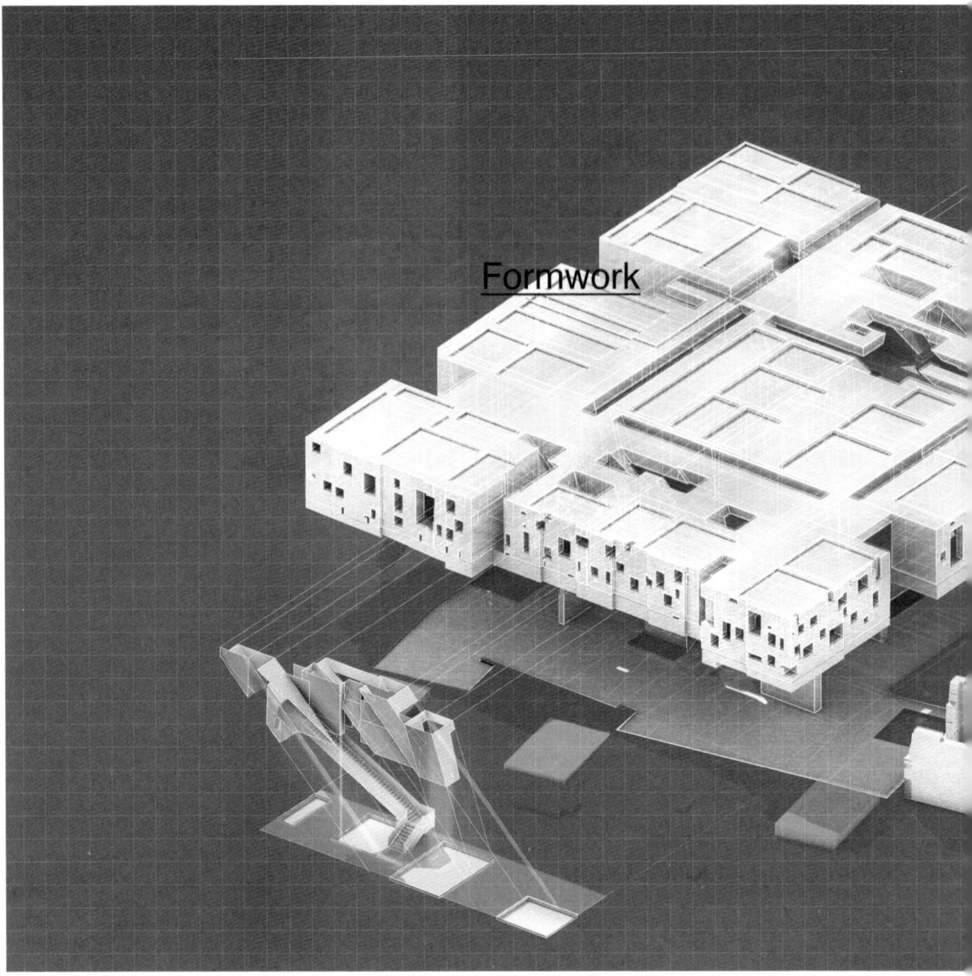

Formwork

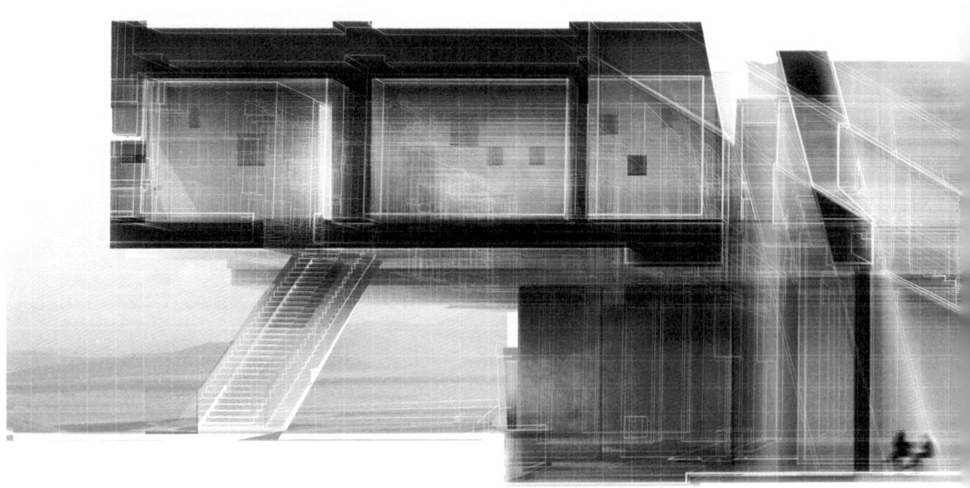

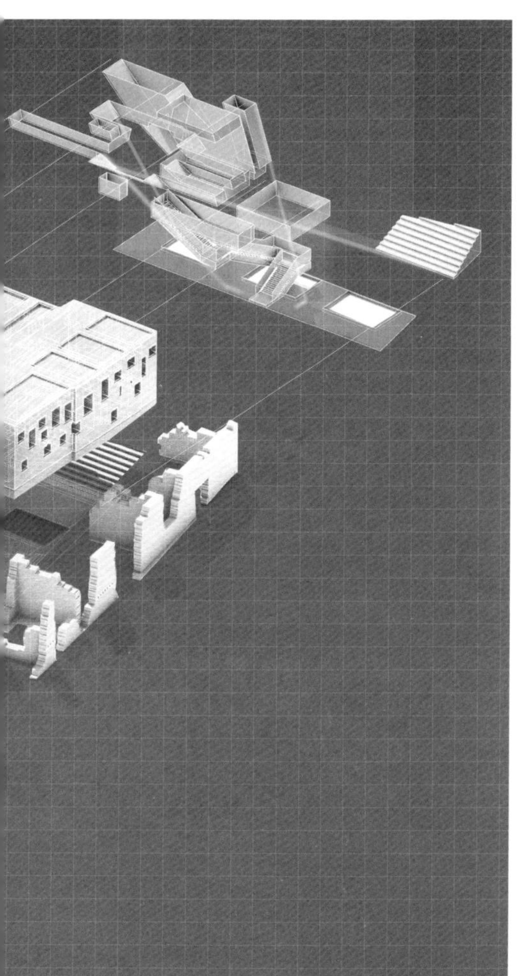

Collin Cobia MArch I AP, 2017

瓜拉尼地区 III

指导教师 Jorge Silvetti

这个项目是一个高等教育校园的设计。瓜拉尼地处亚热带，它极端的气候和地形条件给建筑设计带来了挑战。这个设计探索了应对这些自然条件的建造技术，同时也从历史和艺术的角度整合了场地中的 17 世纪巴洛克建筑遗迹。

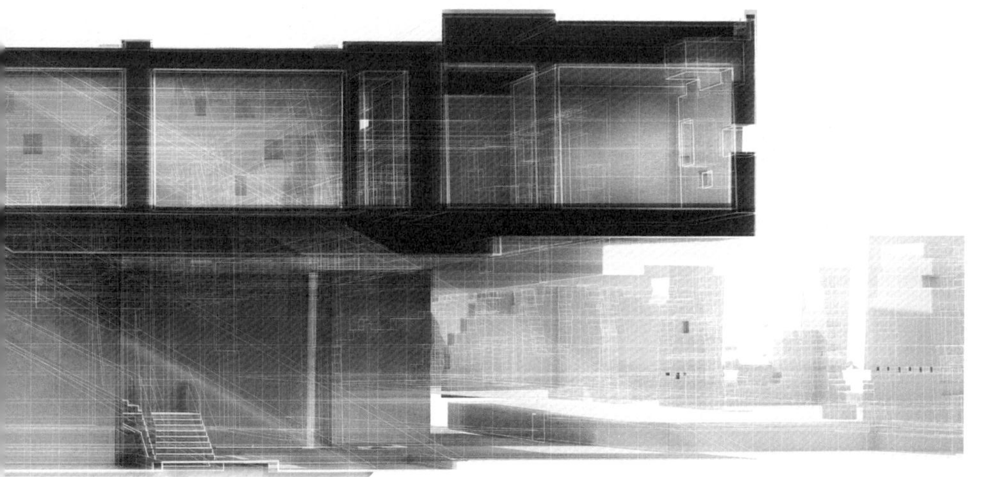

Nina Phinouwong
MLA I / MUP, 2016

南安普顿码头

指导教师
Michel Desvigne, Inessa Hansch

le havre
site conditions
Two monumental conditions:
Perret's design + harbor activities

勒阿弗尔坐落于上诺曼底的塞纳河口，是欧洲的主要港口。南安普顿码头曾经是最重要的离港码头，既是这座城市的航海门面也是它的工业进口码头。然而时至今日，这个码头已经荒废了 20 多年。本设计课程希望将它改造为一个连接城市和港口的公共空间，从而恢复南安普顿码头往日的生机。

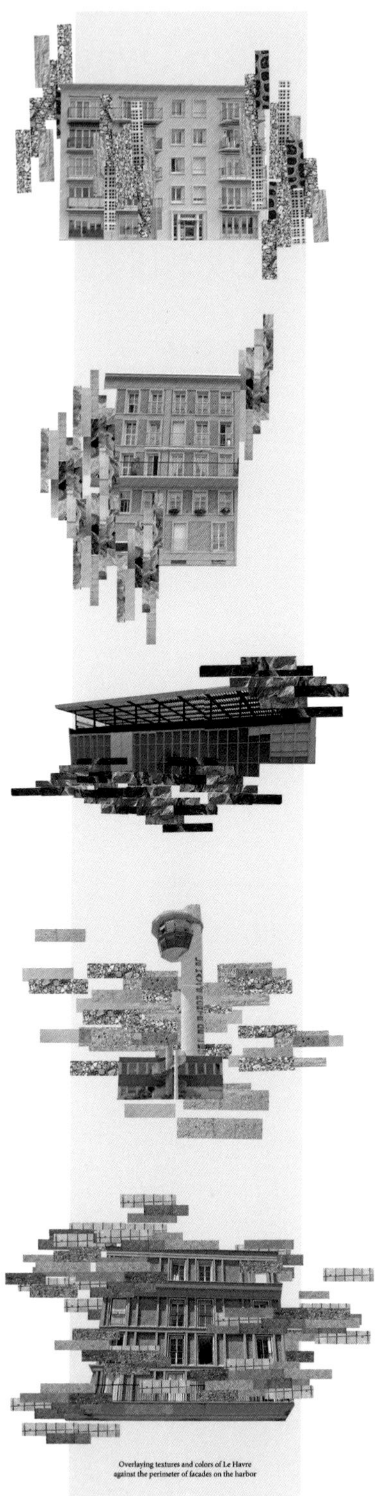
Overlaying textures and colors of Le Havre
against the perimeter of facades on the harbor

creating multiplicity of horizon line

allowing quality of light to come
out in details of paving

Paving Joints
using water and drainage to
create a 'facade' to atmosphere

manipulation of edges
in texture

Taylor Baer, Andrew Madl, Izgi Uygur
MLA II, 2017

测绘：地理表现和假设

指导教师
Robert Pietrusko

地图不能代表现实，它们创造现实。作为设计过程中最基本的部分，制图过程产生的是一个高度主观的看待场地的方式。通过选择重点表现的特征、因素和流动的相关要素，同时隐藏排除另一些要素，设计者们开始为他们的设计创造可供讨论的情景。本研讨课旨在教会学生如何将这些技巧应用到更大尺度的设计流程中去。

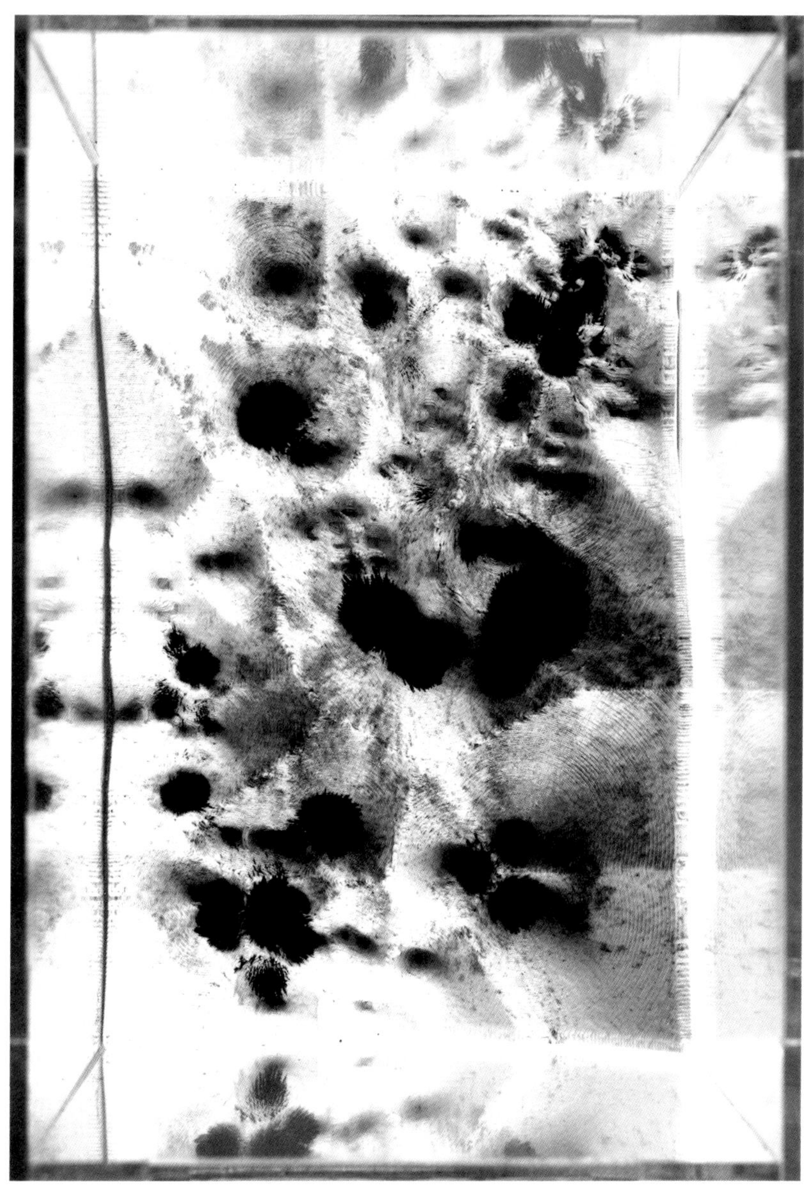

别误解我。我明白。虽然这么说，但其实我还是不明白——食物怎么能作为我们当代文化的主题实质以及持续性的原则？曾经我们阅读、理解（有些时候甚至是沉思）并得出结论，而现在我们逐一溯源、就地取材并有机认证未曾尝过的食物，它们被强烈的香料腌制、研磨，这些香料来自种族的、阶级的与性别的意识。不过这些仅仅是一些菜肴，我们吃进嘴里的才是真正重要的。

阅读摄影师亚当·拉图尔（Adam DeTour）的作品——他的名字让我不由自主地想到亨利·方丹-拉图尔（Henri Fantin-Latour）——让我们朝着那个想象中的、已弃置的画廊又近了一步，让我们看到柔和地发着光的让-巴蒂斯-西美翁·夏尔丹（Jean-Baptiste-Siméon Chardin）的作品，厚重的油画颜料真正地呈现出美味的黄油堆。拉图尔是《平台》这 16 张静物画的作者。我在此应该评价、注解并解读他的作品。拉图尔是一位聚焦大师，他通常都拍摄小吃、鸡尾酒和微小的奶油点心（是产出微小奶油的地方吗？就像细胞烹饪法〈molecular gastronomy〉一样？）他也漂亮地拍摄了无人的酒店房间，那些昂贵的酒店服务就是很好的证据。

而此处他拍摄的是学生作业。在由 Piper 报告厅改造成的临时摄影工作室中，这些作品被堆叠、排列，沐浴在蜜糖一般的灯光里。这些表现方式（obiter dicta）从空间和时间上限制了这些静物画的类型，与其从我看到的照片中延伸出评论，我在此想要问一个问题：（现在的）建筑设计与诺曼·布莱森（Norman Bryson）所说的“人工制品文化”（culture of artefacts）有什么关系？建筑是否像碗、壶、罐子和瓶子一样，是现实中“不可避免的永恒的背景”？静物的好处被忽视了。静物就像布莱森所观察并描写的那样，捕捉住了吃喝与居家生活的无可逃避的“创造性条件”。

或许拉图尔到达片场太晚，或者他原本想去位于冈德楼的工作室，却被引入了 Piper 报告厅——在公开评图之前的冈德楼，是一个不健康食品和咖啡因的储藏室，给予那些被煎熬的学生以生命的慰藉。不眠不休的活动，为的是那只叫作理智的巨兽（这是最好的论题）。在此处留影的剩菜，可以讲出剩下的故事。

Edward Eigen
建筑和景观建筑副教授

那个模型是什么？它是用什么材料做的？用了什么软件？为了辨别技术或材质，新作品的产生往往伴随着这类问题。入选这个章节的一部分模型强调了制作模型的技巧——3D 打印、纸板、塑料玻璃——但不全如此。题为“投影仪：图像技术的实验”的设计研究硕士（Master in Design Studies）毕业作品，虽然表面看来使用了工业砂印机，但事实上设计者并没有就此止步——设计者用一层层的白色半光滑油漆涂抹，用透明彩虹漆作为完成面，对作品进行了进一步的强化（或者说进一步的模糊？）。另一个作品经过金色材料的装点更显华丽，使得场地环境提升到一个新的档次。

值得强调的是，入选这一章节的作品都利用形式的凹凸创造了内腔或洞口。这种手法被用来封顶建筑、在体量的底部开洞或控制室内空间。其中，建筑核心设计课程 I 的作业将“隐藏房间”的内腔置于深深的阴影之中。另一个作品对于结构开间和房间不做区分。最后一个中层塔楼作品通过扭转平面替代了垂直延展的空间。编者发现了一个矛盾：普通的材料确实可以做出极富挑战性的形式开缝和孔洞。

展示的差异 Variations on the Display

THE BURBS
MOM'S
KITCHEN

DUDLEY SQUARE
FOOD ENTREPRENEURSHIP
DISTRICT
INSIDE OUTSIDE
PETRA BLAISSE

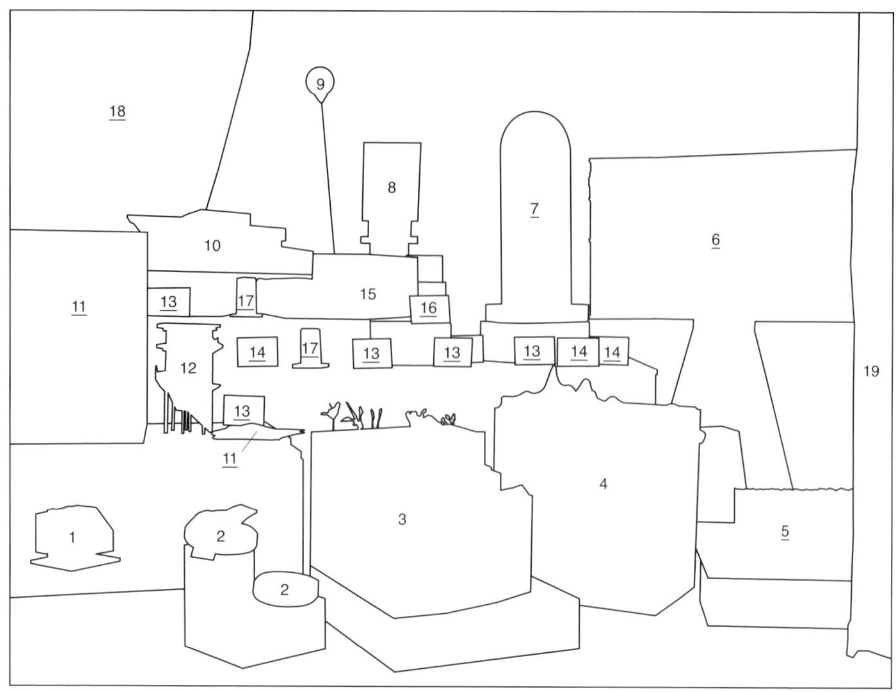

1 荧光橙

Humbi Song
MArch I, 2019
建筑核心设计课程 II：情境
指导教师：Jeffry Burchard

2 相交圆

Steven Meyer, David Pilz
MArch I, 2018
建筑核心设计课程 IV：关联
指导教师：Mariana Ibañez

3 城堡阶梯

Niki Murata
MArch I, 2017
里斯本故事——气氛和技法之间的建筑
指导教师：Ricardo Bak Gordon

4 渐变

Collin Cobia
MArch I AP, 2017
Evan Farley, James Murray
MArch I, 2017
测绘：地理表现和假设
指导教师：Robert Pietrusko

5 屏幕 Screen p. 296

David Hamm, Yu Kun Snoweria Zhang
MArch I, 2017
（重新）计划废弃物……对建筑废料的再思考
指导教师：Hanif Kara, Leire Asensio Villoria

6 壁橱 Cabinet p. 298

Joseph Varholick
MArch II, 2017
第三自然：伦敦的类型学联想
指导教师：Cristina Díaz Moreno, Efrén García Grinda

7 钟形女帽 Cloche p. 300

Demir Purisic
MArch II, 2017
第三自然：伦敦的类型学联想
指导教师：Cristina Díaz Moreno, Efrén García Grinda

8 线框

Aleksis Bertoni
MArch I AP, 2018
建筑核心设计课程 III：整合
指导教师：Elizabeth Whittaker

9 拴住

Bruce Cannon Ivers
MLA II, 2016
膳食设计：最后一道菜
指导教师：重松象平，Christine Cheng

10 叠放

Ruoyun Xu
MAUD, 2016
不精确的热带
指导教师：Camilo Restrepo Ochoa

11 马丁·路德·金 Martin Luther King Jr.

p. 302

Andrejs Rauchut
MArch II, 2017
马丁·路德·金路：建造美国黑人的主街
指导教师：Daniel D'Oca

12 架空

Feijiao Huo
MArch II, 2017
对东京周边乡村行为者网络的再设计
指导教师：贝岛桃代，塚本由晴

13 问候 Greetings

p. 304

Ximena de Villafranca
MArch II, 2017
马丁·路德·金路：建造美国黑人的主街
指导教师：Daniel D'Oca

14 企业家精神 Entrepreneur-ship

p. 306

Miriam Keller
MUP, 2017
城市规划核心设计课程 I
指导教师：Ana Gelabert-Sanchez

15 居住

Naomi Levine, Farhad Mirza
MArch I, 2018
Yubai Zhou
MArch I AP, 2018
建筑核心设计课程 IV：关联
指导教师：Jeannette Kuo

16 全息摄影 Hologram

p. 308

Matthew Allen
博士候选人
"美国延时图像"全息摄影
导师：Antoine Picon

17 +115 m

p. 310

Erin Cuevas
MArch II, 2016
毕业设计：Kawaii 与 Kowai：放大情感循环
导师：Iñaki Ábalos, Christina Díaz Moreno, Efrén García Grinda, Alex Zahlten

18 旗帜 Flags

p. 312

Pedro Aparicio, Boram Lee Jung, Mariana Llano, Namik Mackic, Olga Semenovych
MDes, 2016
毕业设计：弱国
导师：Pierre Bélanger

19 金子

内外（Petra Blaisse, Rabia Zuberi, Peter Niessen）
分隔帘，2012 年布置在 Piper 报告厅内

David Hamm, Yu Kun
Snoweria Zhang
MArch I, 2017

（重新）计划
废弃物……
对建筑废料的再思考

指导教师

Hanif Kara,
Leire Asensio Villoria

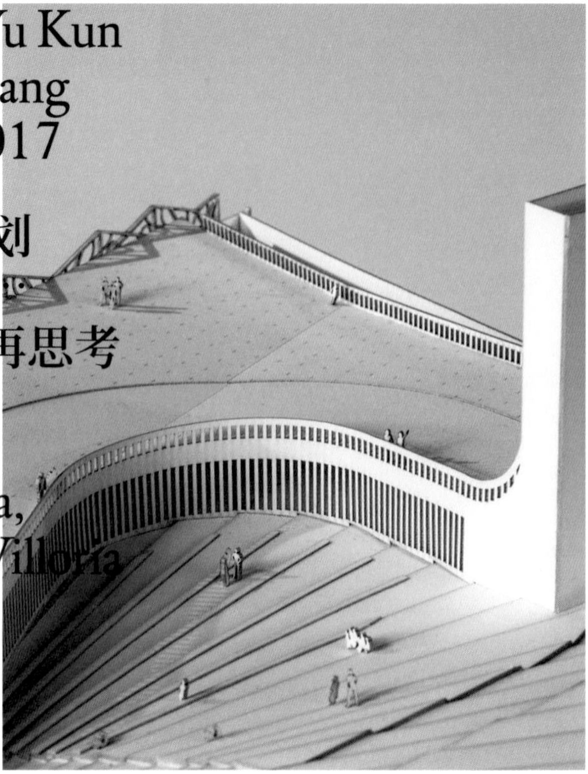

本设计课程通过对已经建成的“变废为能”设施的研究，在不同的时间尺度上，用新奇而有效的方式重新思考建筑、废品和能量生产之间的关系——这是一种对废弃物的重新规划。

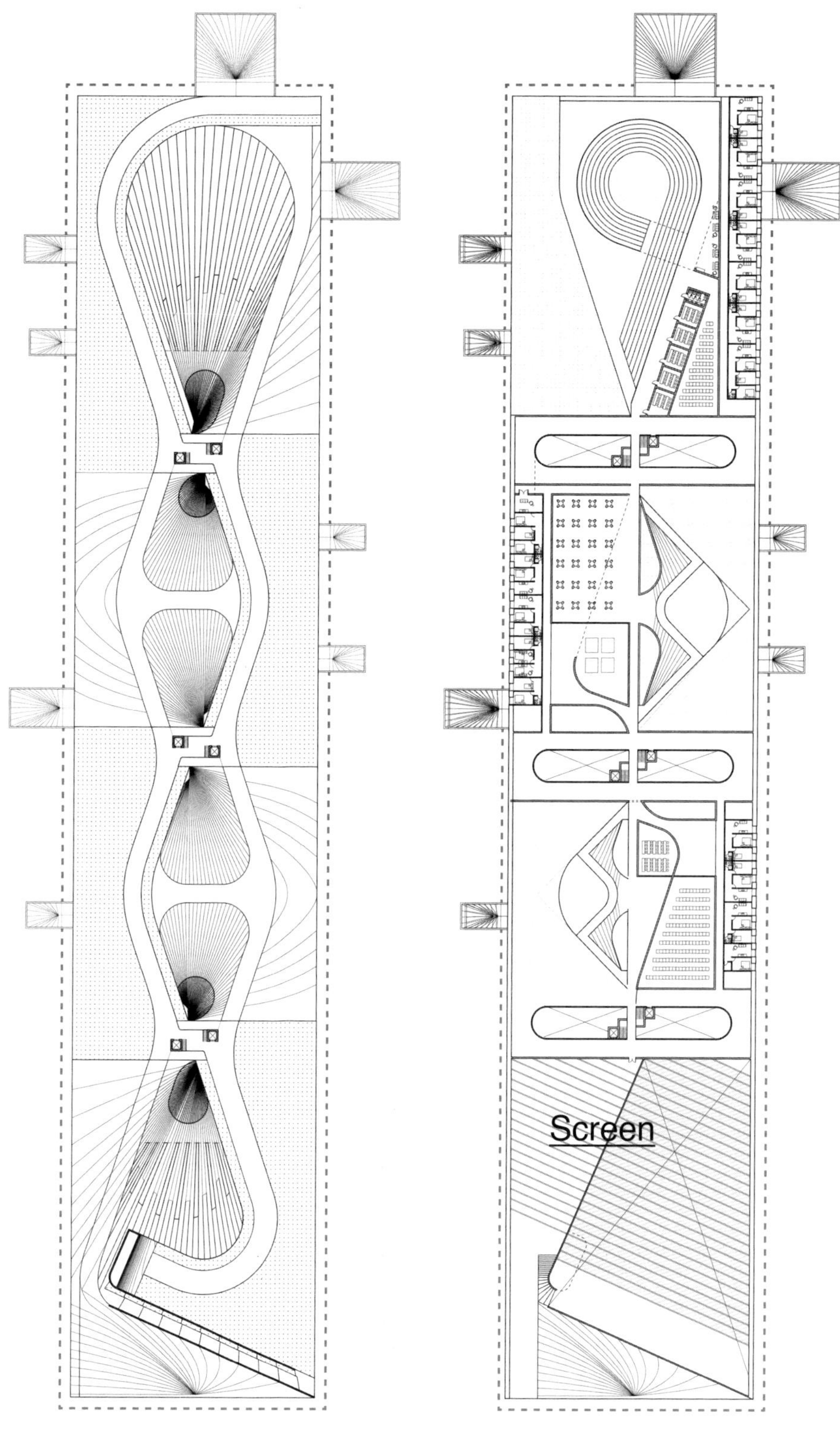
Screen

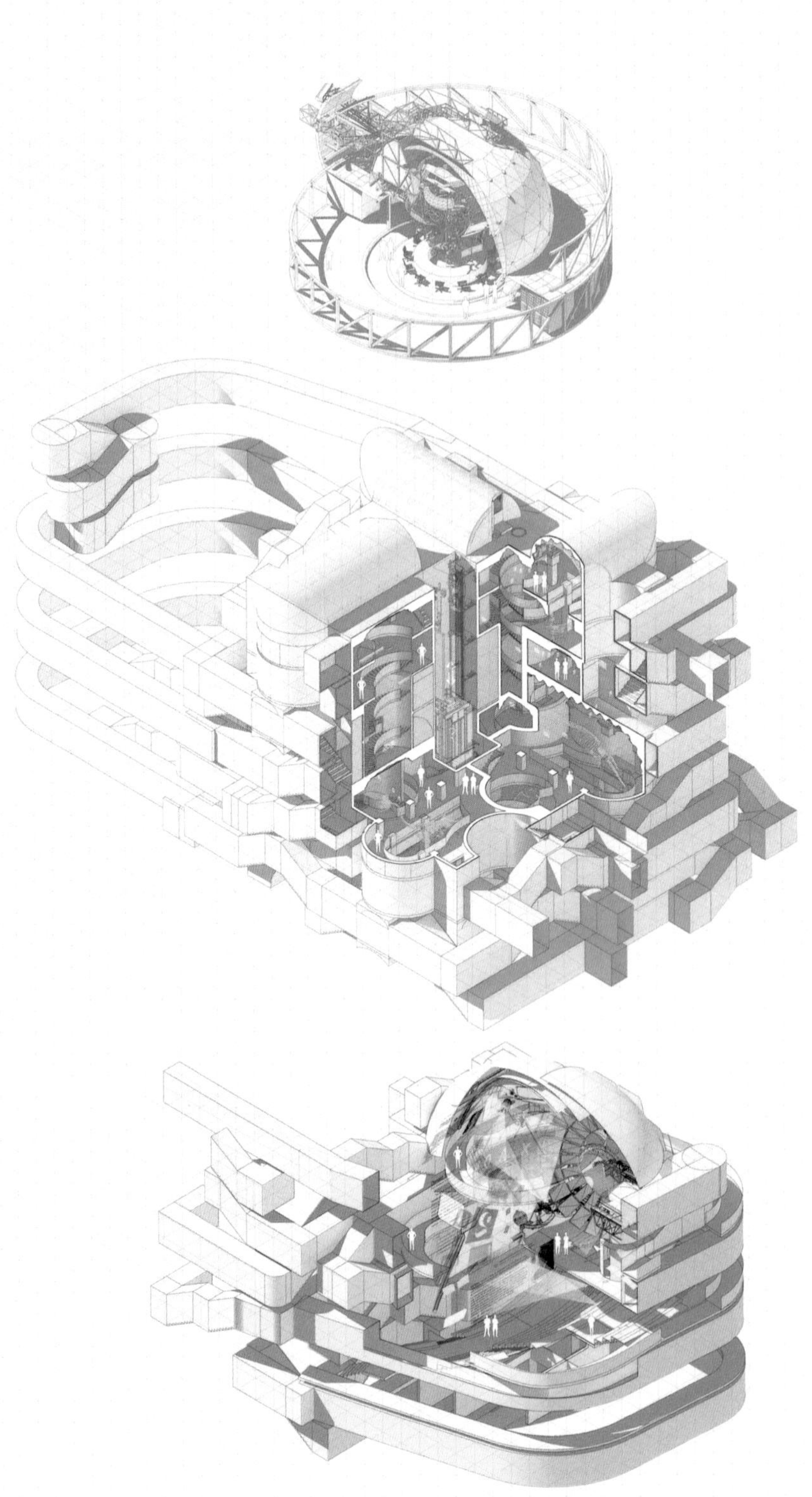

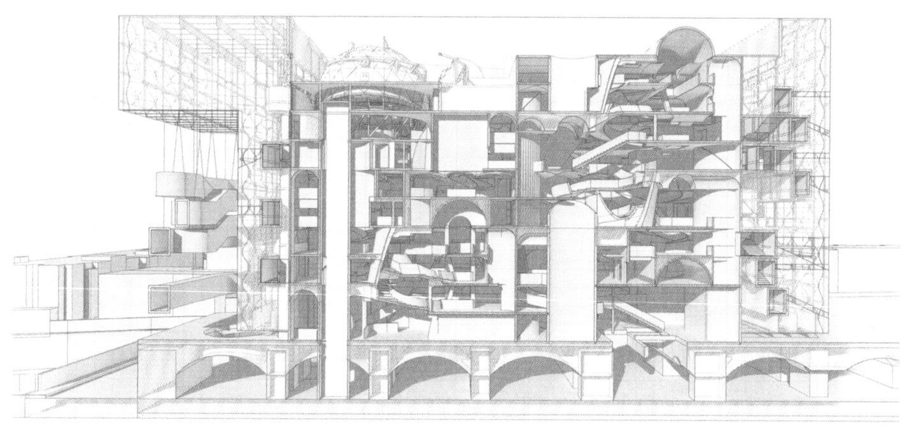

Cabinet

Joseph Varholick
MArch II, 2017

第三自然：伦敦的类型学联想

指导教师

Cristina Díaz Moreno,
Efrén García Grinda

此设计课程重新观察了真实而浮夸的“伦敦人”——温室、绅士俱乐部、宴会厅、广场花园和社会住宅，希望颠覆伦敦格外平庸的城市公共空间。设计的成果是一系列室内化的中型公共建筑，在这些建筑中，设计针对创造新的城市公共空间所需要的相关功能、类型、语言和空间条件进行了实验。

Demir Purisic
MArch II, 2017

第三自然：伦敦的类型学联想

指导教师
Cristina Díaz Moreno, Efrén García Grinda

这个方案的题目是“数字戒毒”，旨在重新创造典型戒毒康复中心的气氛。项目的场地是一个废弃物堆放场，它距离新落成的繁忙火车站不远。方案受到场地的启发，决定重新利用既有的基础设施和建筑元素。

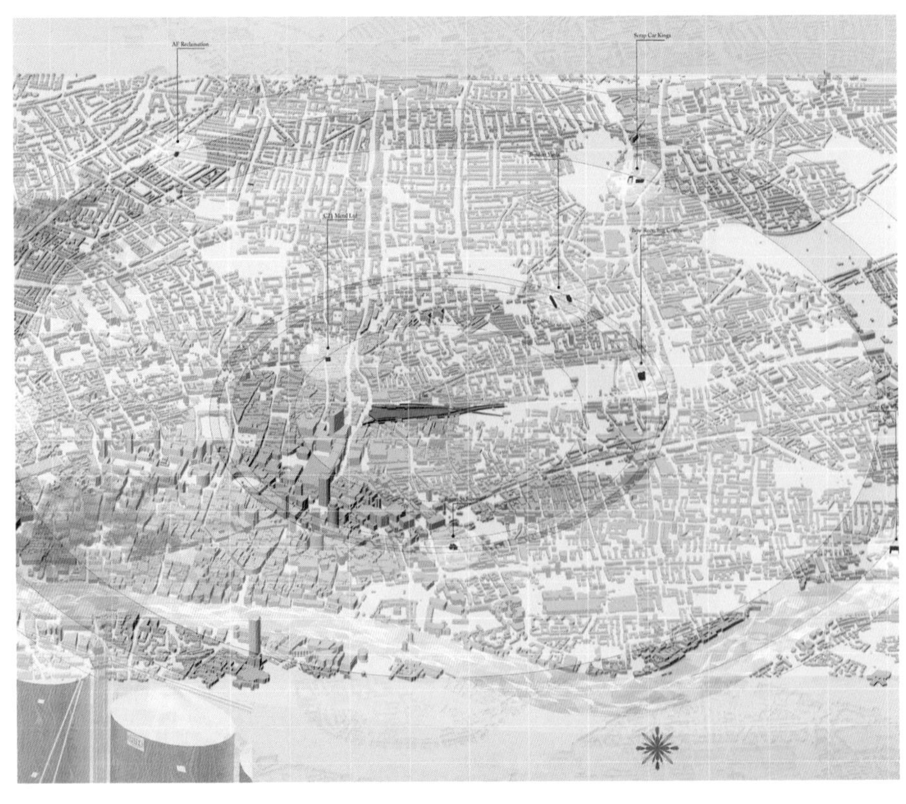

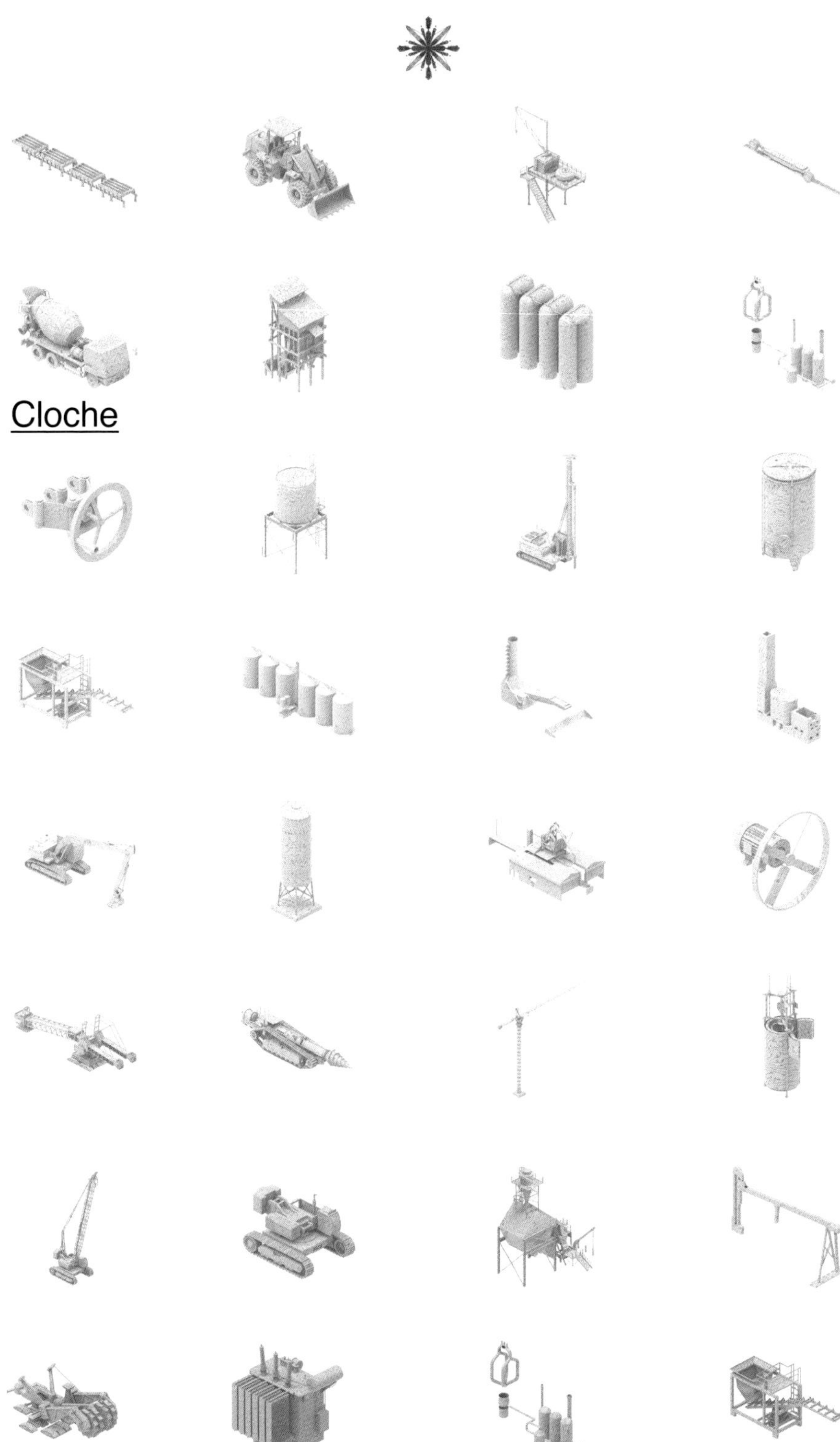
Cloche

Andrejs Rauchut
MArch II, 2017

马丁 · 路德 · 金路：建造美国黑人的主街

指导教师
Daniel D'Oca

马丁 · 路德 · 金是美国最受尊敬的历史人物之一。在美国，有超过 100 条街道以他的名字命名，有无数的纪念碑和纪念馆是为他而建，而且，可能最令人印象深刻的是，美国有 893 个社区都有一条用他的名字命名的街道。本设计课程邀请学生帮忙再塑造一条马丁 · 路德 · 金大道。我们既不希望忽略社会结构中的种族主义——正是种族主义造成了社会分化、贫穷和社会经济的腐坏；也不希望忽略马丁 · 路德 · 金大道的正面意义，这些街道是对他"伟大而鲜活的纪念"。

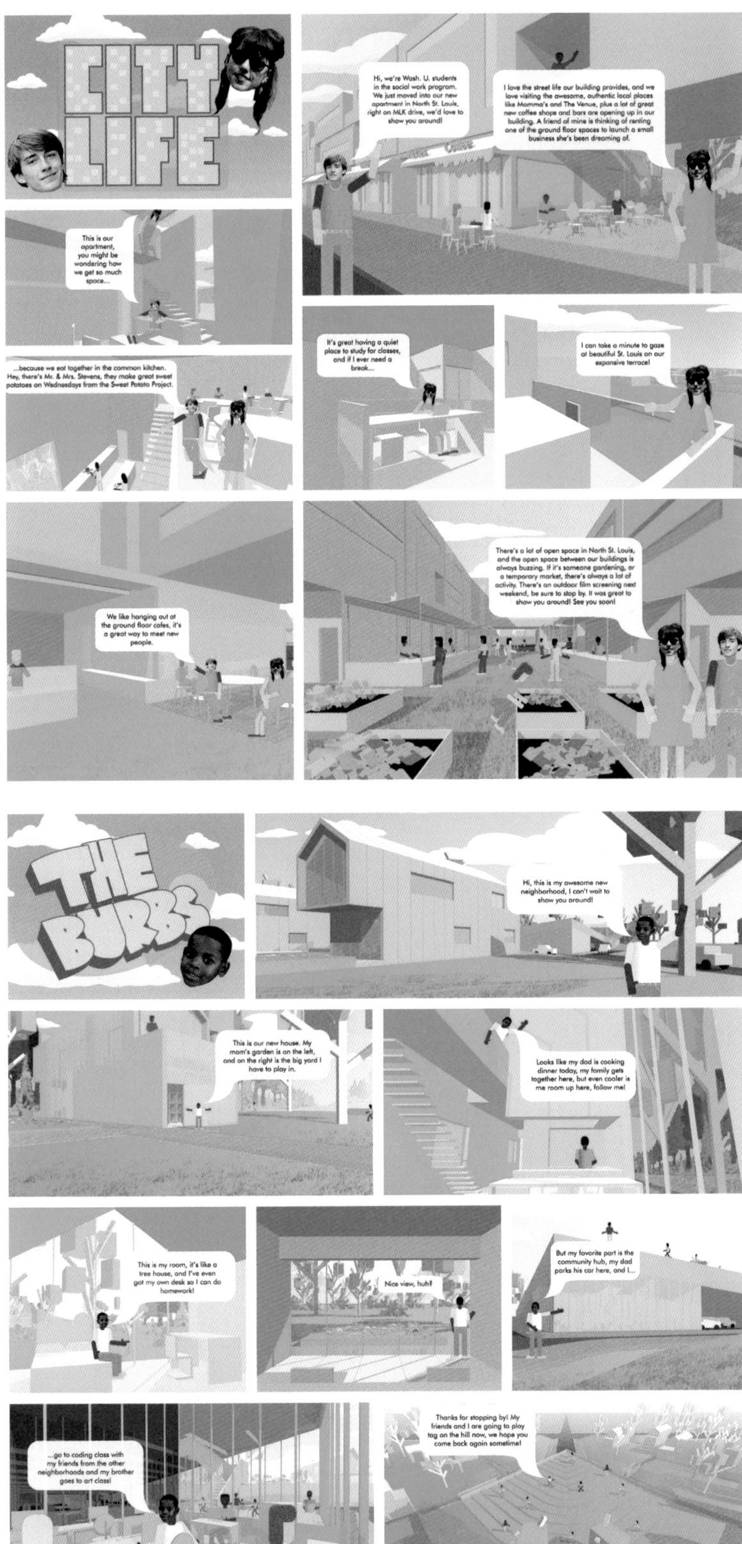
CITY LIFE
Hi, we're Wash. U. students in the social work program. We just moved into our new apartment in North St. Louis, right on MLK drive, we'd love to show you around!
I love the street life our building provides, and we love visiting the awesome, authentic local places like Momma's and The Venue, plus a lot of great new coffee shops and bars are opening up in our building. A friend of mine is thinking of renting one of the ground floor spaces to launch a small business she's been dreaming of.
This is our apartment, you might be wondering how we get so much space...
...because we eat together in the common kitchen. Hey, there's Mr. & Mrs. Stevens, they make great sweet potatoes on Wednesdays from the Sweet Potato Project.
It's great having a quiet place to study for classes, and if I ever need a break...
I can take a minute to gaze at beautiful St. Louis on our expansive terrace!
We like hanging out at the ground floor cafes, it's a great way to meet new people.
There's a lot of open space in North St. Louis, and the open space between our buildings is always buzzing. If it's someone gardening, or a temporary market, there's always a lot of activity. There's an outdoor film screening next weekend, be sure to stop by. It was great to show you around! See you soon!
THE BURBS
Hi, this is my awesome new neighborhood, I can't wait to show you around!
This is our new house. My mom's garden is on the left, and on the right is the big yard I have to play in.
Looks like my dad is cooking dinner today, my family gets together here, but even cooler is me room up here, follow me!
This is my room, it's like a tree house, and I've even got my own desk so I can do homework!
Nice view, huh?
But my favorite part is the community hub, my dad parks his car here, and I...
...go to coding class with my friends from the other neighborhoods and my brother goes to art class!
Thanks for stopping by! My friends and I are going to play tag on the hill now, we hope you come back again sometime!

<u>Greetings</u>

Ximena de Villafranca
MArch II, 2017

马丁 · 路德 · 金路：建造美国黑人的主街

指导教师
Daniel D'Oca

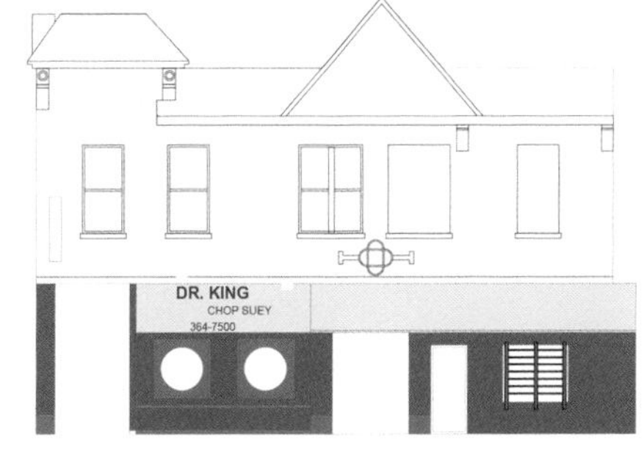

商业分类突出了圣路易斯的马丁 · 路德 · 金路上的社区生活。此处的项目设计了一系列的策略以避免绅士化，并将经济实力还给当地业主。借此，本设计力图强化其周边社区。

Miriam Keller
MUP, 2017

城市规划核心设计课程 I

指导教师
Ana Gelabert-Sanchez

第一学期的城市规划核心设计课程试图让学生了解城市规划师针对建成环境进行研究、分析、实施规划和实现项目时所需的基础知识和技巧。此处所示的项目力图为社区创造多样的文化身份，以此来提高社区的文化自豪感，进而增加社区发展的机会。

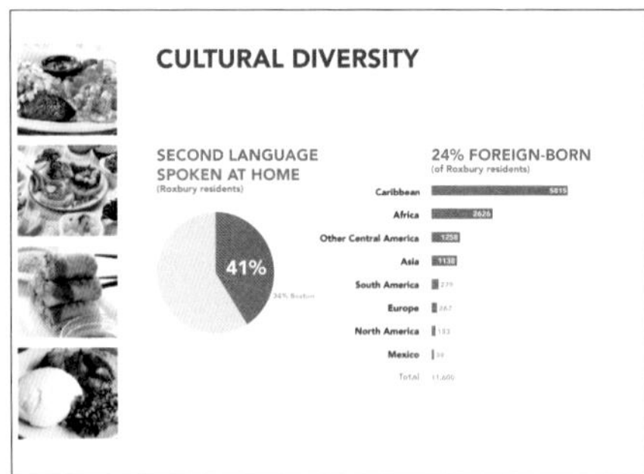

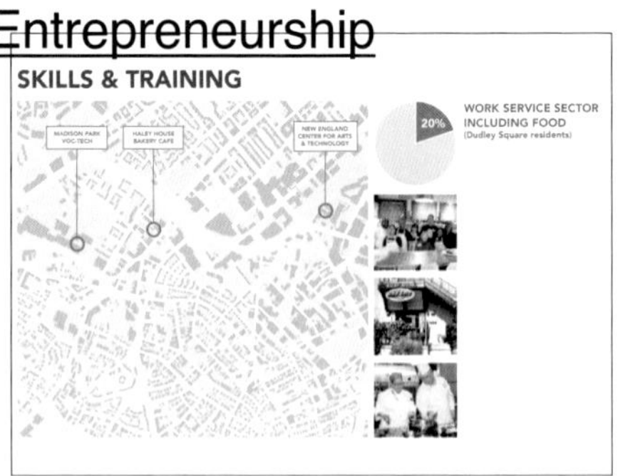

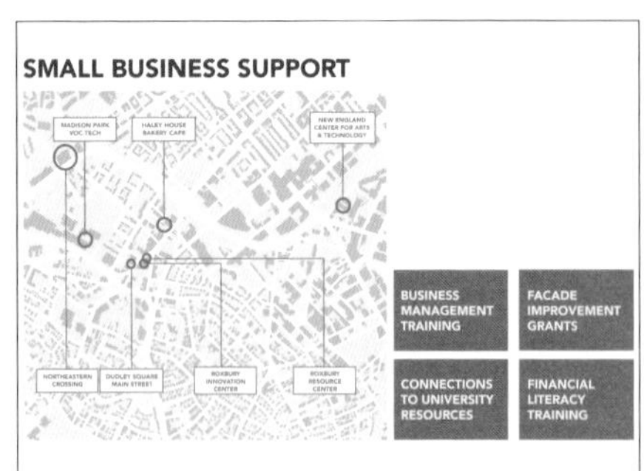

5 INGREDIENTS FOR SUCCESS

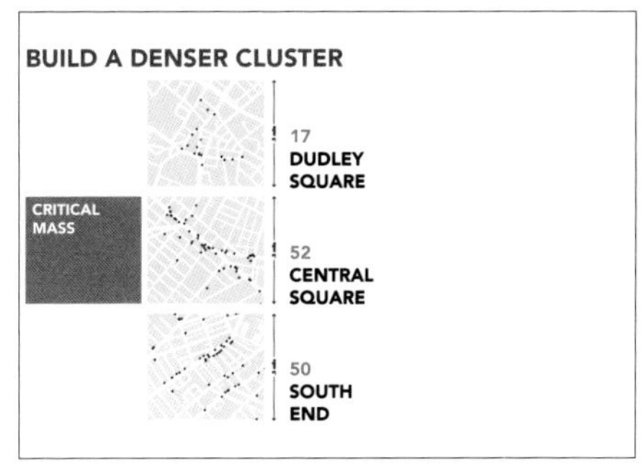
BUILD A DENSER CLUSTER
CRITICAL MASS
17
DUDLEY SQUARE
52
CENTRAL SQUARE
50
SOUTH END

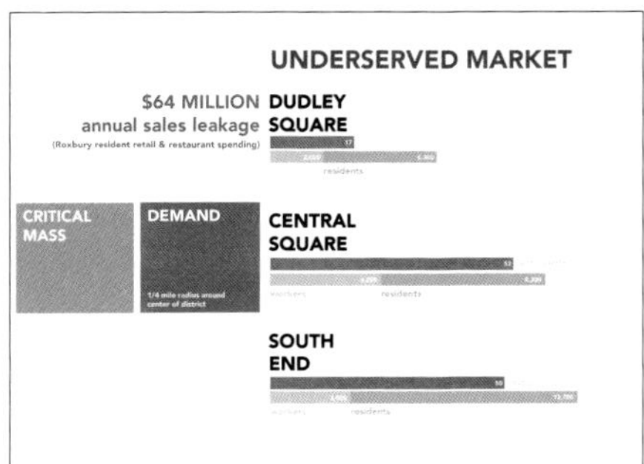
UNDERSERVED MARKET
$64 MILLION
annual sales leakage
(Roxbury resident retail & restaurant spending)
DUDLEY SQUARE
CRITICAL MASS
DEMAND
1/4 mile radius around center of district
CENTRAL SQUARE
SOUTH END

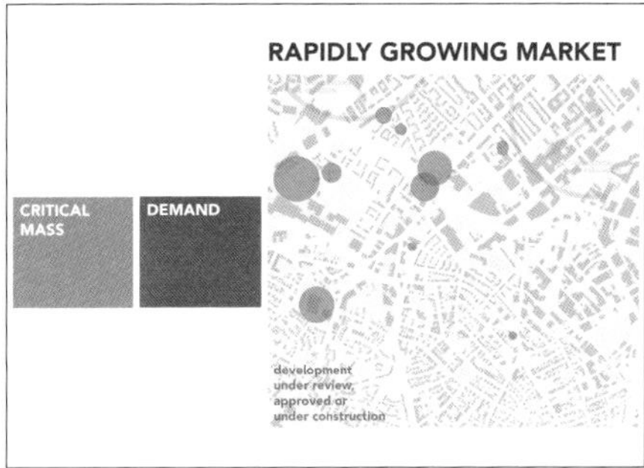
RAPIDLY GROWING MARKET
CRITICAL MASS
DEMAND
development under review, approved or under construction

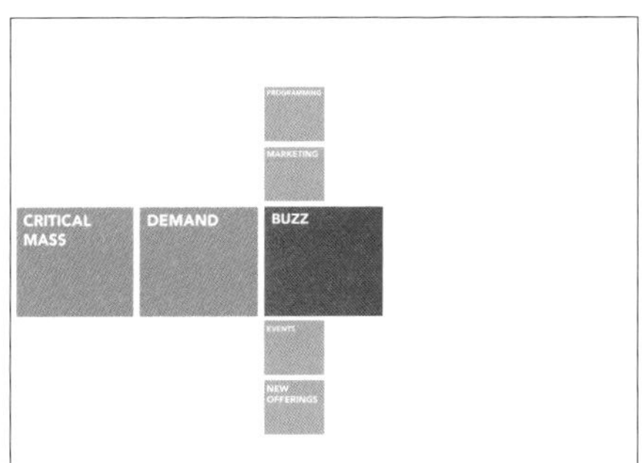
PROGRAMMING
MARKETING
CRITICAL MASS
DEMAND
BUZZ
EVENTS
NEW OFFERINGS

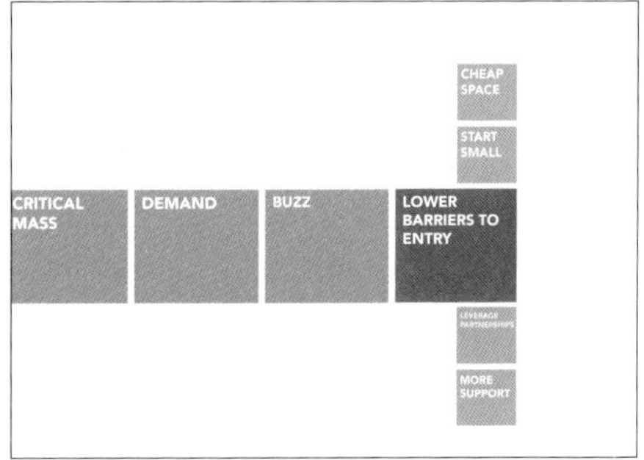
CHEAP SPACE
START SMALL
CRITICAL MASS
DEMAND
BUZZ
LOWER BARRIERS TO ENTRY
LEVERAGE PARTNERSHIPS
MORE SUPPORT

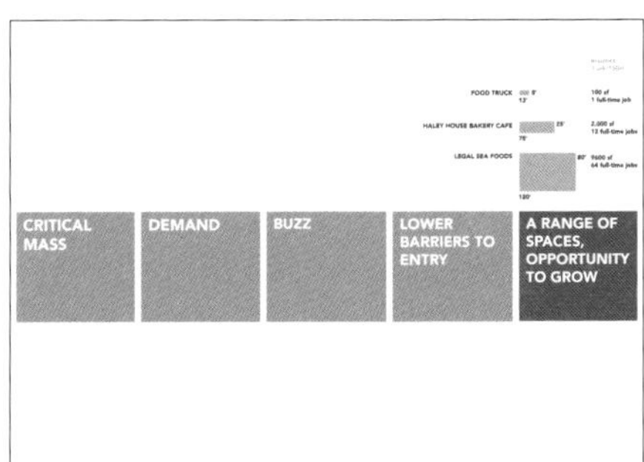
FOOD TRUCK
HALEY HOUSE BAKERY CAFE
LEGAL SEA FOODS
CRITICAL MASS
DEMAND
BUZZ
LOWER BARRIERS TO ENTRY
A RANGE OF SPACES, OPPORTUNITY TO GROW

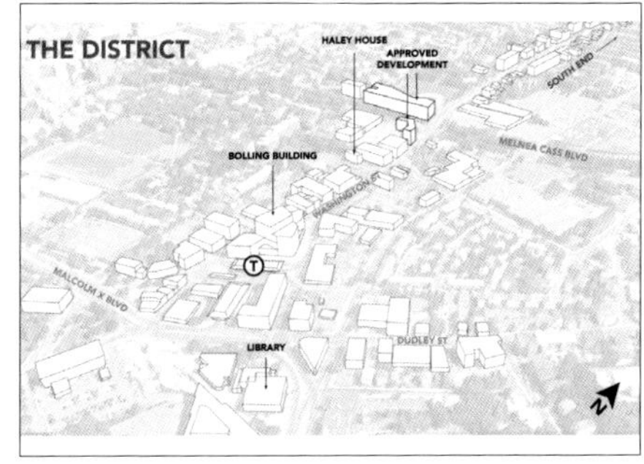
THE DISTRICT
HALEY HOUSE
APPROVED DEVELOPMENT
SOUTH END
BOLLING BUILDING
MELNEA CASS BLVD
WASHINGTON ST
MALCOLM X BLVD
DUDLEY ST
LIBRARY

Matthew Allen 博士候选人

“美国延时图像”全息摄影

导师 Antoine Picon

这个陈列在历史科学仪器收藏馆的奇怪设备到底是什么？和艺术品一样，它拥有一个作者、一个名字和一个日期：杰弗里 · 达顿（Geoffrey Dutton），“美国延时图像”，1979 年。然而这并不是一件艺术品，而是一次技术示范。它是 1970 年代哈佛大学设计研究生院的计算机图像和空间分析实验室（运营于 1965—1991 年）所做的一系列可视化实验之一。

“美国延时图像”（1979 年）。图片提供：杰弗里 · 达顿（Geoffrey Dutton）。此设备现被藏于哈佛大学历史科学仪器收藏馆内。

这个仪器将现成的全息摄影技术与该实验室自主开发的强力制图软件结合了起来。仪器在基座之上装有一个灯泡，灯泡将一个每 45 秒播放 1000 帧的动画投影在圆筒状的全息胶片上。① 站在距离这个装置一英尺远的地方，观看者能够通过上帝视角俯瞰整个美国。动画用立体柱形图表示了美国东海岸始自 1790 年的后殖民时代早期的人口。当时间趋近 1970 年，东北部的人口柱形图长高并变小，呈点状向西部稳步进发。这些地图是为《国家地理杂志》的一篇文章绘制的，主题是为了显示美国建国 200 周年的移民聚集点。② 动画的每一帧都是从实验室的软件导出，并一张又一张地被打印出来的。打印出的纸质图纸，先由麻省伯灵顿的一家公司拷贝到 16mm 的胶片上，再由纽约的全息电影公司将这些胶片制作成全息电影。观影设备也是这家公司提供的。③ 当 1979 年这个全息图在哈佛电脑制图周的会议上展出的时候，这个不尽完美的全息图像，一定像是从信息图像动画的未来穿越而来的幽灵（这时的未来也就是我们的现在）。④

这个动画所展现的人口增长信息或许没有它对电子计算机的寓言更富吸引力（或许这宣示了另一种终结？）这个寓言也许是不祥的。将达顿的动画与另一个著名的旋转灯光装置——拉兹洛 · 莫霍利 - 纳吉（Laszlo Moholy-Nagy）的光 - 空间调试器（1922，目前在哈佛艺术馆展出）相比较：莫霍利 - 纳吉的装置将灯光投射在一系列旋转的屏风、格栅和滤网上，美术馆静止的白墙替换为活跃、多样、转瞬即逝的空间，通过创造如此丰富且让人感觉身临其境的空间效果，莫霍利 - 纳吉的作品也批评了建筑对于稳定和永恒的追求；“美国延时图像”全息则邀请观者从外部以一个安全而客观的距离，去观看一个小尺度的虚拟空间（一张动态的地图），技术在这里被用来代替外部空间，而并非强化它。

在回顾中，我们可以看到这个实验室的项目将建筑溶解于数据的酸性溶液中，将它还原为空间、拓扑、信息等元素的分子。他们似乎想象过建筑可以靠着电脑技术的支持，从这些元素中重构，但是或许也可以公平地说，建筑逃脱了它们的掌握。但这个实验室并没有失败。在建筑的基础上，这个实验围绕着电脑绘图建立了一个类似于建筑的学科——这个学科，像建筑一般吸引人，又有着它自己独特的仪式和美学。

这个全息投影装置给了建筑实验一个教训。设计一旦变成消费产品，我们就应该对它抱有一些批判的态度。现代主义建筑总是依赖于令人惊奇或诧异的元素。⑤这个效果通过陈旧的技术很难达成，在华而不实的系统中，就更加困难了。目前的计算机制图有类似的问题：我们可以抵御它诱人的效果，审视它的潜力，并用不可预知的手法改变它——简单地玩弄 Photoshop 这个工具，或许是一种自我放纵甚至更糟糕的状态。也许只有凭借着一个批判性 / 分析性的心态，才能达到电脑制图最好的效果。

但是，当一件事物成为消费品之前，令人惊奇就是它本身的属性。一定会有一段短暂而富有效率的时间，它能够存在于既定系统之外，成为亚文化的现象。现在是放弃旧梦并关注新鲜事物的时候了。（所以为什么不做一些全息投影呢？！）

① Oliver Strimpel：《电脑和图像展示：提案和面板文本》（Computer and Image Exhibit Proposal and Panel Texts），1984 年 9 月 5 日波士顿电脑博物馆展览介绍草稿，http://tcm.computerhistory.org/CHMfiles/ Exhibit%20Text%201984.pdf, 53.

② Peter T. White and Emory Kristof：《我们的这片土地——我们在如何利用它？》，《国家地理》150（1），1976 年 7 月：第 20-67 页；Nick Chrisman：《绘制未知：哈佛的电脑制图如何成为 GIS》，加州雷德兰：Esri 出版社，2006 年：第 147-149 页。

③ 同上。

④ Geoffrey Dutton：“项目描述”，空间效果，2016 年 6 月 17 日获取：http://www. spatial-effects.com/SE-past-projects1.html.

⑤ Fredric Jameson：《语言的囚笼：批判地看待结构主义和俄国形式主义》（*The Prison-House of Language: A Critical Account of Structuralism and Russian Formalism*），普林斯顿大学出版社，1972 年。

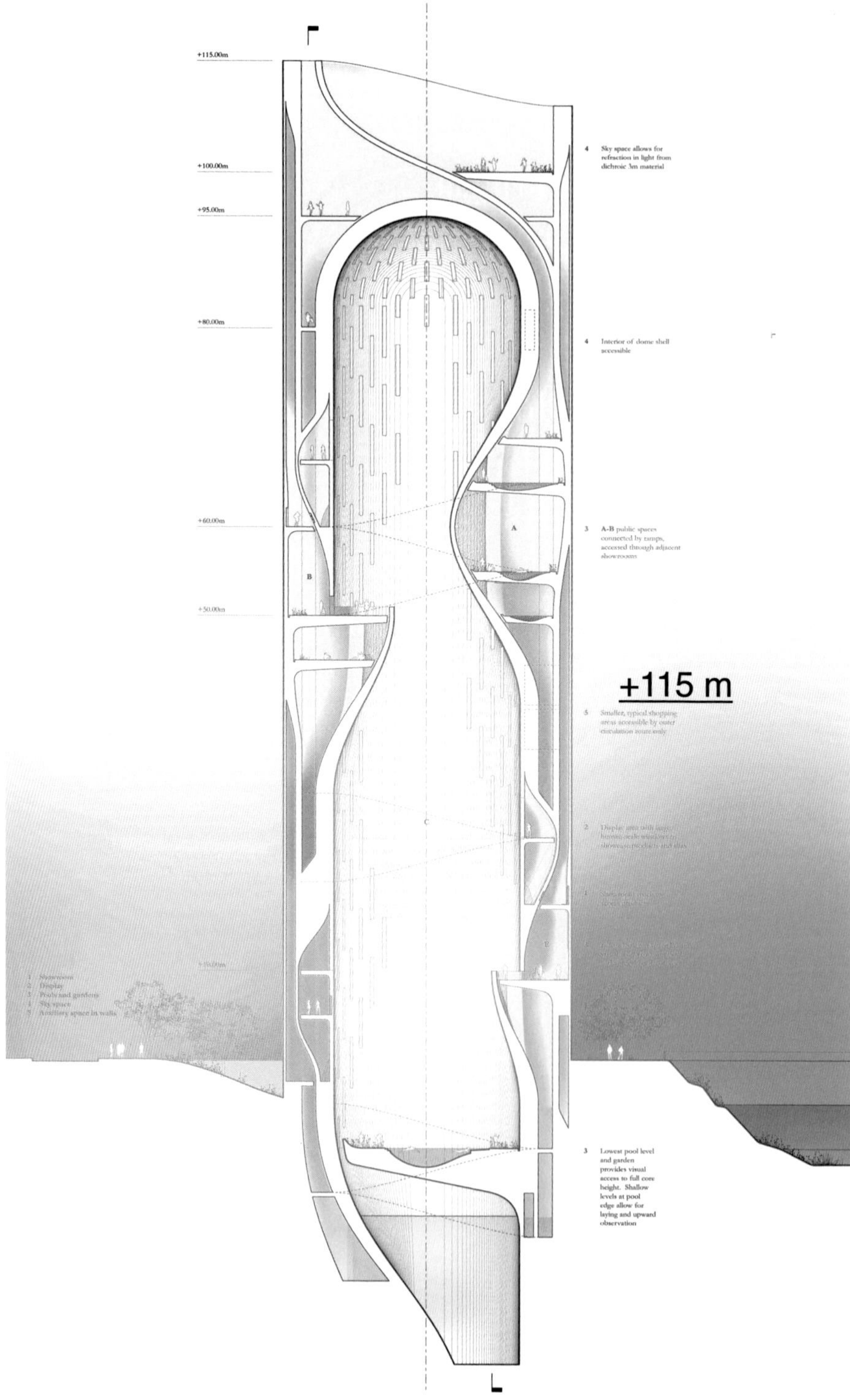
+115.00m
+100.00m
+95.00m
+80.00m
+60.00m
+50.00m
4 Sky space allows for refraction in light from dichroic 3m material
4 Interior of dome shell accessible
A
B
3 A-B public spaces connected by ramps, accessed through adjacent showrooms
+115 m
5 Smaller, typical shopping areas accessible by outer circulation route only
3 Lowest pool level and garden provides visual access to full core height. Shallow levels at pool edge allow for laying and upward observation

Erin Cuevas
MArch II, 2016

毕业设计

Kawaii 与 Kowai：放大情感循环

导师

Iñaki Ábalos,
Christina Díaz Moreno,
Efrén García Grinda,
Alex Zahlten

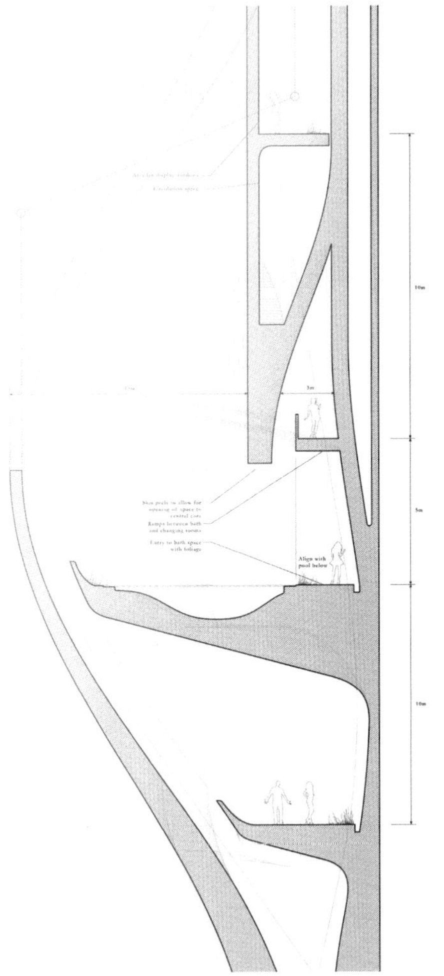

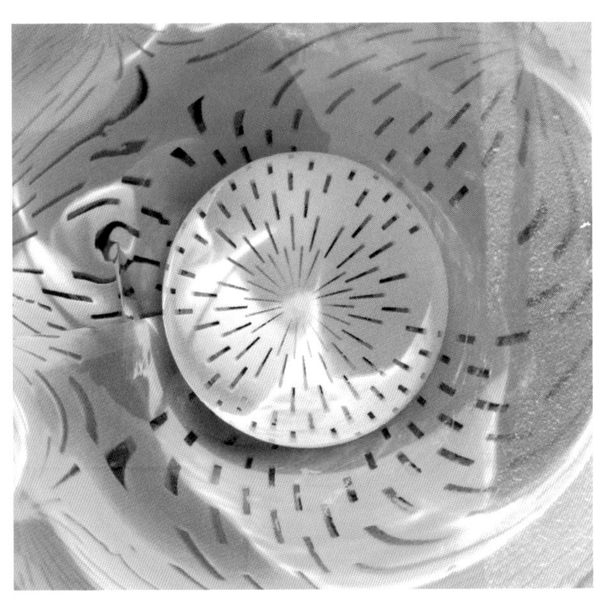

此毕业设计关注 Kawaii（日语，“可爱的”）和 Kowai（日语，“可怕的”）之间的二元性。Kawii 和 Kowai 是两个发音相似的日本词语，但是意义却完全不同。Kawaii 代表着纯净、无邪和女性的，而 Kowai 则代表恐怖、危险和变态的。从社会交往和主观经验来看，建筑所激发的是 Kawaii 和 Kowai 的交叉点。

Flags

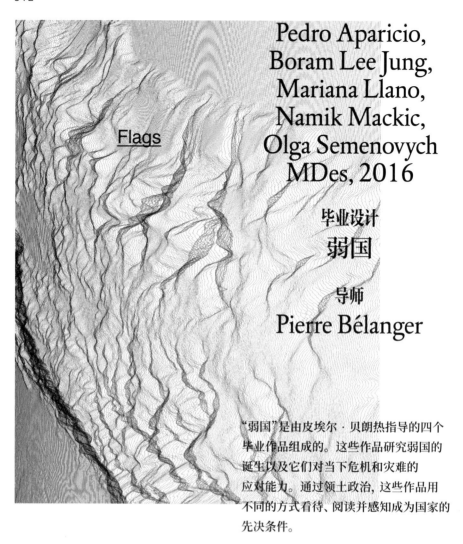

Pedro Aparicio, Boram Lee Jung, Mariana Llano, Namik Mackic, Olga Semenovych MDes, 2016

毕业设计
弱国

导师
Pierre Bélanger

“弱国”是由皮埃尔 · 贝朗热指导的四个毕业作品组成的。这些作品研究弱国的诞生以及它们对当下危机和灾难的应对能力。通过领土政治，这些作品用不同的方式看待、阅读并感知成为国家的先决条件。

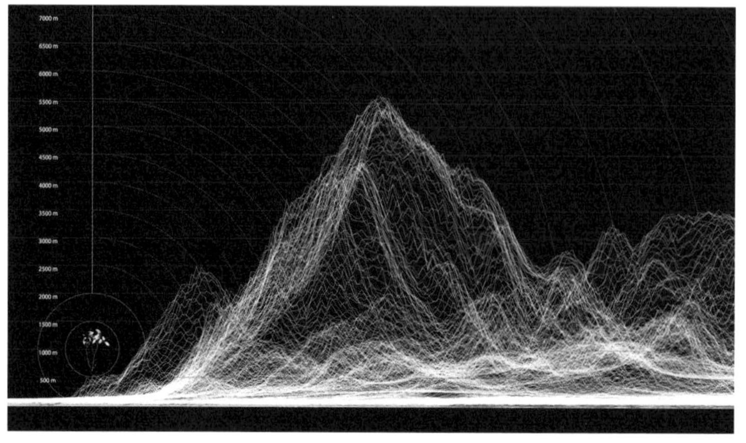

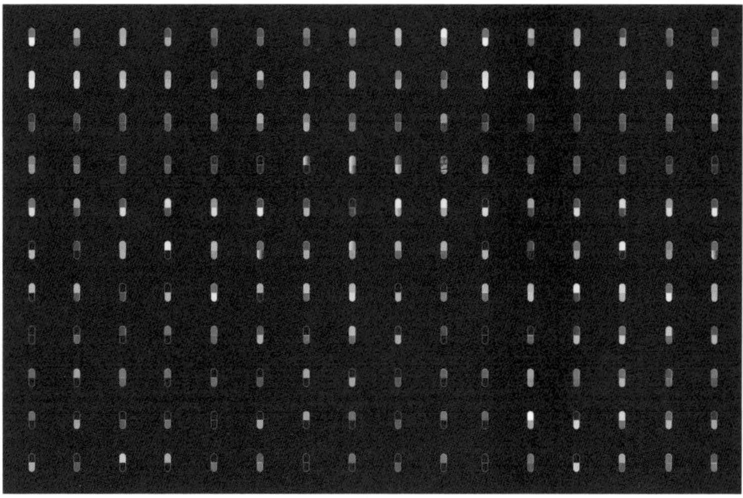

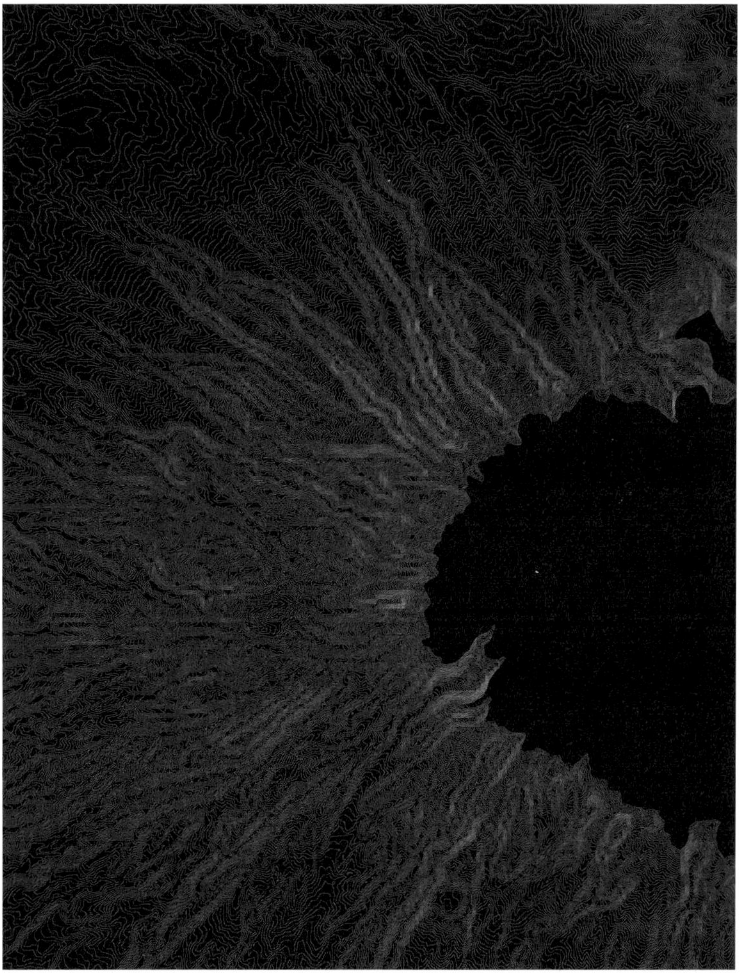

下面这些图纸和模型展示了建筑设计过程中所需的大量劳动。它们都是由黑白两色组成的——颜色的限制增强了最终产品交流的声响。其中一个建筑毕业设计中，学生绘制了 8 组图纸，共有 563 个作品（其中 96 个在此处展示），而另一个建筑学生 3D 打印了 6 个模型（其中的 4 个在此处展示）。入选的有关设计写作的研讨课作业，强调了在写作中为了得到一段强有力的文字而投入的无尽的编辑与修改。入选的文字是关于休斯敦的环线“州际高速 610”，也通过文字呈现了另一种无尽的循环。当产出以如此迅速的方式发生，是不是整个建筑专业应该对此警惕？这是否意味着作者本人的声音会因此丧失？或者，如果每个作品都很美，那么选择“最好”的作品是否近乎不可能？

编辑们做了一个简单的调查，调查结果显示：当设计系列作品时，作者的声音不但不会被稀释，反而还会被加强。而且可以是黑白的。

慎用颜色 Hold the Color

LAUNDRY

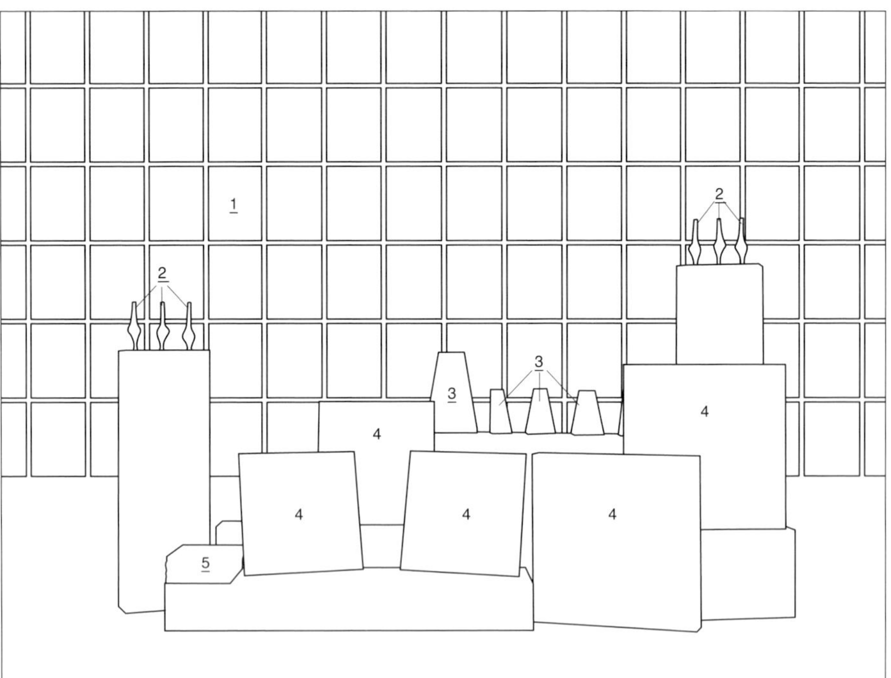
1
2
2
3
3
4
4
4
4
4
5

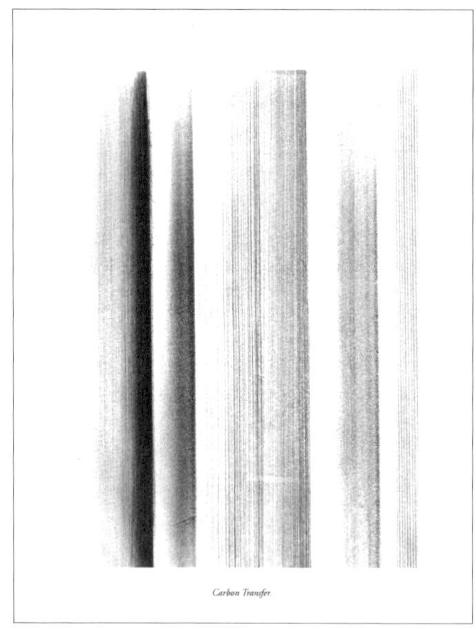

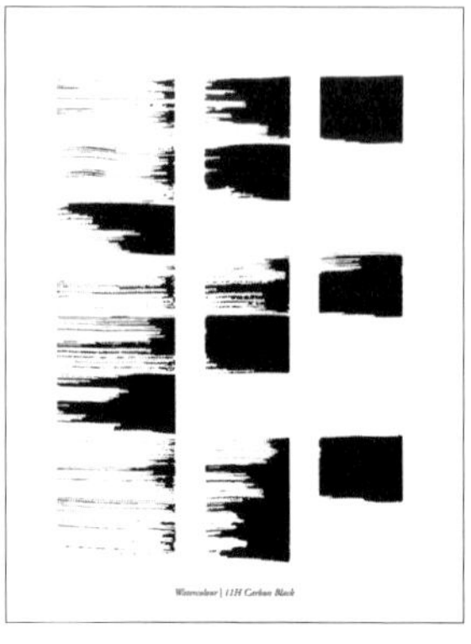

Patrick Herron
MArch I, 2016

毕业设计
熟悉的不寻常

导师
Mack Scogin

Photogram | Rayograph

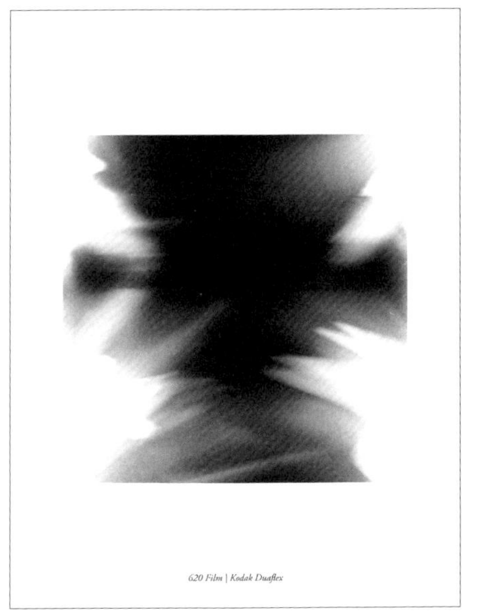

620 Film | Kodak Duaflex

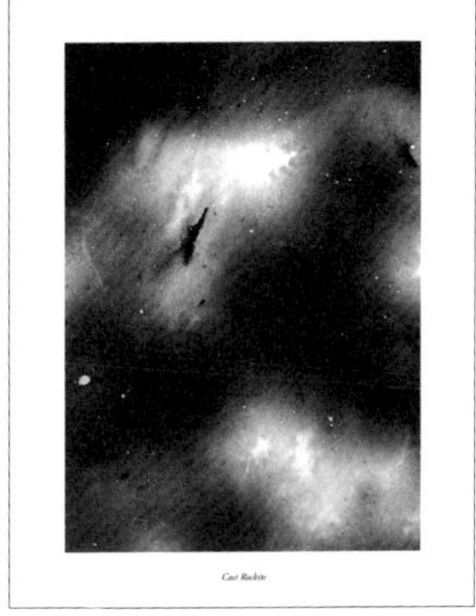

Cast Ruckite

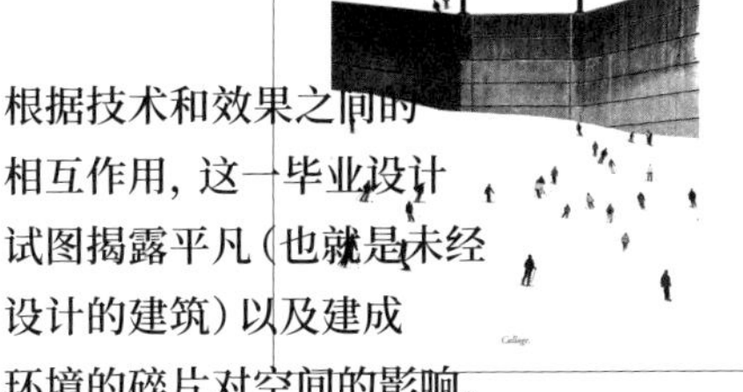

Collage.

根据技术和效果之间的相互作用，这一毕业设计试图揭露平凡（也就是未经设计的建筑）以及建成环境的碎片对空间的影响。建筑的这些古怪的兄弟挑战了建筑学中图像与感官的角色。

Photogram | Rayograph

Collage.

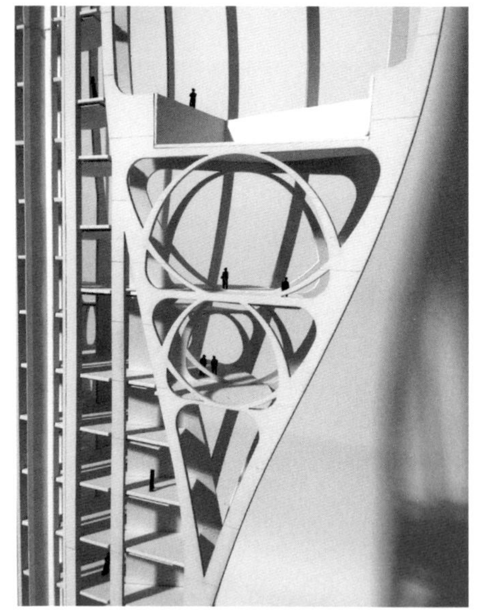

Yousef Hussein
MArch I, 2018

建筑核心 III：整合

指导教师
Jeffry Burchard

新加坡相对较新的商务区奉行着一种简朴的文化。此处所示的建筑希望将新加坡多元化的世界装到一个完整、单一的形式中。这个建筑可以根据层次阅读，它和皮肤一样，会通过扩张、肿胀和变形为功能提供空间，它对使用者的空间行为进行了规定，决定了人们经历、进入、停留和观看的方式。

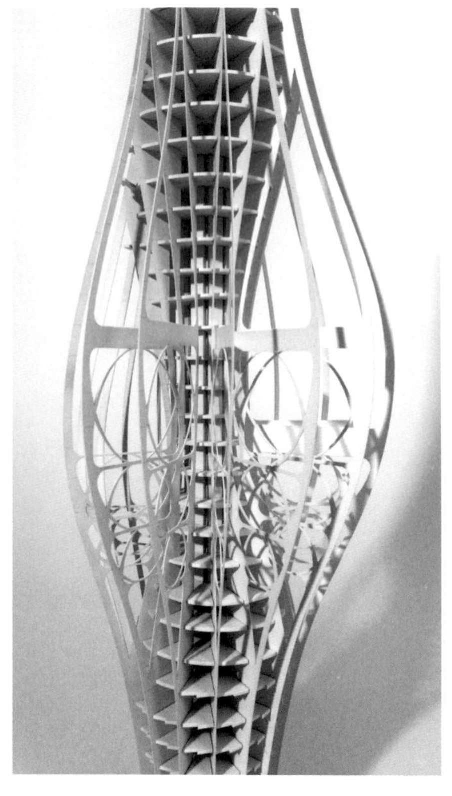

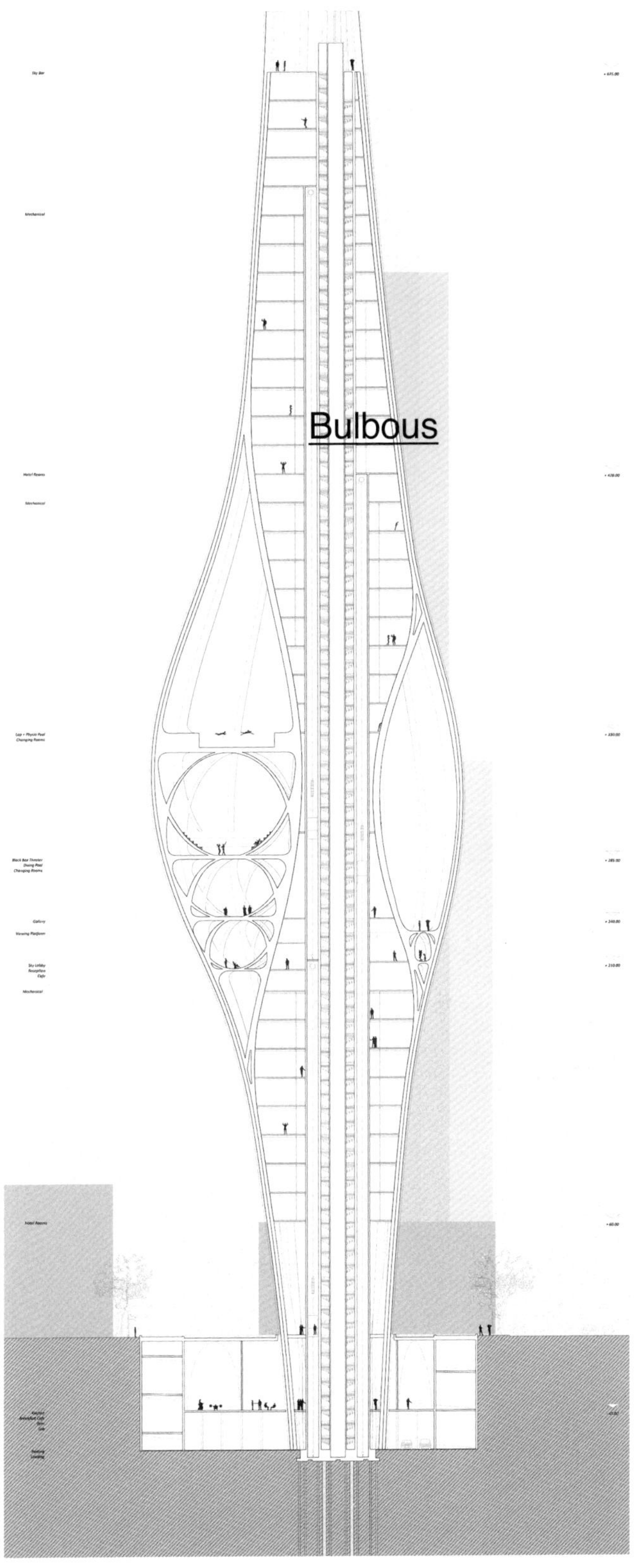
Bulbous

结构系统、外墙设计、环境和热工流程在整个学期的“建筑核心设计课程 III：整合”中被系统地作为一个项目进行讨论。利用特定的绘图技法，这个项目希望将因为扭转而产生的剖碎（poché）挖空，并置入功能。

Twist

Isabelle Verwaay
MArch I, 2018

建筑核心设计课程
III：整合

指导教师
John May

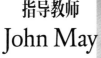

Georgia Williams
MArch I, 2016

在环线上

地方诗学：设计师的批判性写作

指导教师
Alastair Gordon

在休斯敦，石油价格便宜，司机们超速飙车。路上行驶的汽车总是有相撞甚至堆叠的可能性。这种情况在 610 环线上格外明显。选择行驶在这个环线上，其实也是拥抱自己强悍的一面。有一个关于 610 环线的笑话这样说：在环线上，你开 90 迈，直到你听到玻璃的声音。

每当我要离开我所在的社区时，都得走610环线。它是这座城市的主动脉，长约 38 英里，环绕着休斯敦最早的社区。虽然这个环线可以与休斯敦几乎所有的高速公路相连，但它同时也分割着空间。它不仅将城市的空间分为环内和环外，而且也成为社会的坐标。在休斯敦，你不住在环内，就住在环外。你要不是养了两只纯种的金毛犬，就得是不得不供养 13 只自动住到你门廊上的病猫。我住在环里，而且我一有机会就得走这个分界线。走环线成了你的轻率鲁莽的证明。

在路上，我们就像在上演车上戏剧。在我们的车里，我们搭建着道德戏剧和英雄主义的交通史诗，并把自己当成受害者。我们尝试着和招惹到我们的司机眼神交汇，并用他们的身份作为埋怨他们的原因：男人、女人、年轻人、老人、发短信的人、聊天的人、注意力不集中的白痴，竟然还在打电话。

在 610 环线上，你上演有关人类关系的史诗级戏剧。你的权力体现在你到底可以超速 8 迈还是超速 10 迈，体现在你到底有多不愿意为周围的汽车让路。你将看到车祸——或称为车祸的一部分。

夜深人静的时候，路上的车流变得稀疏，我可以选择任意一条车道，我就会开始考虑如果我的车子以 90 迈的速度撞上水泥护栏，损失会有多大。我车子里的器官都会被震动，然后挤在一起。声音能传多远呢？一想到意外向左边滑出高速，并撞到护栏的几率有多大，就令我脊背发凉。这终将发生在行驶在 610 环线的某个人身上。

Houston

事后诸葛、恍然大悟、仔细观看以及有效误读，是阅读这一章作品的方式。这些作品是根据浅浮雕的传统（与下沉地形一样，从单一的材料雕刻而来），还是根据错视画派的原理（通过绘画中的透视来欺骗眼睛）所创作？无论如何，需要仔细地观察它们。本章中的一个景观设计课程，用多种材料渲染类似尺度的景观。一个透明的盒子，让我们想到抽象的地面，但是仔细看来，似乎实际上是外立面研究。这是一系列浅沟渠的叠加——还是一个深的山谷？——一个深棕色的景观，需要我们的仔细观察。一个名为“城市幻觉”的城市设计毕业作品，挑战了波士顿市政厅的设计，并提出了将其变为一座 21 世纪建筑的提案。最后，一个建筑毕业作品有效地误读了城市中的退化和匿名，用设计师自己的话说，“像是一个开放舞台上的业余演员，开始时克利夫兰想演绎一座城市，最后却只演绎了它自己。”

恍然大悟 Double-Takes

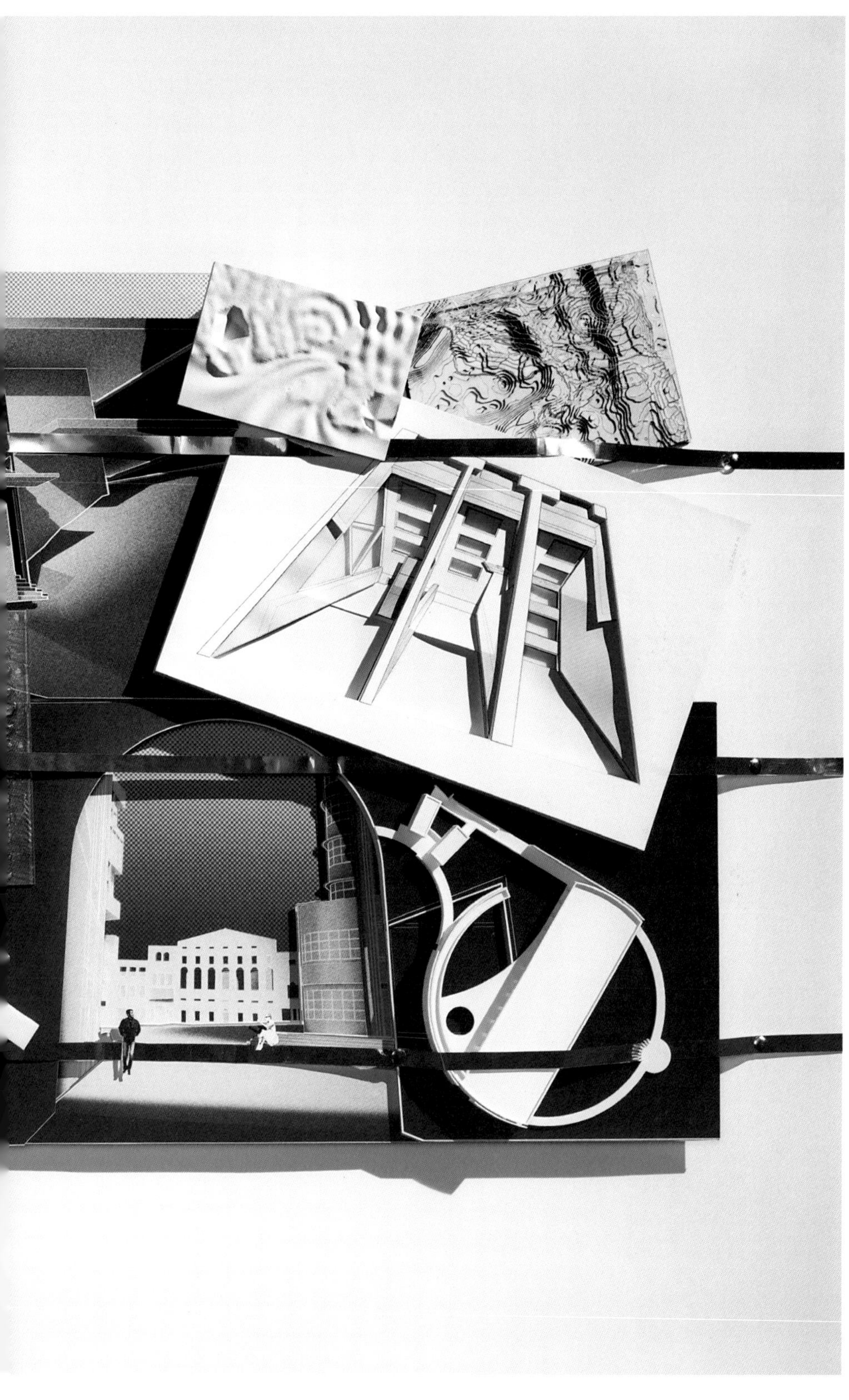

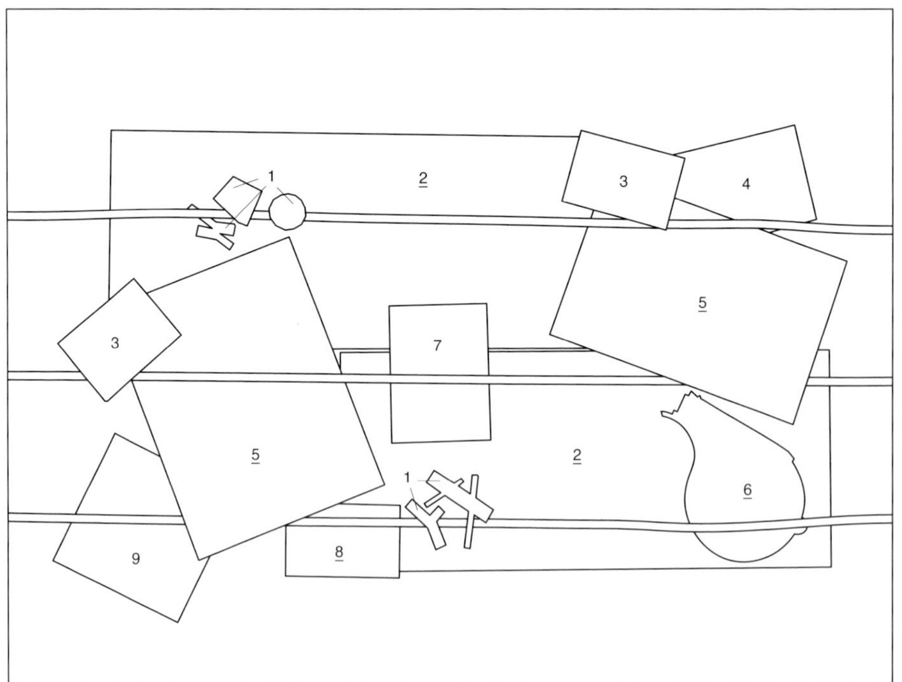
1
2
3
4
3
5
7
5
2
1
6
9
8

1 拉图尔

Yutian Wang
MAUD, 2016
对东京周边乡村行为者网络的再设计
指导教师：贝岛桃代，塚本由晴

2 舞台布景 Stage Set

p. 334

Julian Funk
MArch I, 2016
毕业设计：克利夫兰的自我表演
导师：Eric Höweler

3 注册部队

Tiffany Dang, Rebecca Liggins
MLA I, 2017
Wenyi Pan
MLA I AP, 2017
景观核心设计课程 IV
指导教师：Nicholas Pevzner

4 国家广场

Yujia Wang
MLA I AP, 2017
景观核心设计课程 IV
指导教师：Sergio Lopez-Pineiro

5 深层空间 Deep Space

p. 336

Julia Roberts
MArch I, 2016
建筑核心设计课程 I：投射
指导教师：Megan Panzano

6 城市节点 Urban Node

p. 338

Yinan Wang
MAUD, 2016
毕业设计：城市幻觉
导师：Felipe Correa

7 冰川

Gary Hon
MLA I AP, 2017
Maria Robalino
MLA I, 2017
Xin Zhao
MDes / MLA I, 2017
景观核心设计课程 IV
指导教师：Robert Pietrusko

8 希尔伯塞默 Hilberseimer

p. 340

Miguel Lopez Melendez
DDes, 2018
完美恐惧：对路德维希·希尔伯塞默 1924 年"高层城市"的诗意回应
导师：Charles Waldheim

9 无线电波

Yuxi Qin
MLA I, 2017
景观核心设计课程 IV
指导教师：Sergio Lopez-Pineiro

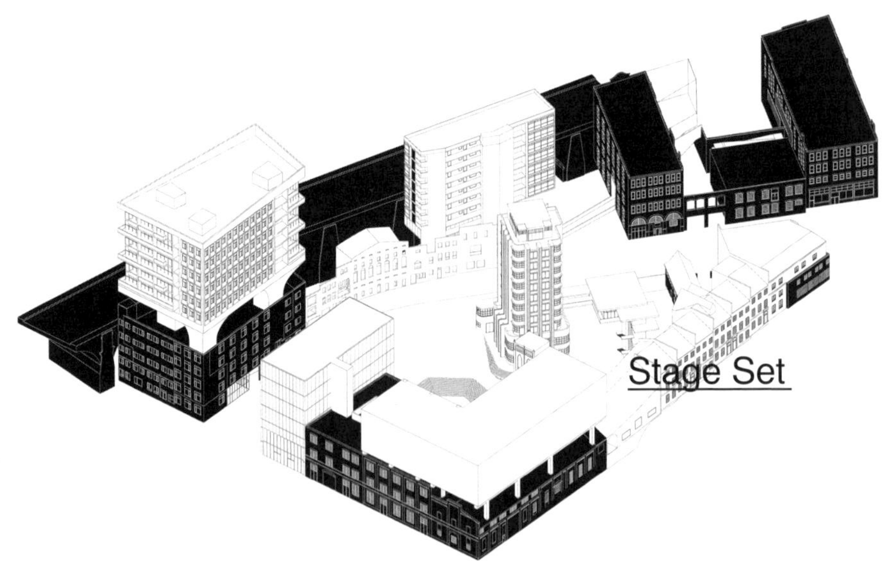

在城市的剧场中，历史建筑保护是目前有关城市身份的讨论中最相关的论题。克利夫兰希望成为纽约和斯图加特。在此项毕业设计中，电影成为连接城市身份和城市空间的纽带。在克利夫兰，建筑对于城市历史肌理的问询以他种方式构成了一种电影。

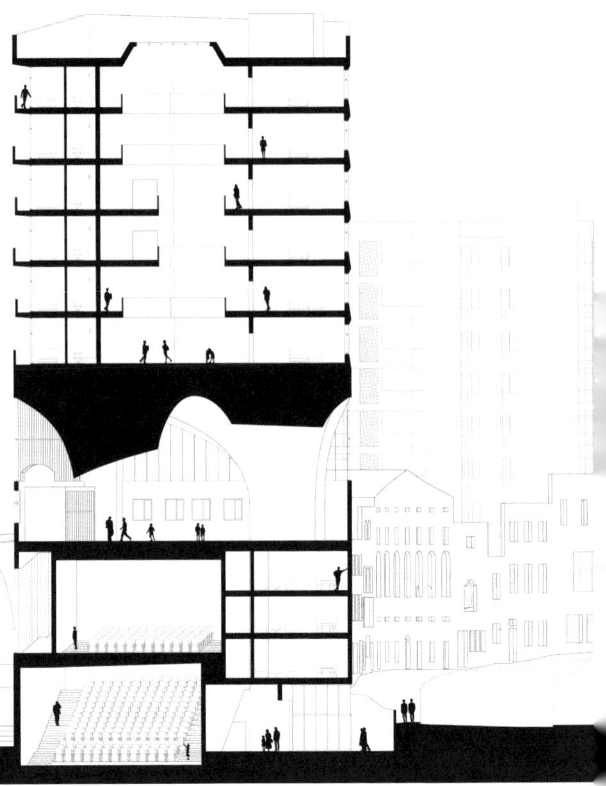

Julian Funk
MArch I, 2016

毕业设计
克利夫兰的自我表演

导师
Eric Höweler

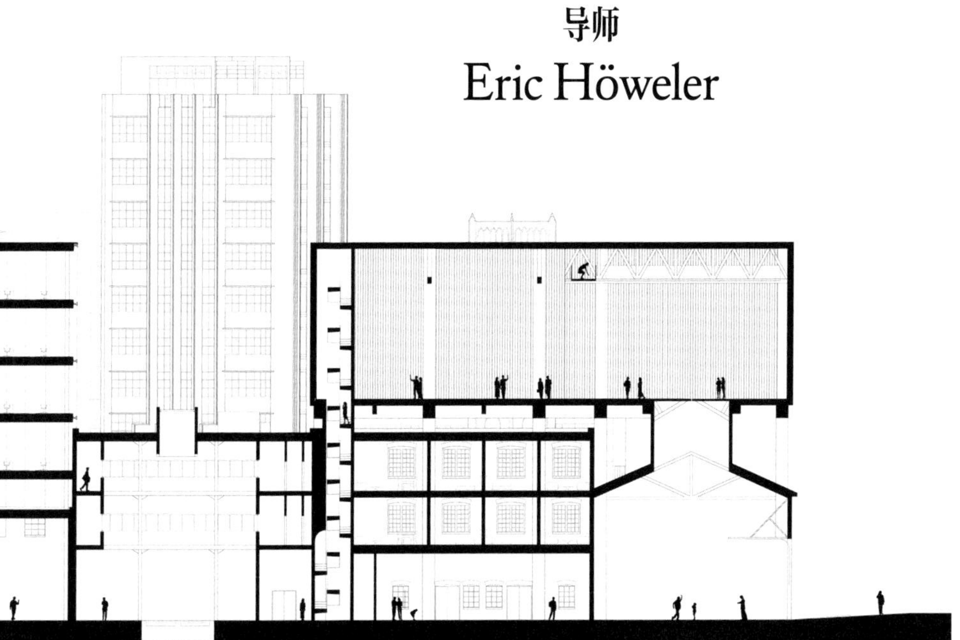

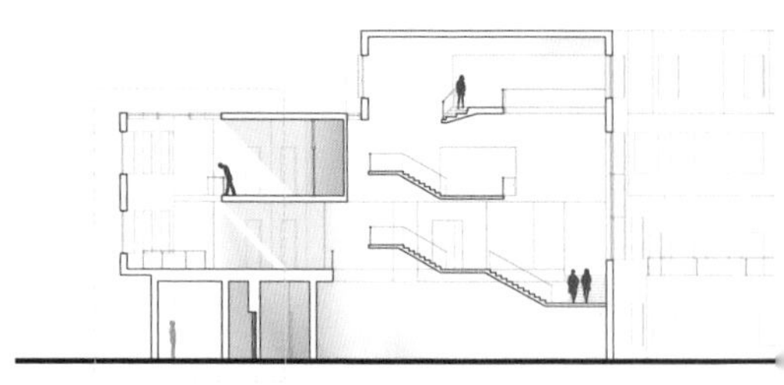

第一学期的建筑核心设计课程鼓励学生将他们在科学、人文等其他学科的专业知识带入建筑设计，为建筑形式找到刺激性的、意想不到的动力。此处的“边缘计划”方案建立在一个紧密包裹的外立面之上。

Julia Roberts
MArch I, 2019

建筑核心设计课程 I：投射

指导教师

Megan Panzano

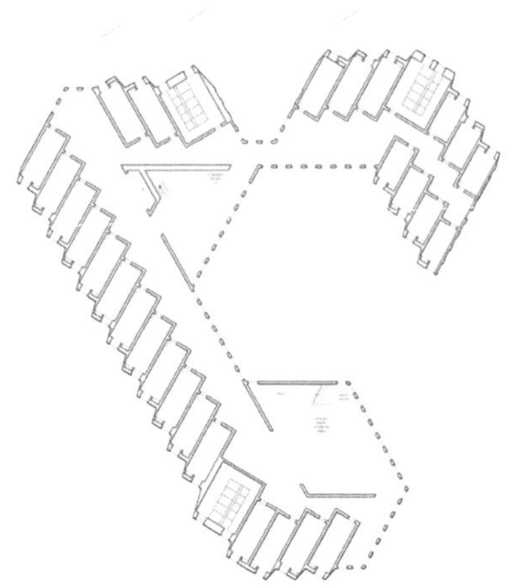

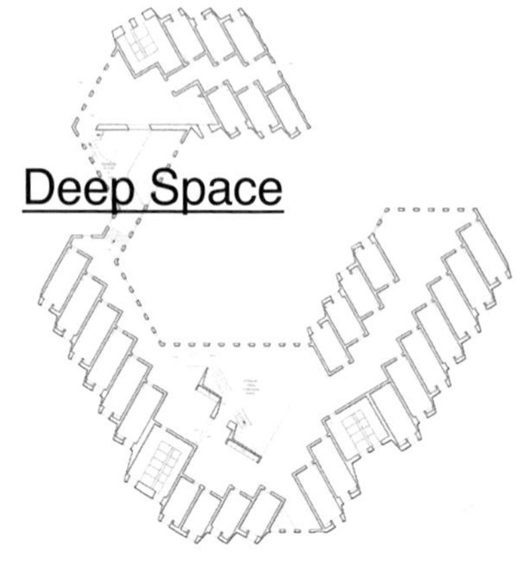

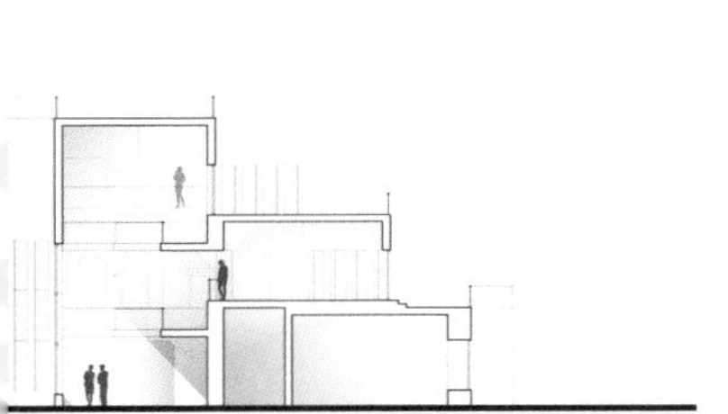

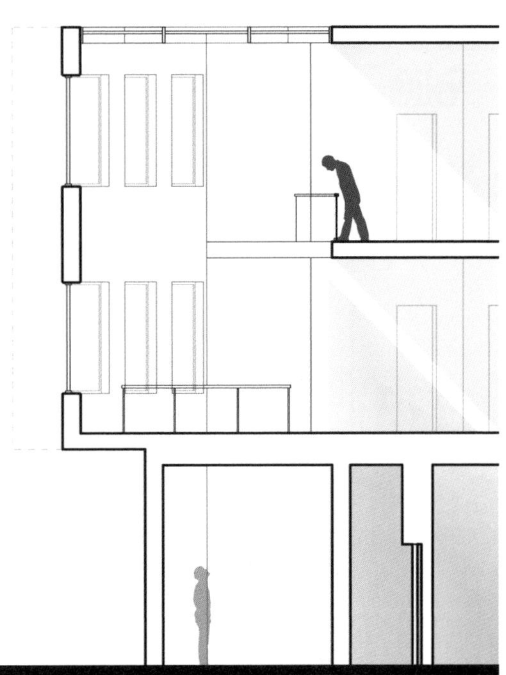

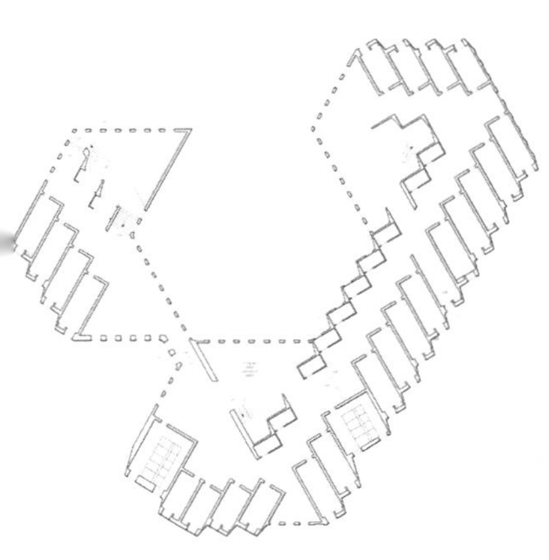

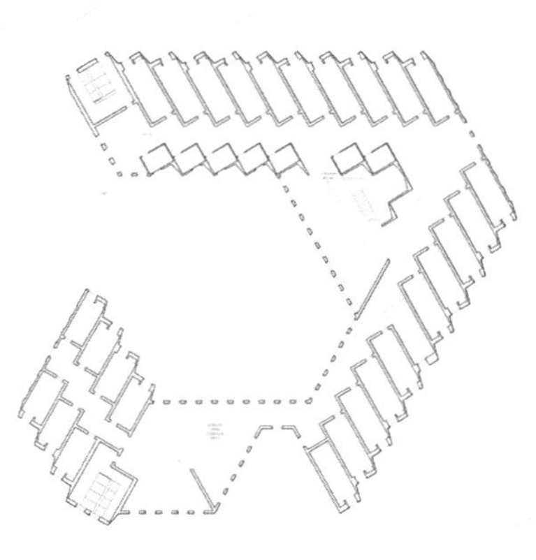

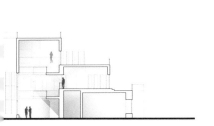

Yinan Wang
MAUD, 2016

毕业设计
城市幻觉

导师
Felipe Correa

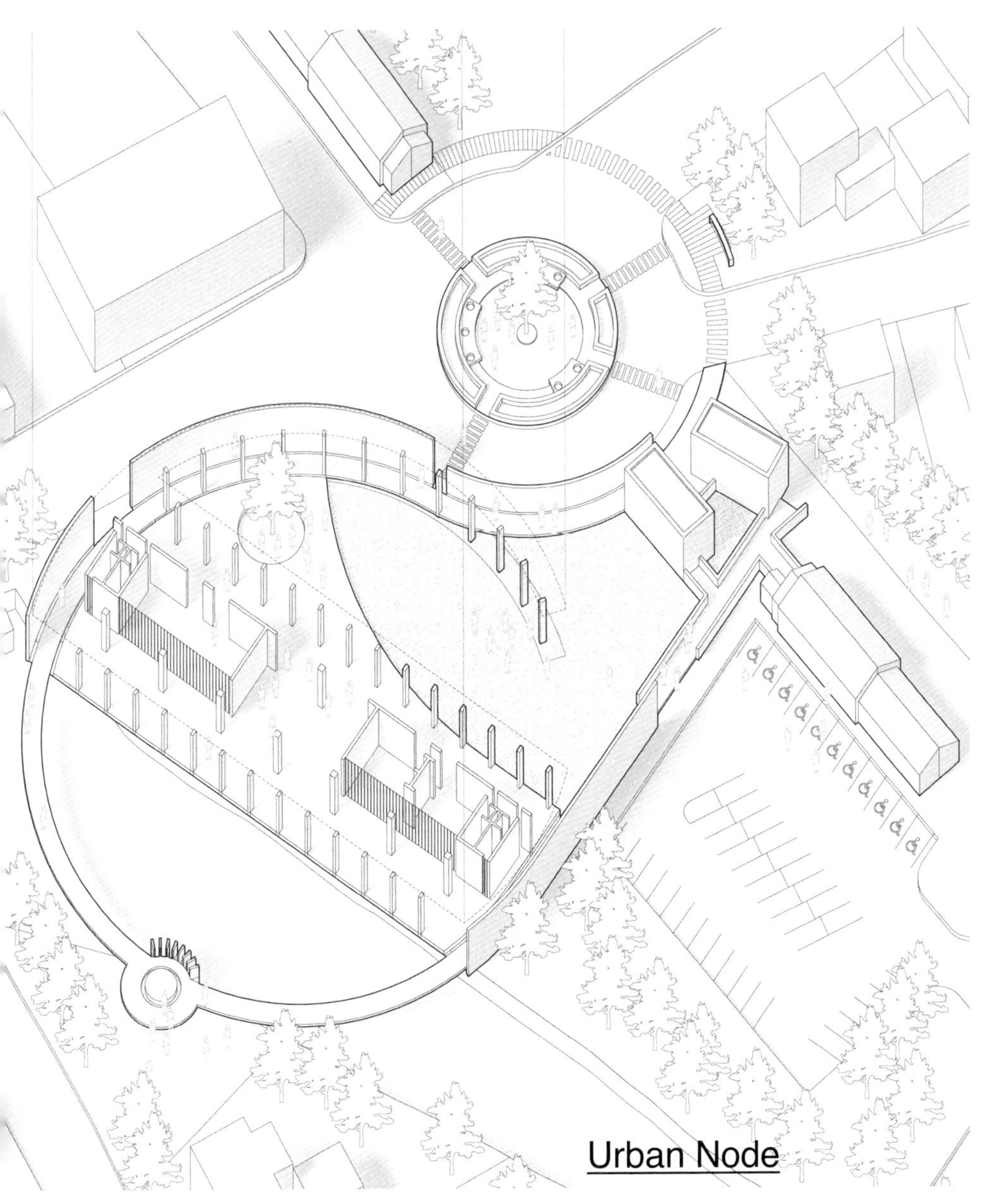

本项目将波士顿市政厅作为新的
城市类型的发生器、住宅和其他功能的
中心，通过三个不同的场地——
肯塔基州的帕迪尤卡、新罕布什尔州的
加弗瑞和麻省的波士顿——来重新想象
城市。这个毕业设计获得了城市规划与
设计系的毕业设计奖。

Miguel Lopez Melendez DDes, 2018

完美恐惧：对路德维希·希尔伯塞默1924年“高层城市”的诗意回应

导师 Charles Waldheim

路德维希 · 希尔伯塞默（Ludwig Hilberseimer）的“高层城市”（Hochhausstadt）是一个有着建筑特征的城市理论模型。现实被假定为现状，为大都会的混乱提供替代。“真实”（The Real）被看成是一种失败，而这个城市项目则被渲染成拯救我们的病态的手段。我们是否可以假设失败即命运？四下看看。“完美的恐惧”是一个挑衅，它反映了失败中盲目的成功以及成功中沉默的失败。

你更喜欢哪一样：现实（没有谎言，没有真理）还是理想主义（有谎言也有真理）？

高层城市去人性化的城市景观在连续的城市方案中投射下阴影，
并重新组织大都会中的混乱。
根据建筑师路德维希 · 希尔伯塞默所说，混乱是被经济学和审美语境下的
工业化和投机所激发的。①
压倒性的现实蒙蔽了一切城市项目。

皮尔 · 维托里奥 · 奥雷利（Pier Vittorio Aureli）
说路德维希 · 希尔伯塞默的激进性在于他对资本主义城市清晰而实在的分析。②
现实本身就是激进。

Hilberseimer

真实就是它本身，没有想象，没有象征，没有人类。没有理想主义。
高层城市是一个框架，而不是从真实中诞生的弥撒亚式的解决方案。
雅克 · 拉康说真实是不可能的，因为它没有裂缝。③
裂缝是有象征主义的辩证产生的，因而现实就是激进。
你无法再隐藏你的痛苦。
完美是不可能的。
现实是完美的吗？

自相矛盾的“激进主义”现实是从童话故事的疆域出现的，有着美好的结局。
当它们承诺美好未来的时候，乌托邦在说谎。美梦迟早会消逝。

希尔伯塞默响应了现代运动并且希望为混乱提供秩序，为了臻于完美的世界而设计的
一栋臻于完美的建筑。
在 1963 年，他会写道：“重复的街区造成了过度的统一。
所有自然景观都被去除了，没有树或草来破除单一性……结果更像是墓地而非都会，
这是一片用沥青和水泥建造的无菌景观，
无论在哪个方面都没有人性。”④
他描述了一个在高层城市中的末世的现实，在那里人类被消除了。
希尔伯塞默希望得到救赎。不做好事好像就是坏事。⑤

当这个末世现实变成手段的时候，它的末世现实就有了积极的意义，
当它没有被完美的未来击溃。末世现实就变成了设计另一种城市景观的方式。
另一种城市景观，它的出现不是为了应对现实，
而是现实和恐怖的后果。当我们不逃避，当我们挑战镜中的投影，
我们就“从内部抵抗”，从内部批评。⑥

不同的理解，将现实呈现为：
在我们眼中的样子，在大多数人眼中的样子，
我们无法编造的样子，雄鹿停下的地方，以及原本就存在的东西。⑦
如果现实就是现实本身，
那么我们经历现实的目的就是达到一个可行的城市设计提案。
一个带有理想主义关怀，拥抱现实而并非拒绝现实的城市提案。
理想主义追随现实？

那个世界是我们期待的世界，一个更好的未来还没有到来。
在建筑历史上，我们曾经见到过一些精疲力尽的承诺
被理想主义的灵活性所支持，
它会随着周一早晨的情绪改变。
理想主义是以弥撒亚的音调唱出的摸不着的恐惧横亘在我们和镜子之间。
现实就是激进。

不要从痛苦中逃开。
不要从你自己的影响中逃开。
现实是电击疗法。
现实是设计过程，是达到不完美的结局的手段。
恐惧并不昂贵，它就在手边。
选择你自己的恐惧。

你更喜欢哪一个：现实(没有谎言，没有真理)还是理想主义(有谎言也有真理)？
是液体，还是实在的恐惧？弥撒亚还是模式恐惧？
去拥抱它吧，不要害羞
不要害怕，它是无害的。

未来并不完美。拉康式的现实是不可能的。完美是不可能的。
四下看看恐怖无处不在。
给它一个机会。
恐怖或许是完美的……

① Ludwig Hilberseimer, Richard Anderson, Pier Vittorio Aureli. *Metropolisarchitecture and Selected Essays*（都会建筑以及相关文章）. 纽约：GSAPP Books, 2012：第 269 页。

② 同上，第 335 页。

③ 雅克 · 拉康. *Seminar II*（讨论 II）. Sylvanna Tomaselli 译. 剑桥：剑桥大学出版社，1988 年：第 98 页。

④ Ludwig Hilberseimer. *Entfaltung einer Planungsidee*（一个规划理念的发展）. 柏林：Verlag Ullstein, 1963 年：第 22 页。

⑤ 我妈告诉我的……

⑥ Pier Vittorio Aureli. *The Project of Autonomy: Politics and Architecture within and against Capitalism*（自治项目：在资本主义之下与反资本主义的政治和建筑）. Buell Center/FORuM Project Publication 4. 纽约：Temple Hoyne Buell 美国建筑研究中心 / 普林斯顿大学出版社，2008 年：第 19 页。

⑦ Jan Westerhoff. *Reality: A Very Short Introduction*（现实：极短的简介）. 牛津：牛津大学出版社，2011 年：第 31 页。

路德维希 · 希尔伯塞默，“高层城市：透视图，南北街”，1924 年。墨和水彩，纸上作品，97.3 × 140 cm。提供：芝加哥艺术学院

每个洗发水瓶的背后都印着通用的指示：泡沫，冲洗，重复。这可以将服从指示的使用者引入洗头的永恒循环。在计算机科学中，这些一步步的操作，被称作“洗发水算法”。设计研究中的电子建模与电脑技术中的这些操作有类似之处，这个类比也会经常出现。类似的算法，在本章中的合作研讨课作业中也有体现。三名学生在他们的期末汇报中上演了一场实验性的表演，内容则是最平凡不过的三明治制作。这个项目包括了一个八项步骤的小册子，指示读者如何做一个火腿三明治。如果制造三明治的步骤仍然不清晰——某种程度上说这就是重点——就“根据指示”继续。

一门城市设计课程向着更高密度的城市设计探索，在曼哈顿的街区中实验、打印、安装并在此处展示多种选择。与之类似，一门景观建筑设计课程通过保持恒定的尺寸并控制变量来生成多种程序形式。不论如何理解“泡沫，冲洗，重复”，在设计基本原理时必定需要反复的尝试，而形式结果则是令人惊诧的。

泡沫，冲洗，重复

Lather, Rinse, Repeat

2
2
3
4
5
1
7
4
6
3
8
4

1 进入口

Robert Hipp
MLA II, 2017
Carlo Urmy
MLA I, 2017
景观核心设计课程 III
指导教师：David Mah

2 57%

p. 350

Kyriaki Kasabalis
MAUD, 2016
极端城市主义 IV：超高密度——孟买 Dongri
指导教师：Rahul Mehrotra

3 切回

Jonah Susskind, Lu Wang
MLA I, 2017
景观核心设计课程 III
指导教师：Bradley Cantrell

4 五个码头 5 Piers

p. 352

Difei Chen, Jianwei Shi
MAUD, 2017
城市设计的元素
指导教师：Anita Berrizbeitia, Carlos Garciavelez Alfaro

5 柱基

Liang Wang, Lu Zhang
MAUD, 2017
城市设计的元素
指导教师：Felipe Correa

6 曼哈顿街区 Manhattan Block

p. 354

Adam Himes, Jessy Yang
MAUD, 2017
城市设计的元素
指导教师：Felipe Correa

7 排水 Drainage

p. 356

Yun Shi
MLA I, 2017
Yujia Wang
MLA I AP, 2017
景观核心设计课程 III
指导教师：Chris Reed

8 Chauhaus 咖啡馆

p. 358

Andrea Carrillo Iglesias, Marielsa Castro, Jolene Wen Hui Lee
MDes, 2017
跨学科艺术实践
指导教师：Silvia Benedito

57%

HOUSING MUMBAI: the public, the private and the sacred

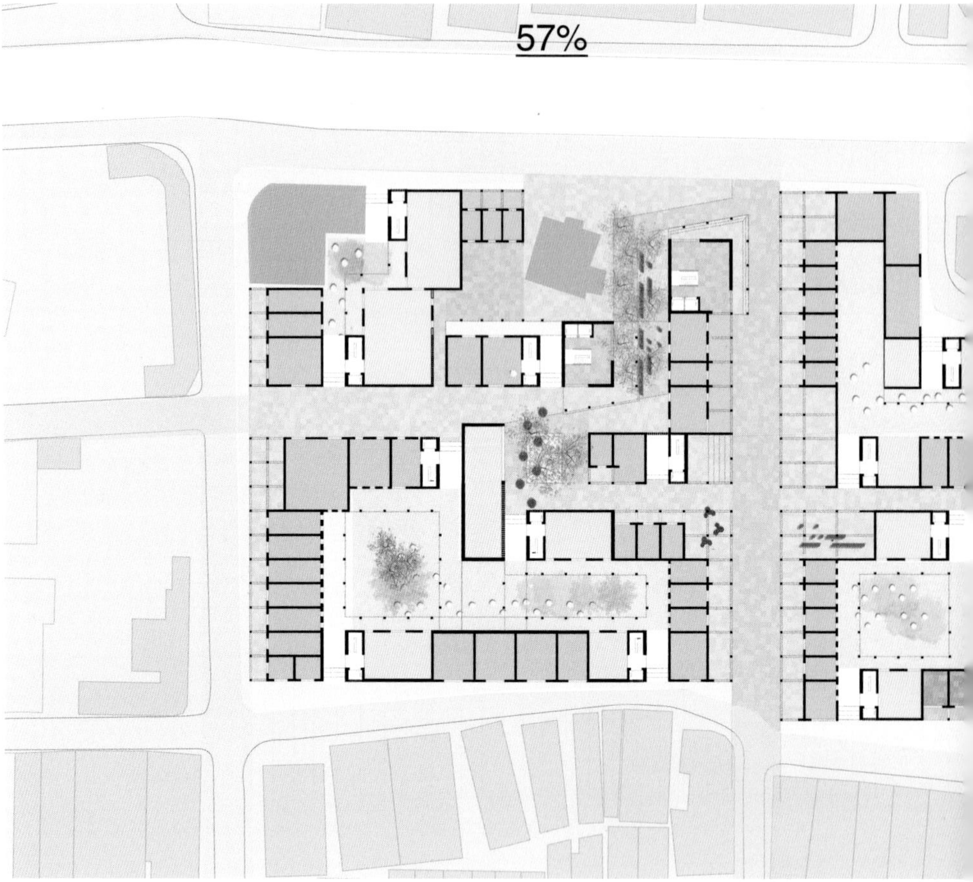

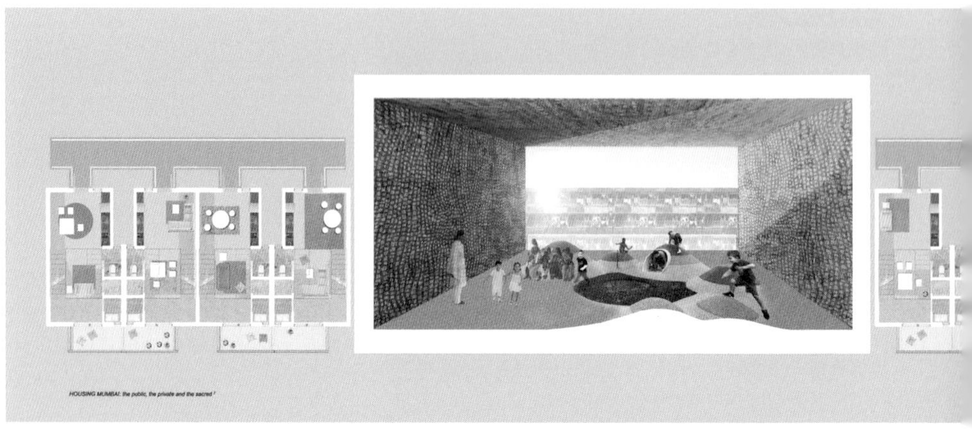

Kyriaki Kasabalis MAUD, 2016

极端城市主义 IV：超高密度——孟买 Dongri

指导教师 Rahul Mehrotra

这个项目的前提是公共、私密和神圣之间的关系。它的场地坐落在孟买的市中心，在这里，十分关键的是要能够容许不同形式的集合住宅在此共存。在这个框架之下，此处所示的项目首先呈现了当地的景观、学校、医疗诊所、遗产建筑以及宗教机构。根据这些信息，本设计创造了另一种场地关系。

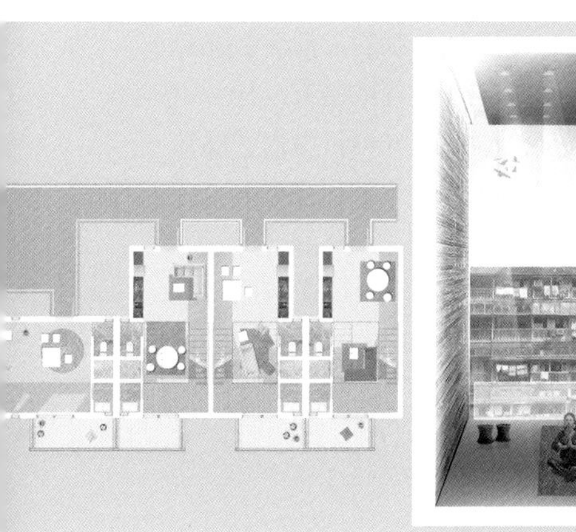

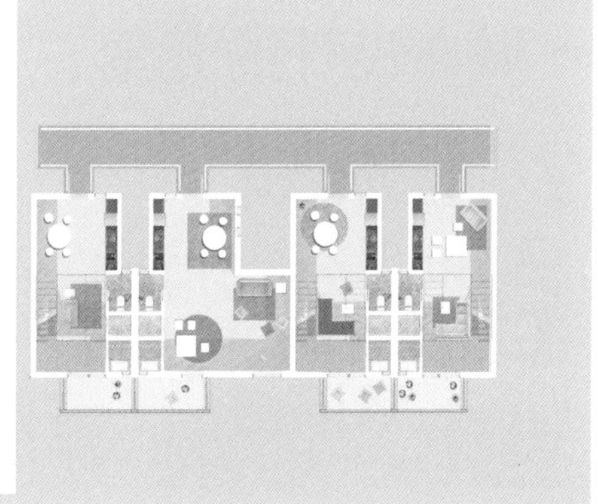

Difei Chen, Jianwei Shi MAUD, 2017

城市设计的元素

指导教师
Anita Berrizbeitia, Carlos Garciavelez Alfaro

本设计课程向学生介绍了与当代城市设计思想有关的重要概念、策略和技能，并分析了在塑造复杂的大都会系统的过程中城市设计师的角色。设计项目探索了提升纽约史蒂文森城（Stuyvesant Town）与东河之间关系的机会。

5 Piers

Adam Himes,
Jessy Yang
MAUD, 2017

城市设计的元素

指导教师
Felipe Correa

本城市设计课程关注了住宅和室内空间如何能够成为更具整体性的城市空间的支柱。它测试了曼哈顿街区对于高密度实验建筑类型的承载力，并通过这些新的街区类型重塑传统的城市生活。

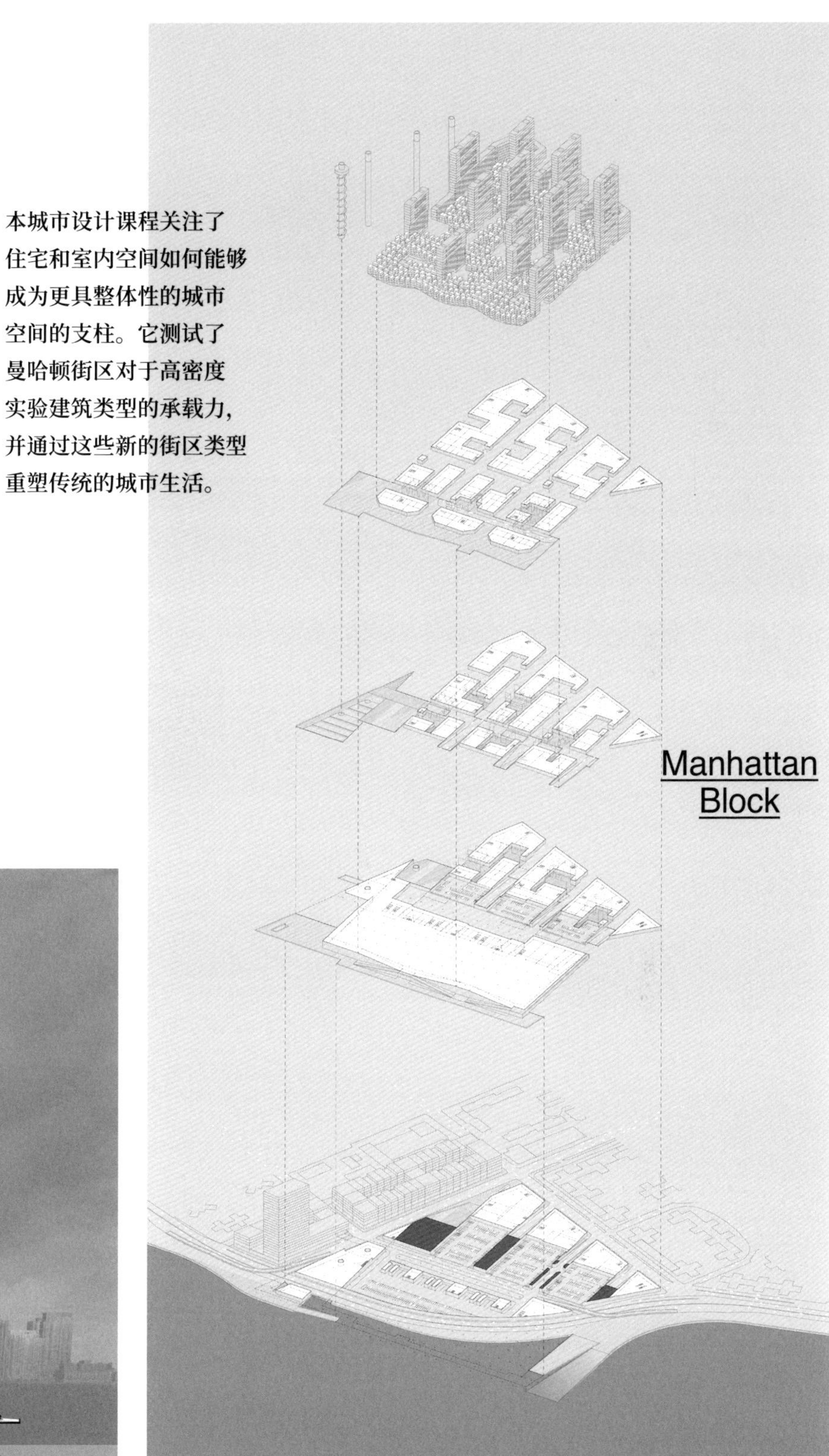

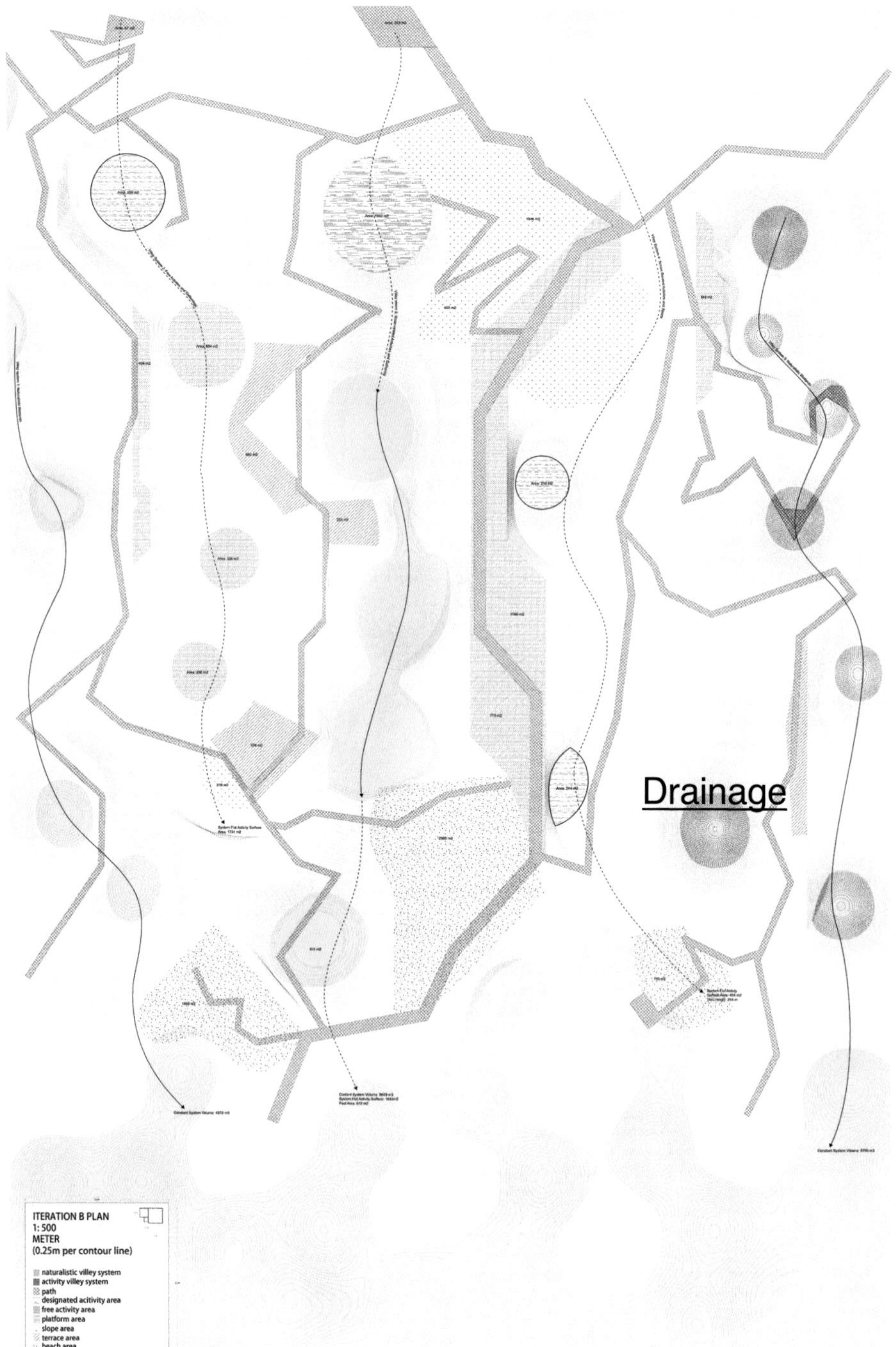
Drainage
ITERATION B PLAN
1: 500
METER
(0.25m per contour line)
naturalistic villey system
activity villey system
path
designated acitivity area
free activity area
platform area
slope area
terrace area
beach area

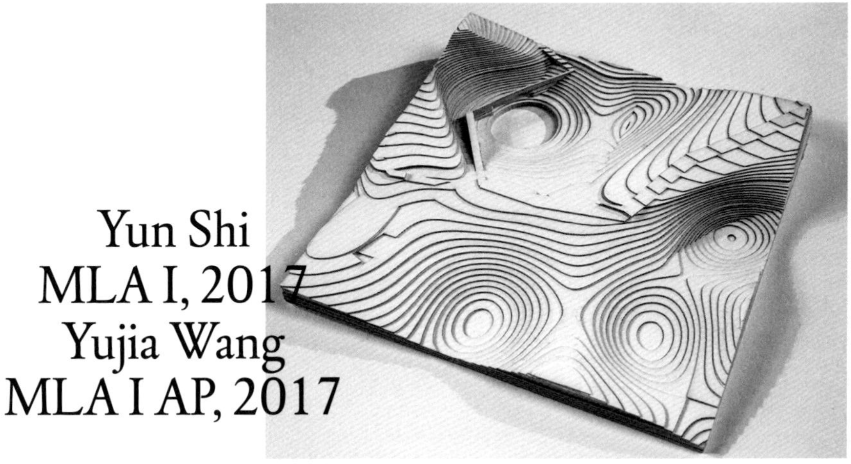

Yun Shi
MLA I, 2017
Yujia Wang
MLA I AP, 2017

景观核心设计课程
III

指导教师
Chris Reed

本设计课程将一片城市棕色地带作为场地，并首先围绕着它绘制了大尺度的生态过程和动态图，而后将注意力转向了对于建成形式、城市基础设施以及城市与它的河流设施之间关系的描述。此处所示为这门设计课程中的两个单独的场地研究。

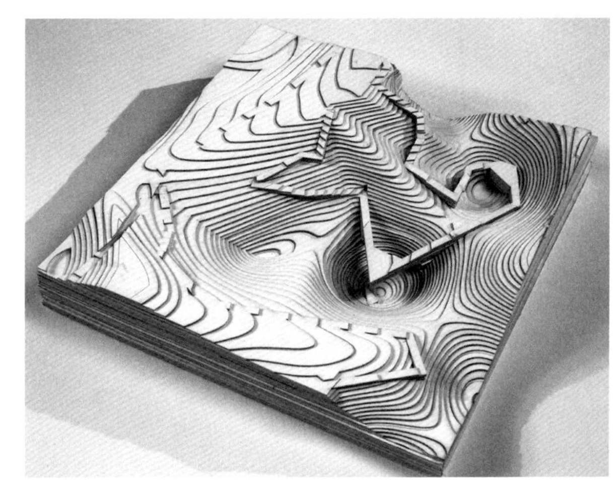

1

Reach into the paper bag with one hand, grab onto the baguette with your fist. Place the other hand on the paper bag, holding it securely.
Remove the baguette from the bag one inch at a time until the baguette is free from the paper bag.
Place the paper bag aside.
Gently place the baguette on the surface of the table. With your free hand, grab a knife. Switch hands if necessary so that your dominant hand holds the knife.
Use your other hand to hold on to the baguette securely.
Place the knife about three fingers length away from the edge of the baguette.
Apply pressure in a forward motion, moving the knife back and forth to slice the baguette.
Repeat.
Place the knife about three fingers length away from the edge of the baguette.
Apply pressure in a forward motion, moving the knife back and forth to slice the baguette.
Place the knife down.
You now have two slices of baguette.

2

Place the two slices of baguette next to each other.
Grab the bottle of mayonnaise with your right hand and apply pressure with your palm and thumb.
Squeeze the bottle and apply three streaks of mayonnaise on each slice of baguette.
Place the bottle aside.
Grab a knife with your right hand and a slice of baguette with your left hand.
Press the flat face of the knife against the slice of baguette and mayonnaise and in three swiping motions, spread the mayonnaise evenly on the slice of baguette.
Place the slice of baguette down.
Repeat.
Pick up the other slice of baguette with your left hand.
Press the flat face of the knife against the bread and mayonnaise and in three swiping motions, spread the mayonnaise evenly on the bread.
Place the knife down.
You now have two slices of baguette with mayonnaise sauce.

3

Place the two slices of baguette with mayonnaise sauce next to each other.
Grab a bottle of dijon sauce with your left hand.
Use your right hand to twist open the cap of the bottle.
Place the cap of the bottle aside.
Pick up the knife with your right hand and dip it into the bottle.
Pick up a dollop of sauce the size of your thumb and lift the knife from the bottle.
Place the bottle down and pick up one slice of baguette with your free hand.
Apply the sauce to the surface of the slice of baguette with two swipes of the knife.
Place the slice of baguette down.
Repeat.
Dip the knife into the bottle.
Pick up a dollop of sauce the size of your thumb and lift the knife from the bottle.
Place the bottle down and pick up one slice of baguette with your free hand.
Apply the sauce to the surface of the slice of baguette with two swipes of the knife.
Place the slice of baguette down.
Place the knife down.
You now have two slices of baguette with mayonnaise and dijon sauce.

4

Pick up the head of lettuce wrapped in plastic and remove it from the plastic.
Put aside the plastic.
With your left hand holding the head of lettuce, use your right hand to peel two leaves of lettuce and place them on the table.
Pick up one piece of lettuce and tear it into three pieces.
Place it on the slice of bread to your left.
Repeat.
Pick up one piece of lettuce and tear it into three pieces.
Place it on the slice of bread to your left.
You now have two slices of baguette with mayonnaise and dijon sauce and one slice has six pieces of lettuce on it.

5

Pick up the tomato with your left hand and place it in front of you.
Pick up the knife with your right hand and hold the tomato with your left hand.
Place the knife in the middle of the tomato and apply pressure in a forward motion.
Slice the tomato into half.
Put aside one half of the tomato with your left hand.
Return your left hand to the other piece of tomato, holding it securely.
Place the knife slightly away from the edge and apply pressure in a forward motion.
Slice a thin slice of tomato.
Repeat.
Place the knife slightly away from the edge and apply pressure in a forward motion.
Slice a thin slice of tomato.
Repeat.
Place the knife slightly away from the edge and apply pressure in a forward motion.
Slice a thin slice of tomato.
Place the knife down.
Pick up the three slices of tomatoes with your right hand.
Place the tomatoes on top of the lettuce.
You now have two slices of baguette with mayonnaise and dijon sauce and one slice has six pieces of lettuce and three slices of tomatoes on it.

6

Pick up the packet of ham.
Open up the packet of ham with both hands.
With your left hand holding the packet, use your right hand to remove one slice of ham
Place the ham squarely on top of the slices of tomato.
Place the packet of ham aside.
You now have two slices of baguette with mayonnaise and dijon sauce and one slice has six pieces of lettuce, three slices of tomatoes and one piece of ham on it.

7

Pick up the bottle of pepper with your left hand
Turn the bottle upside down and place it over the slice of baguette with only mayonnaise and dijon sauce.
Grabbing the cap of the bottle with your right hand rotate it left and right quickly three times each.
Remove your right hand from the bottle.
Turn the bottle right side up.
Place the bottle of pepper aside.
You now have two slices of baguette. One slice with mayonnaise, djion sauce and lightly peppered. One slice with mayonnaise, dijon sauce, six pieces of lettuce, three slices of tomatoes and one piece of ham on it.

8

Pick up the slice of baguette with only the mayonnaise, dijon sauce and pepper with your right hand.
Flip this slice upside down so that the side with sauce faces downwards.
Place this slice ontop the slice with ham, tomato and lettuce.
Apply pressure with your right palm and press gently into the slice of baguette until sandwich is compressed by one-third of an inch.
You now have a sandwich with two slices of baguette, with mayonnaise, dijon sauce, pepper, lettuce, tomatoes and ham.

Pick up the sandwich with both hands, compressing gently with your fingers.
Raise the sandwich to your mouth.
Rotate the sandwich by ninety degrees.
Open your mouth.
Place the sandwich in your mouth.
Take a bite.
You now have a sandwich with two slices of baguette, with mayonnaise, dijon sauce, pepper, lettuce, tomatoes and ham, with one bite removed.

Chauhaus

这门研讨课关注艺术和设计作品中的探索性，希望从中发现当代文化中的跨学科模式。此处所示的文字和物品是从一个实验表演中截取的。在这个表演中，一个简单的行为通过行为、声音和文字三种不同的媒介被放大，并向外延展。将制作三明治的行为演变为让人难以忍受的庸常细节，这些经历被不同的媒介所放大了，以此鼓励观众重新思考他们的习惯和预设。

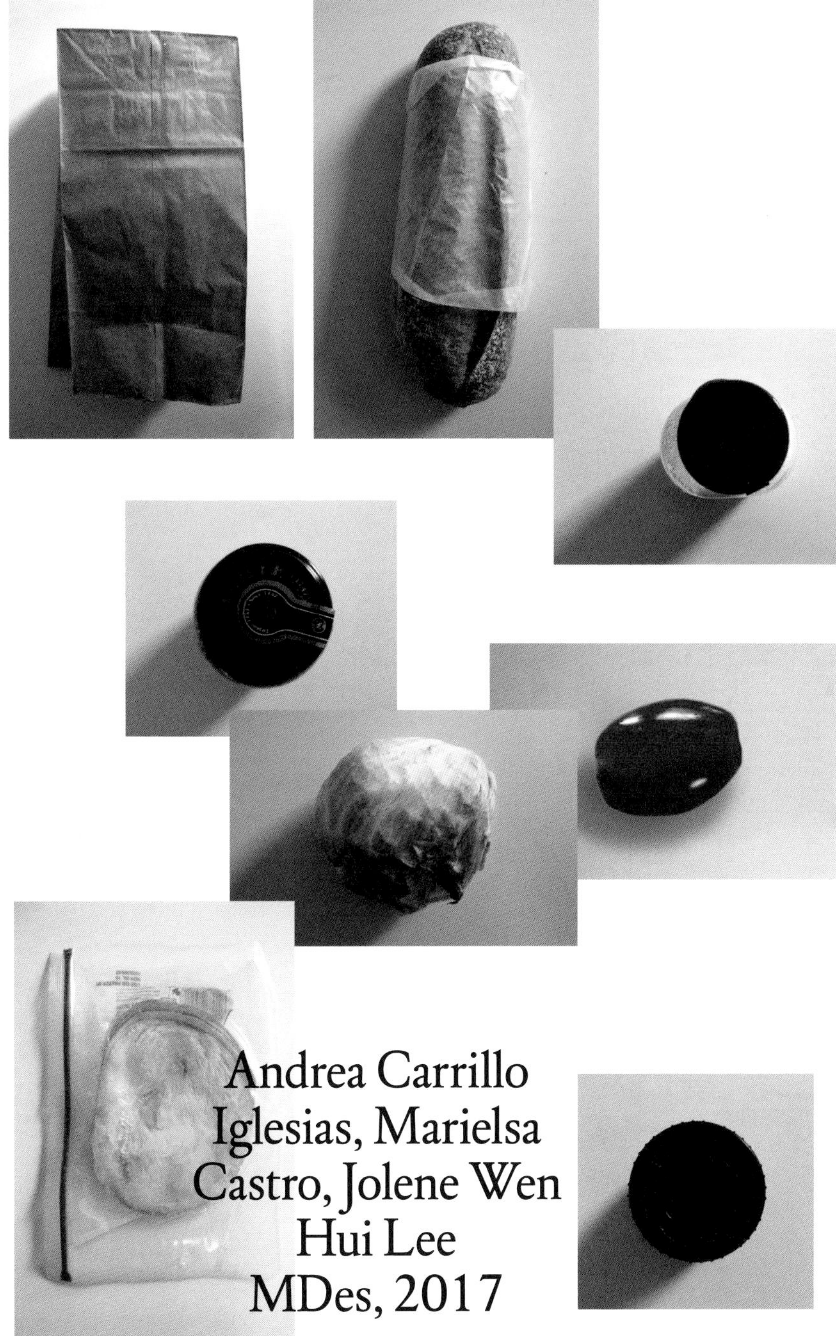

Andrea Carrillo
Iglesias, Marielsa
Castro, Jolene Wen
Hui Lee
MDes, 2017

跨学科艺术实践

指导教师

Silvia Benedito

学生和老师总是把 Piper 报告厅的台阶当作一个彩排的地方——在期末汇报前后准备材料的地方。但《平台》的编辑们注意到了一门景观建筑设计课程大胆地利用了这些台阶的形式，并将它们作为汇报的舞台。一些利用鲜艳的 NASA 蓝（或国际克莱恩蓝？）的原创图纸在此处被小心地重构。我们还加上了建筑设计课程的作品，这 46 幅并置的图纸，表现出了多种不同的技法。蓝图、水彩画、渲染图——这些屏幕之外的表现和最终作品是对典型的电子绘图工作的提升。图纸是对任何方案的支持文件。设计师们为善本图书馆的文物保护和公共基础设施中的生态系统提供了如此引人入胜的材料，他们配得上我们的全力支持。

绘图道具
Drawing Props

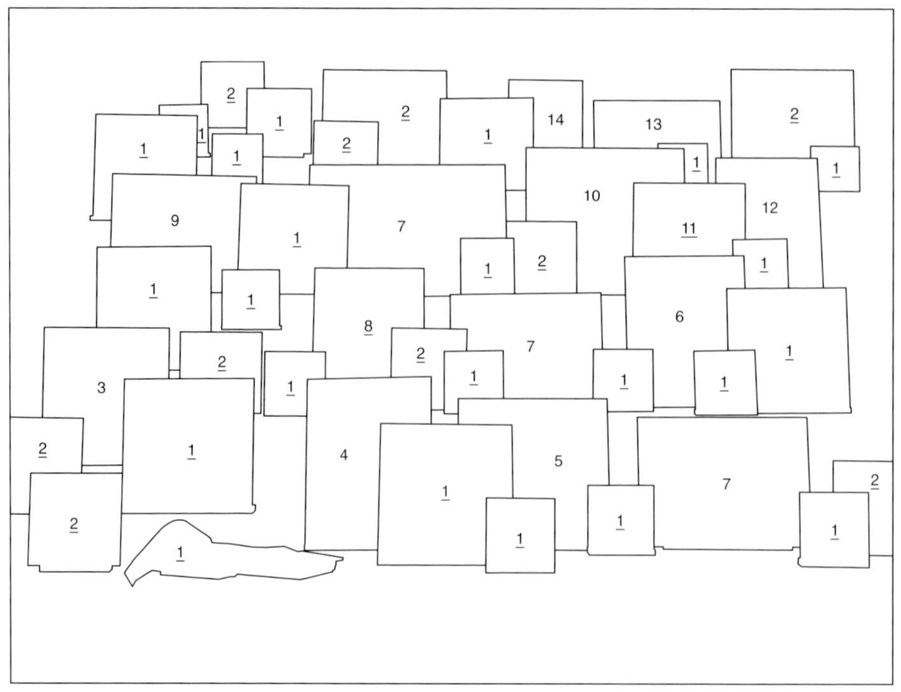
2
1
1
1
1
2
2
1
14
13
2
1
1
10
9
1
7
12
11
1
2
1
1
1
8
6
1
7
2
2
3
1
1
1
1
1
2
1
4
5
7
1
2
2
1
1
1
1

1 NASA p. 366

Emily Blair, Timothy Clark, Emma Goode, Rayana Hossain, Qi Xuan Li, Kira Sargent, Carlo Urmy, Yuan Xue
MLA I, 2017
Mengqing Chen, Yuqing Nie, Soo Ran Shin, Andrew Younker
MLA I AP, 2017
景观核心设计课程 IV
指导教师：Pierre Bélanger

2 极地 Arctic p. 368

Lanisha Blount, Tiffany Dang, Jeremy Hartley, Rebecca Liggins, Keith Scott, James Watters
MLA I, 2017
Yijia Chen, Yifei Li, Andrea Soto Morfin, Wenyi Pan, Dandi Zhang
MLA I AP, 2017
Xi Zhang
MArch II / MLA I AP, 2018
景观核心设计课程 IV
指导教师：Nicholas Pevzner

3 楼层平面

Mahfuz Sultan
MArch I, 2019
建筑核心设计课程 II：情境
指导教师：Jennifer Bonner

4 大基脚

Radu-Remus Macovei
MArch I, 2019
建筑核心设计课程 II：情境
指导教师：Grace La

5 椅子俱乐部

Daniel Kwon
MArch I, 2019
建筑核心设计课程 II：情境
指导教师：Jennifer Bonner

6 冥想

Khoa Vu
MArch I, 2019
建筑核心设计课程 II：情境
指导教师：Jeffry Burchard

7 海港村庄

Ahmad Altahhan
MArch I, 2019
建筑核心设计课程 II：情境
指导教师：Max Kuo

8 复制粘贴 Copy, Paste p. 370

Kai-hong Chu
MArch I, 2019
建筑核心设计课程 II：情境
指导教师：Grace La

9 交叠

Emily Ashby
MArch I, 2019
建筑核心设计课程 II：情境
指导教师：Jeffry Burchard

10 根茎

Julia Roberts
MArch I, 2019
建筑核心设计课程 II：情境
指导教师：Grace La

11 剖面 A Section A p. 372

Lindsey Krug
MArch I, 2019
建筑核心设计课程 II：情境
指导教师：Tomás dePaor

12 会员制

Paris Nelson
MArch I, 2019
建筑核心设计课程 II：情境
指导教师：Grace La

13 囤积

Martin Fernandez
MArch I, 2019
建筑核心设计课程 II：情境
指导教师：Tomás dePaor

14 搏击俱乐部

Khorshid Naderi-Azad
MArch I, 2019
建筑核心设计课程 II：情境
指导教师：Max Kuo

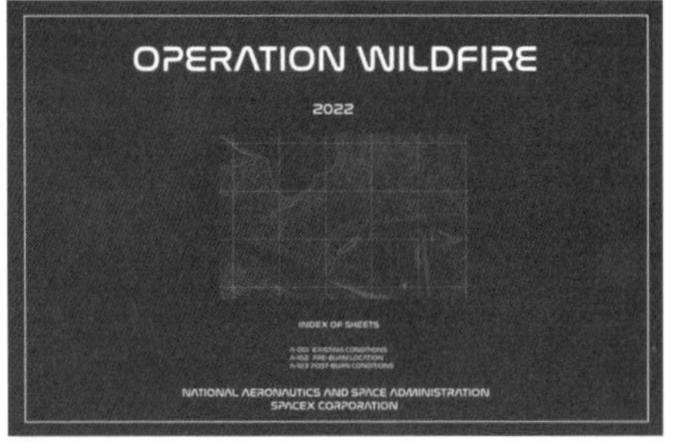

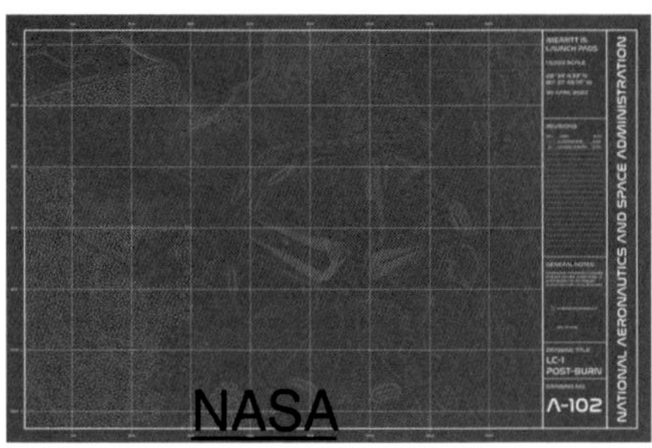

Emily Blair,
Timothy Clark,
Emma Goode,
Rayana Hossain,
Qi Xuan Li,
Kira Sargent,
Carlo Urmy,
Yuan Xue
MLA I, 2017

Mengqing Chen,
Yuqing Nie,
Soo Ran Shin,
Andrew Younker
MLA I AP, 2017

景观核心设计课程
IV

指导教师
Pierre Bélanger

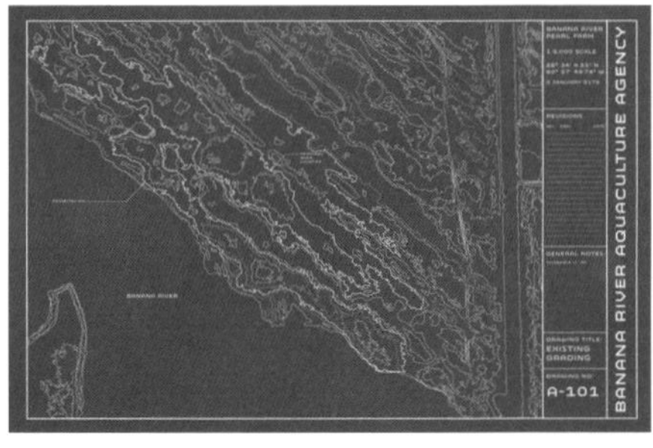

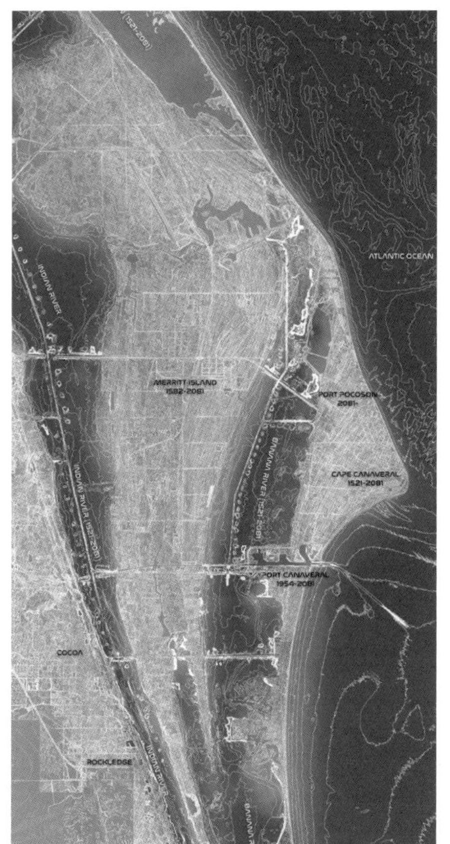

本设计课程将地域生态系统的潜能和景观基础设施作为设计的主要驱动力，发展了生物动能和生物物理系统，并利用它们为未来的城市提供灵活且直接的模式。此处所示的大尺度项目将NASA风格的蓝图与当代的绘图技法结合在了一起。

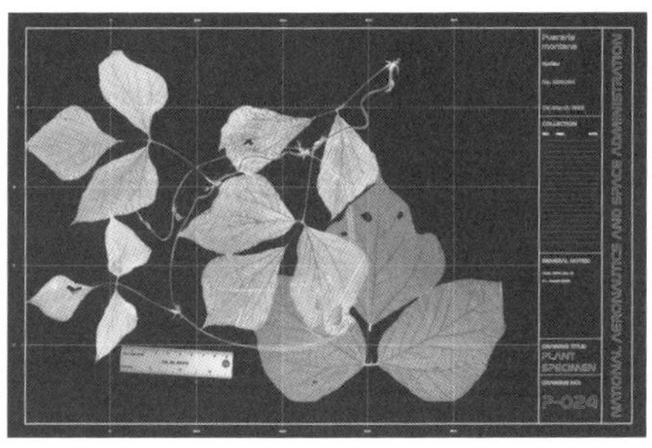

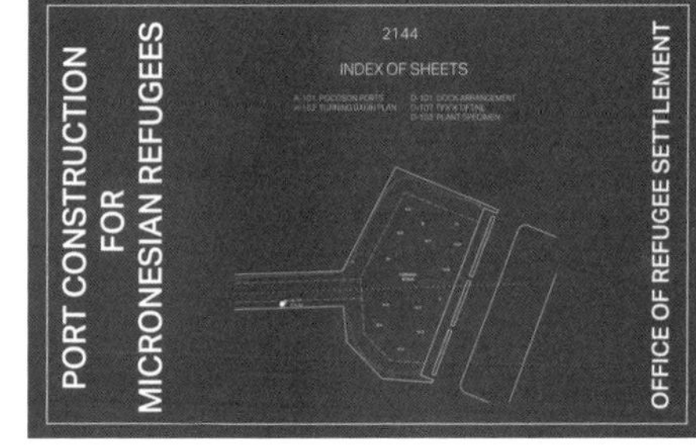

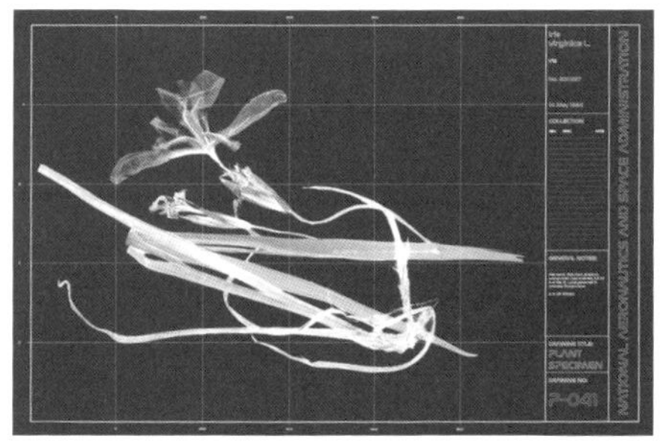

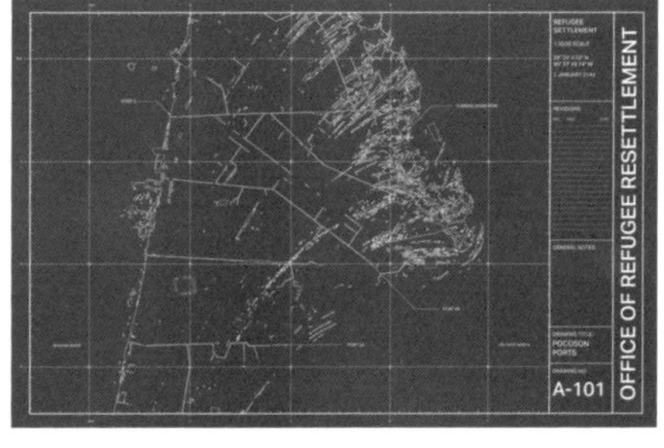

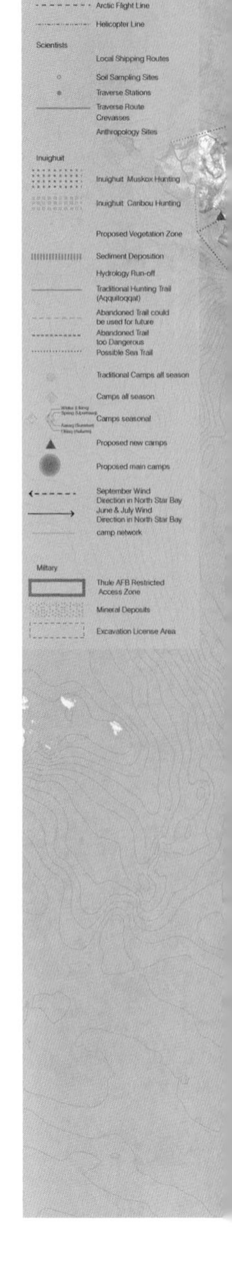

Transportation
Dangerous Sea Zone
Vista Points
Viewing Radius
Road
Arctic Flight Line
Helicopter Line
Scientists
Local Shipping Routes
Soil Sampling Sites
Traverse Stations
Traverse Route
Crevasses
Anthropology Sites
Inuighuit
Inuighuit Muskox Hunting
Inuighuit Caribou Hunting
Proposed Vegetation Zone
Sediment Deposition
Hydrology Run-off
Traditional Hunting Trail (Aqquiloqqat)
Abandoned Trail could be used for future
Abandoned Trail too Dangerous
Possible Sea Trail
Traditional Camps all season
Camps all season
Camps seasonal
Proposed new camps
Proposed main camps
September Wind Direction in North Star Bay
June & July Wind Direction in North Star Bay
camp network
Military
Thule AFB Restricted Access Zone
Mineral Deposits
Excavation License Area

Arctic

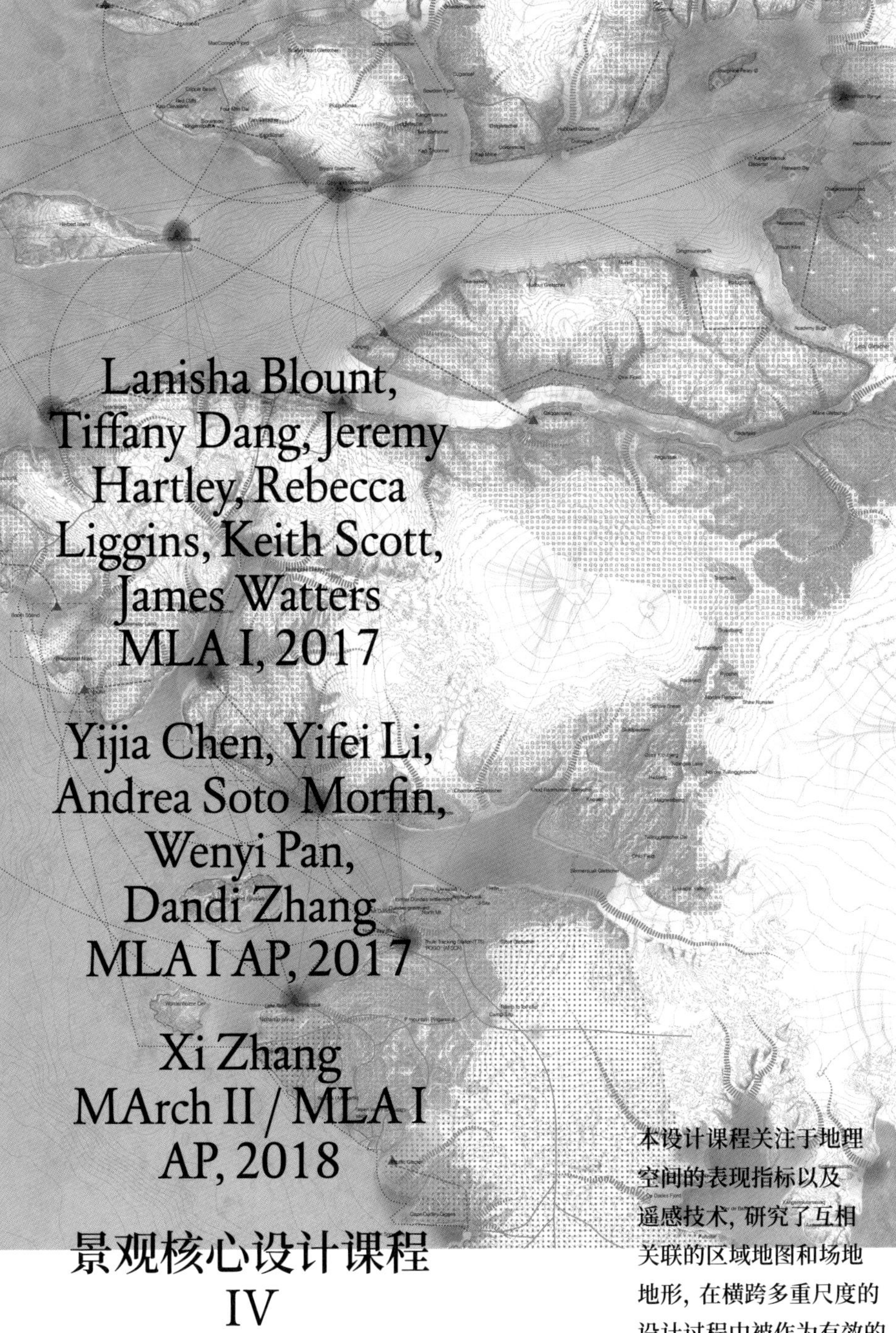

Lanisha Blount, Tiffany Dang, Jeremy Hartley, Rebecca Liggins, Keith Scott, James Watters
MLA I, 2017

Yijia Chen, Yifei Li, Andrea Soto Morfin, Wenyi Pan, Dandi Zhang
MLA I AP, 2017

Xi Zhang
MArch II / MLA I AP, 2018

景观核心设计课程 IV

指导教师

Nicholas Pevzner

本设计课程关注于地理空间的表现指标以及遥感技术，研究了互相关联的区域地图和场地地形，在横跨多重尺度的设计过程中被作为有效的视野转换工具。

第二学期的建筑核心设计课程的教学目标是拓展第一学期学生学到的设计方法，并促使学生理解形式、空间、结构和材质之间的关系。这个项目通过对一个拱形构件简单而丰富的操作，创造出了俱乐部建筑的新的空间组织方式。

Kai-hong Chu
MArch I, 2019

建筑核心设计课程 II：情境

指导教师
Grace La

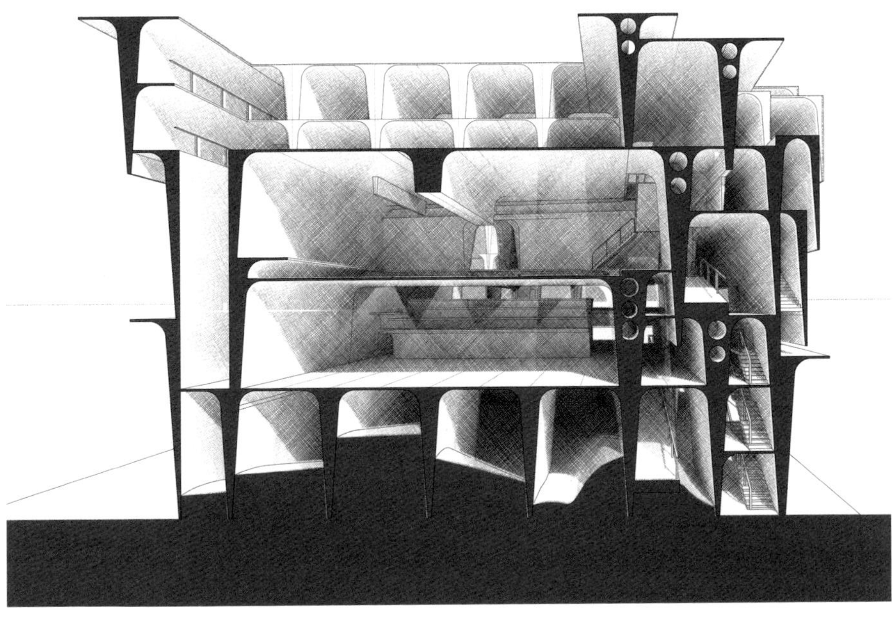

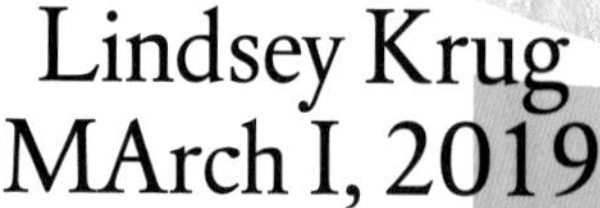

Lindsey Krug
MArch I, 2019

建筑核心设计课程 II：情境

指导教师
Tomás dePaor

本课程是建筑核心设计课程系列的第二个设计课，旨在拓宽建筑学中最基本的与形式、空间、结构和材质有关的设计方法，并通过这些方法将与场地和功能相关的基本参数包含在内。入选的设计项目坐落于波士顿后湾小塘（Back Bay Fens），是一个应对场地条件的善本图书馆的设计。

Section A

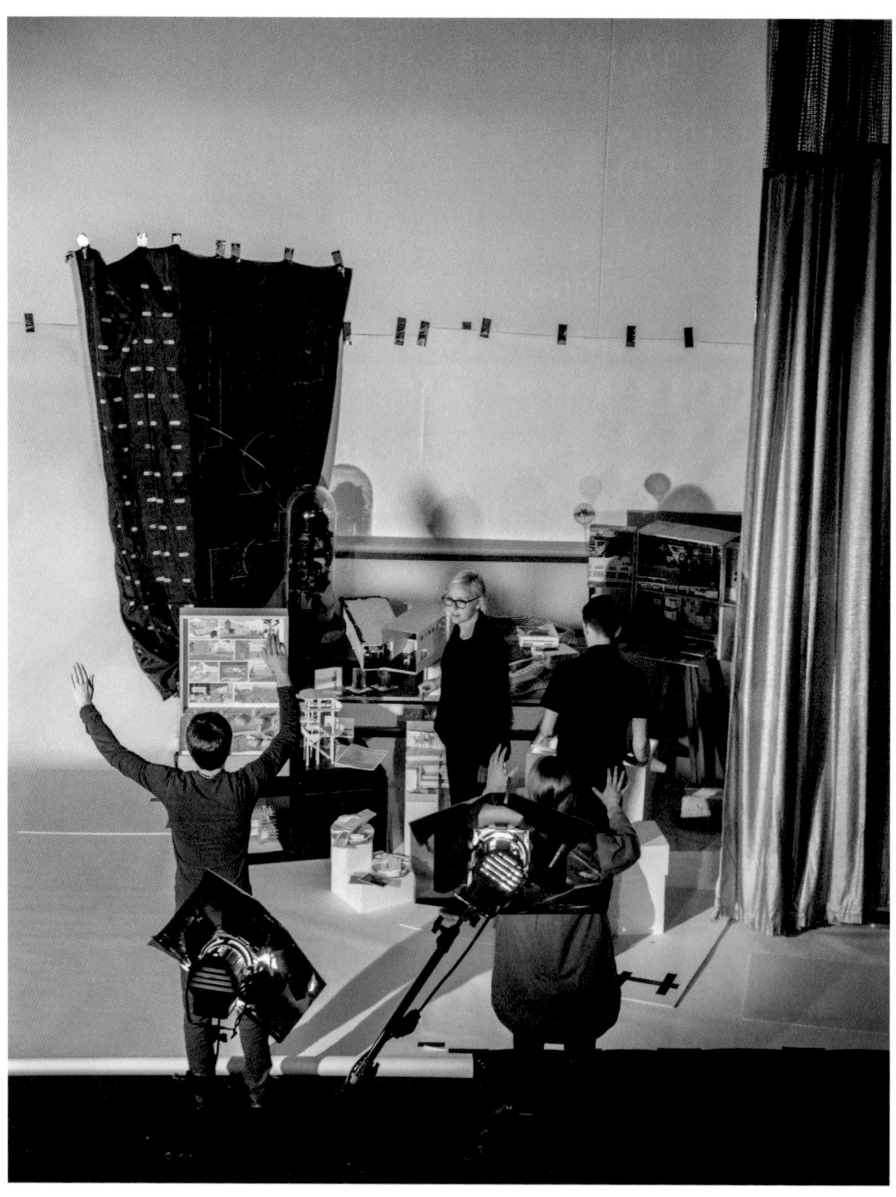

luminocity.cn

光 明 城

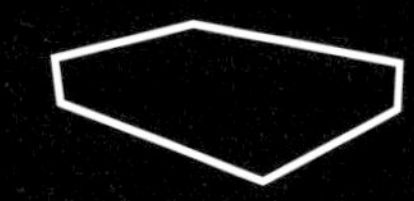

LUMINOCITY

“光明城”是同济大学出版社城市、建筑、设计专业出版品牌，由群岛工作室负责策划及出版，致力以更新的出版理念、更敏锐的视角、更积极的态度，回应今天中国城市、建筑与设计领域的问题。